石化产品碳足迹评价的实践与探索

田　涛　著

中国石化出版社
·北京·

内 容 提 要

本书系统总结了石化产品碳足迹评价的相关研究工作，研究了常减压装置、催化重整装置和加氢裂化装置的碳足迹评价方法及案例，探索了应用能量平衡法进行产品碳足迹分配的可行性。全书共六章，主要包括：概述、石化产品碳足迹评价方法、基于质量分配的碳足迹评价、能量平衡分配方法、炼油装置碳足迹评价、碳足迹应用展望等。

本书可供石化产业节能降碳相关工作的科研、设计、生产和管理工作的广大人员，以及高等院校相关专业师生学习和参考。

图书在版编目(CIP)数据

石化产品碳足迹评价的实践与探索 / 田涛著．
北京 ：中国石化出版社，2024. 7. — ISBN 978-7-5114-7545-9

Ⅰ. TE65

中国国家版本馆 CIP 数据核字第 2024LB0987 号

中国石化出版社出版发行

地址：北京市东城区安定门外大街 58 号
邮编：100011 电话：(010)57512500
发行部电话：(010)57512575
http://www. sinopec-press. com
E-mail：press@ sinopec. com
北京科信印刷有限公司印刷
全国各地新华书店经销

*

787 毫米×1092 毫米 16 开本 17 印张 408 千字
2024 年 7 月第 1 版　2024 年 7 月第 1 次印刷
定价：88. 00 元

序言

碳足迹是评价产品生命周期碳排放的重要指标，日益受到国际社会的广泛关注，开展产品碳足迹评价对牵住经济体系供需两方低碳转型的“牛鼻子”，支撑国家“双碳”目标的实现具有重大意义。

自2014年以来，中国石化节能技术服务中心（以下简称“节能中心”）开展了石化行业产品碳足迹方法的探索，提出了“以总流程为基础，以工艺装置为单元，以质量分配为规则”的评价方法，先后完成喷气燃料、己内酰胺、聚丙烯、对二甲苯、原油管道、成品油输送等多个产品和过程的评价，积累了丰富经验。2017年，节能中心整体划转到中石化炼化工程（集团）股份有限公司后，加深了该领域的研究，提出了基于能量平衡分配的碳足迹评价方法，根据碳排放主要是由能源转化为能量过程产生的现实，按照石化产品在生产过程中的能量演化规律评价产品碳足迹，揭示了碳减排对降低产品碳足迹的作用规律，具有重要的科学价值和现实意义。按照该方法探索了常减压、催化重整、加氢裂化等装置的碳足迹评价，取得了一些具有重大突破性的进展，使得石化产品碳足迹评价由“绣花式”的外在评价走向了具有一定科学意义的内在评价。

《石化产品碳足迹评价的实践与探索》一书对节能中心开展碳足迹研究工作以来所取得的成果进行了系统总结与提炼，本书的出版对该领域的发展起到一定的促进作用，也希望节能中心能进一步加大能量分配法的研究力度，为形成更加科学准确完整的碳足迹评价体系发挥应有的作用。

前言

碳足迹是衡量产品生命周期内产生的温室气体排放的概念，在国际上应用已久。2020 年，我国“双碳”目标提出后，资源环境考核方式逐渐由能耗“双控”转向碳排放“双控”。在建设现代化强国、打造现代化经济体系、实现经济高质量发展进程中，绿色低碳将成为重要方向和理念，产品作为连接经济体系中生产供给侧和使用消费端的重要载体，是实体经济间价值链传导的中间纽带。开展产品碳足迹评价可以有效引导经济体系供需两方的低碳转型，牵住经济体系低碳转型助力国家“双碳”目标实现的“牛鼻子”。

2014 年，中国石油化工集团公司开展了《中国石化温室气体盘查及 CDM 方法学研究》科技项目，其中，研究石化产品碳足迹是该项目的重要内容。该项目先后完成喷气燃料、沥青、己内酰胺、润滑油等四个产品的碳足迹研究，在遵循相关国际标准基础上，提出石化行业产品碳足迹评价的一般方法，使得 PAS 和 ISO 14067 标准在石化行业的应用进一步细化。2019 年，中国石化启动“绿色企业行动计划”，其中产品碳足迹是“绿色企业”创建的重要评价要素，各企业纷纷委托相关研究机构开展了自身产品碳足迹的评价研究。中国石化节能技术服务中心先后完成喷气燃料、对二甲苯、聚丙烯、聚乙烯、原油管道、成品油管道、原油、天然气等多项碳足迹评价，这些研究工作丰富和完善了石化产品碳足迹的评价方法，形成了"以总流程为基础，以工艺装置为单元，以质量分配为规则"的碳足迹评价方法的1.0版本。但在实际应用中，企业生产运营人员对如何应用评价结果实现碳减排的措施和方案仍然有较多疑问。由于碳足迹评价1.0版本的方法颗粒度以工艺装置为单元，很难寻找工艺装置内部的碳减排措施，因此，开展基于排放源的石化产品碳足迹评价研究，提出更加详尽、科学的评价方法显得尤为重要。

2019年，中国石化组织开展了《石油石化企业清洁生产技术与碳足迹核算技术开发》科技项目，其中研究能量平衡法的碳足迹评价并出版专著是该项目的重要内容。本书系统总结了前期石化产品碳足迹评价的相关研究工作；同时针对石化生产的单元过程，研究并提出了基于能量平衡的精馏过程碳足迹分配方法，基于燃烧热的副产氢反应过程碳足迹分配方法，并以上述方法为基础，研究了常减压装置、催化重整装置和加氢裂化装置的碳足迹评价方法及案例，探索了能量平衡法进行产品碳足迹分配的可行性。本书侧重于阐述石油化工产业开展碳足迹评价的方法及模型构建，对具体产品的碳足迹数据并未过多细究，其原因一方面是案例企业来自实践中的咨询业务，仅代表个别案例；另一方面是碳足迹体系的构建宜借助信息化手段实现，因此，方法架构完善后通过系统更新数据会较为简便。

在本书的编写过程中，得到了中国石化健康安全环保部王之茵、天津石化任秀芳、国家管网集团东部原油储运有限公司杨华以及海南炼化、燕山石化、胜利油田等多位领导专家的支持与帮助，在此表示诚挚感谢。

由于时间较为仓促，加之作者水平有限，书中难免有不足之处，敬请广大读者批评指正。

目录

第一章 概 述

碳足迹的概念起源于学术研究领域，随着商业认证的发展和相关标准的发布，其核算方法被人们接受并推广。本章介绍了碳足迹基本概念、标准和软件，针对石化产业基本概况的基础上，总结了现有石化产品碳足迹的研究现状。

第一节 产品碳足迹的概念及标准

一、碳足迹的概念及标准

碳足迹的概念来源于1996年哥伦比亚大学的瓦克纳格尔(Wackernagel)和里斯(Rees)提出的“生态足迹”(Ecological Footprint，EF)概念，即要维持一定人口的生存和经济社会发展所需要的(或者能够吸纳人类所排放的废物的)具有生物生产力的土地面积。但碳足迹与生态足迹的不同在于碳足迹主要涉及全球暖化潜值(Global Warming Potential，GWP)相关的温室气体(GHG)排放。碳足迹概念提出后，在学术领域和认证应用领域得到了不断发展。

世界可持续发展工商理事会(World Business Council for Sustainable Development，WBCSD)发布的温室气体核算体系《企业价值链(范围三)核算与报告标准》将温室气体排放量的核算范围划分为三个部分。范围一(Scope1)：企业组织直接拥有和控制设施产生的温室气体排放，主要包括固定燃烧排放、移动燃烧排放、制程排放、逸散排放等。范围二(Scope 2)：由于企业使用二次能源而计入的能源生产过程产生的温室气体排放，即能源间接排放，目前主要指外购电力、蒸汽、热力和冷量等引起的温室气体排放。范围三(Scope 3)：企业全产业链上、除自身以外的温室气体排放。

上述核算范围的划分主要针对企业法人组织，与此相对应，对某一产品的温室效应环境影响评价应采用产品碳足迹的核算方法。碳足迹的概念是伴随着学术研究的发展而逐步成熟的，表1-1列出了不同学者在学术上定义的碳足迹概念。

表1-1 碳足迹的不同定义解释

来源	定义
全球足迹网络(Global Footprint Network，2007)	生态系统通过光合作用吸收从化石燃料的燃烧中排放的二氧化碳的生物承载力需求
碳足迹组织(2008)	碳足迹是根据人们在日常生活中出于发电、取暖、交通运输等目的燃烧化石燃料而排放出的温室气体的数量来测度人类活动对环境(尤其是气候变化)的影响的一种度量手段，其单位是t(或kg)二氧化碳当量

续表

来源	定义
《PAS 2050 规范》(BSI，2008)	碳足迹是一个用于描述某个特定活动或实体产生温室气体(GHG)排放量的术语，因而它是供各组织和个体评价温室气体排放对气候变化贡献的一种方式。产品碳足迹(Carbon Footprint of Product，CFP)是指某个产品在其整个生命周期内的各种GHG排放，即从原材料一直到生产(或提供服务)、分销、使用和处置/再生利用等所有阶段的GHG排放。其范畴包括二氧化碳(CO_2)、甲烷(CH_4)和氮氧化物(N_xO)等温室气体以及其他类气体，其中包括氢氟碳化物(HFCs)和全氟化碳(PFCs)
国际标准化组织(ISO，2012)	产品碳足迹是指产品由原料取得、制造、运输、销售、使用以及废弃阶段过程中所直接与间接产生的温室气体排放总量
Wiedmann，T与Minx，J(2008)	碳足迹是对由某一活动直接或间接产生的，或者在某一产品的所有生命阶段积累下来的二氧化碳总排放量的一种度量
Browne，D，O'Regan，B与Moles R(2009)	碳足迹通过计算消费中隐含的能量和温室气体排放来进行估算，即指某一产品或服务从开采、生产、运输直到废弃的整个生命周期中耗费的能量以及排放的温室气体总量。碳足迹是生态足迹分析中的一个组成部分。因此，碳足迹可以用吸收温室气体的土地面积(hm^2)来表示

整个价值链中GHG范围和排放概述如图1-1所示。

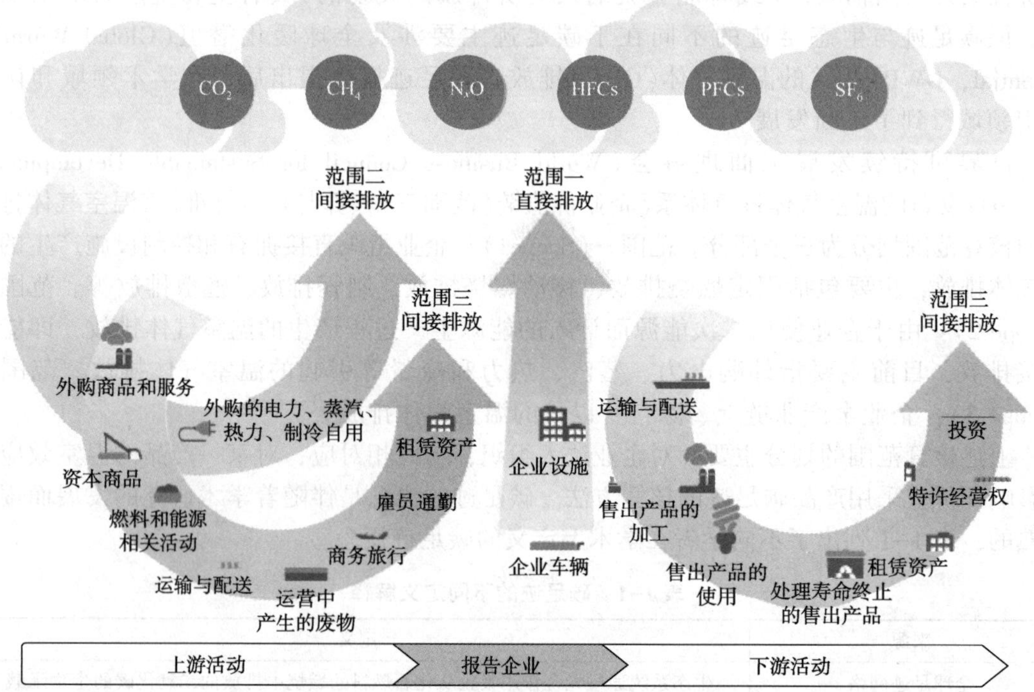

图1-1　整个价值链中GHG范围和排放概述

学术界开展的碳足迹研究，主要针对碳足迹作为测度消费侧温室气体排放的指标；按照评价尺度不同可分为个人碳足迹、家庭碳足迹、产品碳足迹、组织机构碳足迹等；涉及的产业部门包括工业碳足迹、建筑碳足迹、交通碳足迹等。在学术领域内，碳足迹作为重要“关键词”出现在各种研究文献中，但对于碳足迹中涉及的温室气体种类及系统边界问题不同文献之间仍有很大区别，研究方法也存在多种。碳足迹作为评价产品（或服务）生命周期内的二氧化碳排放量，与生命周期评价（Life Cycle Assessment，LCA）方法中的GWP指标相一致，因此可采用基于生命周期评价的过程分析法核算碳足迹；同时，研究碳足迹的方法还包括投入产出法和混合生命周期法（Hybrid-LCA）。投入产出法是以经济系统为对象，通过投入-产出表计算各类投入和产品及产出之间的关系；该方法难以将碳排放与具体的生产活动相对应，而且建模过程也需要复杂的数学运算，一般适用于宏观系统的分析。

另外，随着碳足迹学术研究的不断深入，碳足迹的概念和定义逐渐完善，众多的非政府组织、咨询公司和政府部门陆续固化了碳足迹的概念、制定了碳足迹评价标准、开展了碳足迹核算及认证服务，并将碳足迹结果作为商品的碳标签（Carbon Footprint Label，CFL）进行标示，这极大地促进了碳足迹评价在商业认证领域的应用。其中比较重要的标准体系包括以下几种。

1.《PAS 2050：2008 商品和服务在生命周期内的温室气体排放评价规范》

该规范是由英国碳基金公司（Carbon Trust）以及环境-食品-农村事务部（Department for Environment，Food and Rural Affairs，DEFRA）共同发起，由英国标准协会（British Standards Institution，BSI）制定并于2008年10月底正式发布。PAS 2050全称为Publicly Available Specification 2050，给出了评估某一产品（无论是货物还是服务）在其整个生命周期内温室气体排放的具体方法，并已通过多家公司的检验，检验过程涉及多种类型的产品和一系列行业。

作为全球第一部产品碳足迹评价标准，PAS 2050标准以生命周期评价方法为基础，根据产品分类规则（Product Category Rules，PCR）确定其生命周期阶段，并设定两种类型的边界：①企业-消费者（Business-to-Consumer，B2C），包括原材料获取、产品生产、分配零售、消费者使用、最终处置或回收等五个阶段，B2C边界是从摇篮到坟墓的全生命周期过程；②企业-企业（Business-to-Business，B2B），包括原材料获取、产品生产和分配至另一生产商等三个阶段，不包括最终产品的分配和零售、消费者使用和最终处置阶段。第一种情况是完全生命周期内的评价，称为“摇篮到坟墓”方法；第二种情况为基本生命周期内或部分生命周期内的评价，称为“摇篮到大门”方法。

PAS 2050可以帮助企业对产品生命周期内的温室气体排放开展内部评估，并在此基础上，对其他可替代选择进行评价。同时，PAS 2050的评估结果可以作为测量和通报减排量的一项基准，支持企业责任报告，并通过采用通用的、公认的和标准化的方法，为比较不同产品的温室气体排放提供支持。如果企业选择了通报其产品的碳足迹，PAS 2050有助于增强可信度，并帮助消费者更好地理解购买决定如何影响温室气体的排放。

该规范在2011年进行了复审，形成了第二版，即PAS 2050：2011。2009年，日本也发布了其产品碳足迹评估标准TSQ 0010，称为《产品碳足迹 评估和标示通则》（General Rules for Product Carbon Footprint Assessment and Labeling），为日本产品碳足迹体系的建立提供了依据和基础。与PAS 2050一样，TSQ 0010也是建立在ISO 14040/44和ISO 14025等国际标准的基础之上，其内容和实施步骤与PAS 2050基本一致。

除英国和日本外，世界其他国家和地区也在积极开展产品碳足迹评估方法和标准的研究与开发工作。2010年，中国台湾和韩国分别发布了《产品与服务碳足迹计算指引》和《韩国产品碳足迹指南》。此外，法国、德国、瑞典等国家也正在开展产品碳足迹评估方面的国际标准方法研究和计算指南的开发。各国在开展产品碳足迹评估时，均以 ISO 14040/44 标准为方法基础，同时参考 PAS 2050。2009 年，中国标准化研究院和英国标准协会共同发布了 PAS 2050 中文版，成为国内首个碳足迹领域规范。

2.《ISO 14067：产品碳足迹——量化和沟通的要求和指南》

ISO 14067 是由国际标准化组织（ISO）针对产品碳足迹核算制定的标准规范，该标准于 2008 年 4 月开始组织制定，起初由两部分构成，第一部分为量化/计算（ISO 14067-1：Quantification）；第二部分为沟通/标示（ISO 14067-2：Communication）。2012 年 1 月，ISO 将两个部分合并，发布 14067 国际标准草案：《ISO 14067：产品碳足迹——量化与沟通的要求和指南》，并于 2014 年发布该标准的正式版。ISO 14067 的内容架构以 PAS 2050 为主要参考依据，目的是提高量化和报告产品和服务整个生命周期碳排放的透明度，并确保碳足迹数据首次在全球范围内具有可比性。目前大多数国家推出的产品碳足迹评估标准都非常重视与 ISO 14067 国际标准相协调，ISO 14067 标准正式推出后，将成为各国开展产品碳足迹评估的主要依据，其他碳足迹相关标准将终止或据此进行修正。ISO 14067 采用 LCA 方法作为产品碳足迹量化的方法，并吸收现有标准中的部分内容，标准中标示部分参考 ISO 14020 环境标示系列，温室气体盘查部分参考 ISO 14064 温室气体系列，生命周期评估部分参考 ISO 14040 生命周期评价系列，目的在于达成一致的技术规范。

3.《TSQ 0010：产品碳足迹评估和标示通则》

2008 年，日本政府发布“低碳社会行动计划”（Action Plan for Achieving a Low Carbon Society），并将产品碳足迹以标签向消费者披露作为重要内容，即通过计算产品（或服务）的碳足迹排放量，以碳标签的形式向消费者标识产品碳排放信息。为此，政府制定了两项基础文件：《产品碳足迹基础方针》（Basic Guideline of the Carbon Footprint of Products）和《产品类别规则制定指南》（Guide of Establishing Product Category Rules），成为产品碳足迹体系的纲领性文件。同时，日本经济产业省于 2009 年制定《TSQ 0010：产品碳足迹评估和标示通则》以及相关细则，如《PCR 草案注册及 PCR 审核准则》《产品碳足迹计算和查证的沟通准则》《碳足迹标识准则》等，并启动了为期 3 年的产品碳足迹试点，力求建立可行的日本碳足迹体系。2009 年 10 月即有三种产品（粳米、菜籽油和洗衣粉）通过 PCR 注册认证及碳足迹核查，并以碳标签形式进入市场流通。

4.《产品生命周期核算与报告准则》（Product Life Cycle Accounting and Reporting Standard）

《产品生命周期核算与报告准则》由 WBCSD 和世界资源研究院（World Resource Institute，WRI））共同发起，该核算体系从 2004 年开始陆续发布包括企业核算、范围三核算、项目核算、产品寿命周期核算等一系列标准体系。其中范围三标准和产品标准都采用生命周期方法，范围三标准以企业组织为基础，在企业层面核算价值链温室气体排放，而产品标准则在单个产品层面核算生命周期温室气体排放。该标准用于计算产品生命周期，即原材料、制造、运输、仓储、使用和废弃所有阶段的温室气体排放，并致力于获得最大的温室气体减排机会。

从上述相关国际标准看，碳足迹主要是指以 LCA 方法评价产品（或服务）整个生命周期内（原材料获取、产品生产、分配销售、使用和废弃处理）温室气体排放量，这与企业或组织的温室气体排放核算方法(通常称为“碳盘查”)具有很大不同。产品碳足迹评价标准的制定极大地推动了碳足迹核算的规范性和商业应用，目前许多跨国公司已尝试执行 PAS 2050 规范对核算产品碳足迹评价并取得了良好的效果。

由以上可知，碳足迹概念是在学术研究不断深入的基础上逐渐形成的，并且在此基础上通过各类标准的制定最终确定产品碳足迹内涵，碳足迹学术领域的研究促成了各类核算标准的制定，各类核算标准的制定又促进了学术研究对碳足迹概念的规范性和一致性以及商业认证的推广应用，尤其 ISO 14067 作为国际通用标准的制定，明确了产品碳足迹采用基于 LCA 的过程分析法(Process Analysis)方法评价，随着应对气候变化越来越受到重视，碳足迹在学术研究和认证领域的应用必将展现巨大前景。

二、相关术语和概念

目前的产品碳足迹评估大多采用 PAS 2050 规范，且主要的国际标准也都借鉴和参考 PAS 2050 的内容和框架，PAS 2050 关于碳足迹评价有明确的术语和概念。

1. 产品系统(Product System)

为实现一个或多个特定功能，由物质和能源联系起来的单元过程的集合，既包括货物系统，也包括服务系统。

2. 单元过程(Unit Process)

一个生命周期的最小部分，在进行生命周期评价时，对其进行数据分析，单元过程是收集数据的产品系统中的最小单位。

3. 输入(Input)

进入一个单元过程的物质或能源，其中物质包括原材料与产品。

4. 输出(Output)

离开一个单元过程的物质或能源，其中物质包括原材料、中间产品、产品、释放物及废物。

5. 系统边界(System Boundary)

通过一定规则确定的应纳入生命周期评估的单元过程，是产品系统与环境或其他产品系统的界限。

6. 分配(Distribution)

将过程或产品系统中的输入和输出流分配到所研究的产品系统以及一个或更多的产品系统中。

7. 共生产品(Co-Products)

同一单元过程或产品系统中产出的任何两种或两种以上的产品。

注：只要在某个单元过程中产出两种或两种以上的产品，这些产品可被视为共生产品，在这种情况下，只有产出其他产品时才能产生本产品。

8. 功能单位(Functional Unit)

用作基准单位的量化的产品系统性能。

9. 中间产品(Intermediate Products)

在系统中还需要作为其他单元过程的输入而发生继续转化的某个过程单元的产出。

10. 生命周期(Life Cycle)

产品系统中前后衔接的一系列阶段，从自然界或从自然资源中获取原材料，直至生命周期结束，包括任何回收利用或回收活动。

11. 生命周期温室气体排放(Life Cycle Greenhouse Gas Emissions)

在某个产品的特定系统边界内，该产品生命周期内所有阶段产生的温室气体排放总量。

注：本标准包括在该产品的生命周期边界内作为各过程一部分而释放出的所有温室气体，这些过程包括产品的获取、产生、改变、运输、储存、运行、使用直至产品的处置。

12. 实质性贡献(Substantive Contribution)

任一大于某个产品生命周期内温室气体排放估测值1%的温室气体排放源的贡献。

注：设定一个1%的限定值是因为不必将生命周期内非常微小的温室气体排放源像更重要的排放源那样同样重视。

13. 抵消(Offset)

与某过程或产品相关联的GHG减排的机制，通过去除或阻止与被评价产品生命周期无关的GHG排放过程来实现。

三、生命周期评价

生命周期评价(Life Cycle Assessment, LCA)最早出现于20世纪60年代末70年代初，经过40多年的发展，目前已经纳入ISO 14000环境管理系列标准，成为国际环境管理和产品设计的一个重要工具。

生命周期评价是全面分析产品在其整个生命周期中环境影响的重要方法，适用于评估包括温室效应在内的多种环境影响。产品碳足迹的评价强调对产品生命周期的温室气体排放量进行测算，因此以LCA为基础，从原材料获取到生产加工、运输、分销、消费者使用，直至最终废弃或再利用的所有输入和输出及其环境影响均可以进行识别和量化。

国际标准化组织发布的ISO 14040/44系列标准制定了LCA方法应用到环境管理上的原则框架及实施步骤，为产品碳足迹评估提供了方法依据，并提升了碳足迹计算的可信度和便捷性。

产品的生命周期评价又称产品生命周期环境影响评价，主要考虑产品生命周期的各个阶段对环境造成的干预和影响。

1. LCA定义

产品的生命周期评价是详细研究产品生命周期内的能源需求、原材料利用和活动造成的水、气、固体废弃物、材料、产品以及包装等，包括原材料资源化、制造、加工、分配、利用、再利用、维护以及最后的废弃物处理。生命周期评价基本思路如图1-2所示。国际标准化组织和国际环境毒物学和化学学会(The Society of Environmental Toxicology and Chemistry, SETAC)对LCA的定义具有广泛权威性。

ISO的定义：汇总和评估一个产品(或服务)体系在其整个生命周期内的所有投入及产出对环境造成的和潜在的影响的方法。ISO的TC207技术委员会在ISO 14000系列环境管理标准中为生命周期评价预留了10个标准号(14040~14049)，1997年6月，ISO公布了有关生命周期评价的第一个国际标准，即环境管理生命周期评价原则和框架。

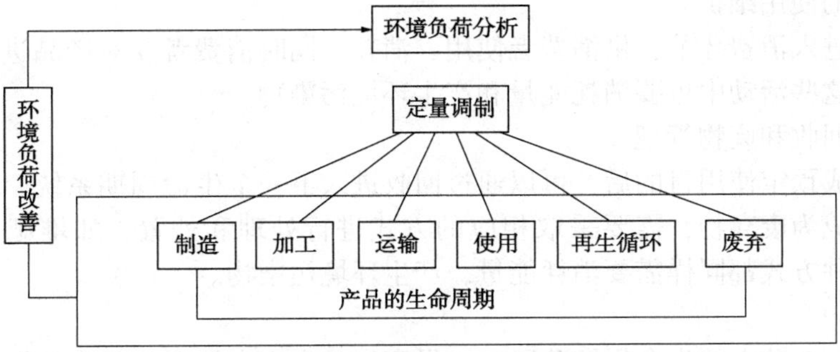

图 1-2 生命周期评价基本思路

SETAC 的定义：生命周期评价是对产品生产工艺以及活动对环境的影响进行评价的客观过程，它是一个通过对能量和物质的利用以及由此造成的环境废物排放进行识别和量化的过程。其目的在于评估能量和物质利用，以及废物排放对环境的影响，并寻求改善环境影响的机会以及利用这种机会。评价贯穿于产品、工艺和活动的整个生命周期，包括原材料提取与加工、产品制造、运输以及销售；产品的使用、再利用和维护；废物循环和最终废物处理。

虽然各种定义的措辞有所不同，但产品生命周期评价的主要目的可定义为对一个产品、工序或生产活动的环境影响进行科学和系统的定量研究。

2. 生命周期阶段

一般而言，任何一个产品的生命周期可以划分为以下几个主要阶段，如图 1-3 所示。

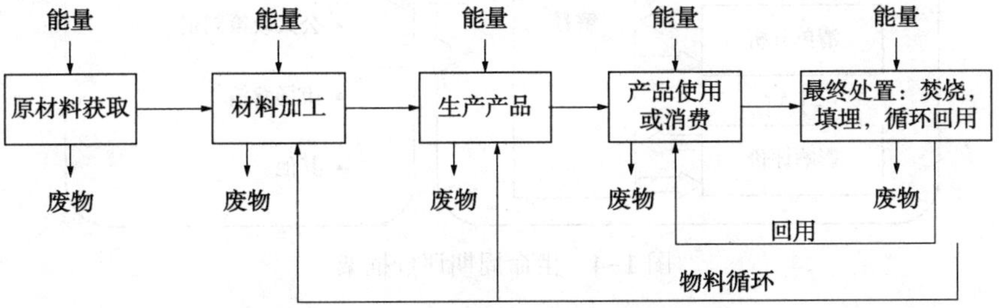

图 1-3 产品生命周期的主要组成阶段

(1) 原材料获取

任何产品和人类活动都需要首先从自然界中获取天然原材料和能源，例如收获农作物和石油开采等。

(2) 产品生产

产品生产包括将原材料加工成为中间产品，进而生产出成品以及将成品分装并运送至消费者的整个过程。根据其中各步骤的不同特点，可分为下面 3 个子过程。

1) 原材料加工。将原材料转化成可以用来生产最终产品的形式，通常许多中间化学品或者材料的生产都包括在这一范围内。

2) 产品生产。将已经加工的物质制作成准备包装的成品，包括可供销售者出售的消费者产品和可以作为其他行业和工艺原料或用品的产品。

3) 分装和包装。在分装和包装过程中产品只有位置和物理形态的变化，而不会发生物质类型的转化。

（3）产品的使用维护

产品从此进入消费环节，供消费者使用、消耗，同时消费者要对产品进行保养、维修以便再用，在这些活动中也要消耗能量和产生环境污染物。

（4）产品回收和废物管理

产品在完成预定使用目的后，可以通过回收进入下一个生命周期系统，开始一个新的周期；也可能成为废弃物，需要采取相应的方式进行处理和处置，如堆肥、焚烧和填埋等。无论是哪种方式都同样需要消耗能量，产生环境污染物。

（5）运输

运输不是一个独立的生命周期阶段，它贯穿于整个生命周期的各个阶段之中，产品所发生的所有位置变化都应该视为运输的一部分，但是因为运输而产生的能量消耗和环境污染物通常分别归入其所属的相应阶段。

3. 生命周期评价的技术框架

在 ISO 14040 生命周期评价——原则与框架中对产品生命周期评价的框架作了如图 1-4 所示的描述。

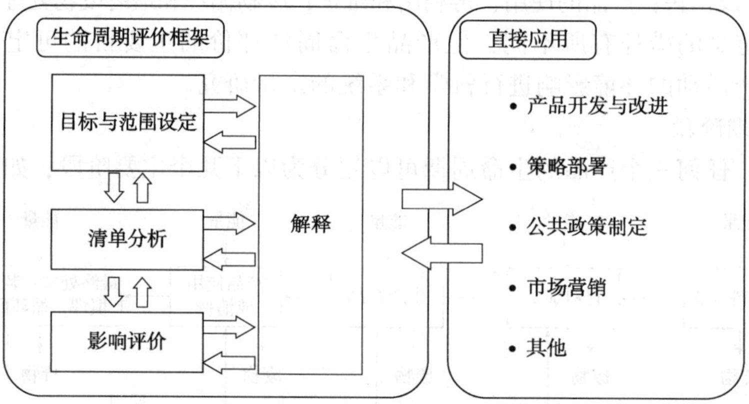

图 1-4　生命周期评价框架

从图 1-4 中可以看到，生命周期评价框架主要包括目标和范围设定、清单分析、影响评价和解释 4 个步骤。

（1）目标与范围设定

目标与范围需要与 LCA 预期的应用相一致。LCA 的首要步骤是目标与范围的设定，但是 LCA 是个迭代过程，所以目标与范围可以在后续的研究中基于对结果的解释进行重新定义。

目标的定义主要包括：预期的应用意图和开展研究的原因、目标受众。

范围的定义包括以下几个方面：功能、功能单位和基准流，初始系统边界，数据质量要求，报告和鉴定性评审。

（2）清单分析（Lift Cycle Inventory，LCI）

在目标设定完成后，就可以进行清单分析。清单分析是对产品、工艺过程或者活动等研究系统整个生命周期阶段和能源的使用以及向环境排放废物等进行定量的技术过程。清单分析需要将一个产品从生产、使用到废弃整个生命周期过程的环境影响逐一列出。

清单分析开始于原材料获取，结束于产品的最终消费和处置，其一般范围如图 1-5 所示。

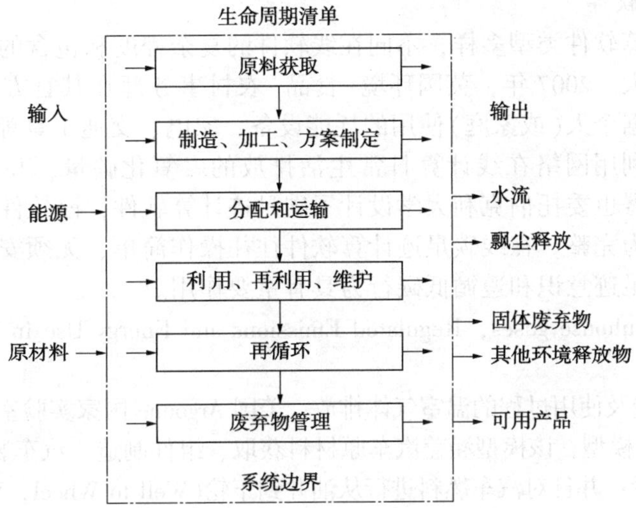

图 1-5 生命周期评价清单分析范围

一个完整的清单分析能提供所有与系统相关的投入和产出概况，该分析评价贯穿产品的整个生命周期，即原材料的获取、加工、制造和销售、使用和用后处理。

(3) 影响评价

LCA 中影响评价的目的是根据生命周期清单分析的结果对潜在环境影响进行评价，将清单数据和具体的环境影响相联系，即各种排放物对现实环境的影响进行定性定量评价。评价哪些影响、评价的详尽程度和采用的方法是由研究目标和范围决定的。

影响评价将清单的结果分配至环境的影响类型，环境影响评价包括以下 3 个必要步骤。

第一步是影响类型、参数和特征化模型的选择。实际中，此选择需要依据影响评价的方法进行。

第二步是将 LCI 结果划分到所选的影响类型中。

第三步是类型参数结果的计算(特征化)。这部分的计算实际上是以活动数据、特征化因子表示 LCA 结果，其中特征化因子是基于某种物质在某类型指标上的影响的科学论断得到的。

(4) 解释

解释就是对所采用的 LCA 方法进行解释，包括条件假设、方法说明、存在问题等，并在此基础上，根据清单分析过程中获得的有关产品的各类数据以及影响评价中所获得的信息找出薄弱环节，有目的、有重点地改进创新，为生产更好的绿色产品提供依据和改进措施。同时，可根据这些信息制定关于该类产品的评价标准，为以后的评价工作提供一个可靠的基准。

四、生命周期评价工具

20 世纪 90 年代以来，LCA 理论和应用得到迅速发展，大量的 LCA 专业软件得到开发及应用，目前欧美各国有十余种商业 LCA 软件。采用软件工具对碳足迹进行核算评价可以降低研究过程时间和精力，各种机构发布的多款碳足迹研究软件工具可分为网络在线系统和单机版系统。

1. 在线碳足迹软件

在线碳足迹计算软件类型多样，不同在线软件的复杂程度和包含的计算内容不同，因此结果往往差别很大。2007 年，英国环境-食品-农村事务部在其官方网站发布个人碳足迹计算软件，可根据个人(或家庭)使用的耗能设备、家电、交通工具等计算温室气体排放量，公众可以随时利用网络在线计算日常生活排放的二氧化碳量，并获取节能降耗的建议。美国加州环保署也委托伯克利大学设计了碳足迹计算软件，该软件应用生命周期评估方法，涵盖层面较为完整。在线碳足迹计算软件往往操作简单、无须安装、易于理解，因此对于提高公众碳足迹意识和遵循低碳行为具有重要作用。

2. GREET(Greenhouse gases, Regulated Emissions and Energy Use in Transportation)模型及软件

为评估汽车制造及使用过程的温室气体排放，美国 Argonne 国家实验室从 1995 年开始开发基于电子表格的评价模型，该模型涵盖汽车原材料获取、组件制造、汽车装配、处置和再循环等阶段的 CO_2 排放量；并且对汽车燃料进行从油井到车轮(Well to Wheel, WTW)的生命周期划分，包括原料开采、运输、生产、加注、使用 5 个环节；上述 5 个环节又可分为油井到油箱(Well to Tank, WTT)和油箱到车轮(Tank to Wheel, TTW)两部分，如图 1-6 所示。同时开发 GREET 模型及软件可评估替代燃料和先进车辆技术在整个燃料循环过程的碳排放影响。

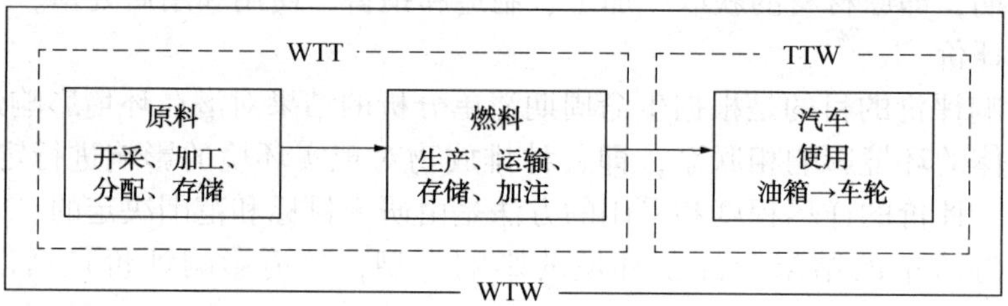

图 1-6 燃料生命周期示意图

3. SimaPro 软件

SimaPro 软件是荷兰莱顿大学和 Pre Consultants B. V. 于 1990 年开发的世界上应用广泛的生命周期评价软件，现今已升级多个版本。SimaPro 具有强大的功能、极高的柔性、多样的评价方法和直观的结果表达方式；并且包含丰富的数据量和完善的数据管理能力。该软件可用于计算碳足迹、产品生态设计、产品或服务的环境影响、关键性能指标的决策等。

SimaPro 具有显著的功能特点。①清单分析建模。SiamPro 提供一种向导化的建模方式，通过回答一系列问题，用户可以建立产品的生命周期模型。SimaPro 的过程记录可应用于系统过程或单元过程，每一个过程数据都可以定义多个输出，并可指定分配比例。每条过程的排放数据可以细分为空气排放、水体排放、土壤排放和固体废弃物排放。所有的输入和输出可以包含参数，参数可以直接由用户定义。②环境影响评价方法。SimaPro 包含了十几种世界上主流的环境影响评价方法，这些评价方法可以被方便地编辑和扩展，支持用户建立新的环境影响评价方法。③分析和解释评价结果。环境影响评价结果可以通过表格或图形方式呈现，可以方便地查看特征化、标准化和权重值等。SimaPro可以对两种或多种产品系统进行对比分析，显示两种或多种产品系统之间的差别。④数据库管理。数据库以项目的方式组织，可以用于所有的项目中，用户可以定义多个项目，数据可以在不同项目间复制。SimaPro 有多用户版本，允许多用户在同一数据库和同一项目下协同工作。

⑤存档。通过SimaPro提供的许多数据条目，可以较好地保存清单数据。环境影响评价方法也存档于数据库中。SimaPro包含各个数据库的使用手册，在目标、范围评价和结果解释中用户可以添加评论和各种数据。

4. GaBi软件

该软件是由德国PE International公司开发的一款多合一的软件，能从生命周期的角度建立复杂产品的模型。用户可以建立产品模型、平衡输入输出流、计算评价结果、生成图形，也可制作报告。作为世界领先的生命周期评价和碳足迹计算软件，GaBi的设计满足了较广领域的需求，因其良好的性能，可靠性和柔性高，为很多LCA研究机构所采用。

GaBi支持基于物理过程链模型的建立，除LCI建模、数据分析、影响计算等最基本的功能外，还可以提供敏感度分析和完全由用户控制的蒙特卡洛模拟。GaBi集成了一个全面的、有很高数据质量的数据库系统：GaBi data-bases 2006。这些数据库包含欧盟委员会的ELCD数据库，数据库的更新可以从官方网站下载，同时GaBi也支持Ecoinvent数据库和NREL的LCI数据库。

GaBi的功能特点。①清单分析建模。GaBi允许建立实际的工艺链模型，即用输入输出流和它们之间的连接来描述特定的产品或服务系统。无论多么复杂的产品系统，其强大的图形化用户操作界面功能都可以为用户提供一个全面和透明的产品结构图。通过方便和柔性的功能模块使所研究的案例可以按照实际工艺链高效地建立起来。②分析解释和结果评价。GaBi的平衡分析是进行分析解释和结果评价的起点，GaBi的平衡视图能以百分比或者绝对值显示评价结果，并提供了几种不同的分析方法：阶段分析、参数变更、敏感度分析、蒙特卡洛分析等。③存档。GaBi使用基于浏览器的数据存档系统，与欧盟委员会的ILCD手册类似，每一条GaBi数据集都连接到一个HTML文档中，该文档包括全面的过程描述、分配原则、数据来源、流程图、范围等，用户可以添加自己的存档文件。

5. 其他生命周期评价软件

由法国电子与电器工业联盟成立的CODDE组织于2003年开发的EIME生命周期软件，主要面向电子和电器产品；日本LCA研究中心（Research Center for Life Cycle Assessment）、工业技术综合研究所（National Institute of Advanced Industrial Science and Technology，AIST）和日本工业环境管理协会（Japan Environmental Management Association for Industry，JEMAI）于2000年共同开发了JEMAI-LCA Pro软件。同时，我国也开发了几款LCA评价软件，例如四川大学开发的Ebalance、中国科学院生态环境研究中心开发的PCESS，同济大学开发的中国汽车替代燃料生命周期数据库，宝钢开发的Baosteel LCA，以及东华大学纺织服装工业碳足迹研究团队开发的DHU核算软件。

基于LCA理论的碳足迹核算软件提高了生命周期评价方法的可操作性，使之应用简便。LCA核算软件利用计算机技术，集成基础能源和物料数据库，进而实现产品生命周期评价的自动化分析处理，减少了大量的人工核算工作。

第二节 石化产业与产品

石油化工是以石油和天然气为原料经加工处理生产干气、石脑油、煤油、柴油、重质油等馏分油；轻烃和馏分油经蒸汽裂解、催化重整、部分氧化等生产基础有机原料，如乙烯、丙烯、丁二烯、苯、甲苯、二甲苯、合成气等；这些基础原料又可进一步生产多种中间产品，如苯乙烯、丙烯腈、环氧乙烷、苯酚、己内酰胺等；或经加工，生产合成橡胶、合成树脂、合成纤维、合成洗涤剂以及其他产品。石化产业与产品通常包括石油炼制、基本有机原料、有机化工品、高分子合成等，精细化工产业也与石化产业高度关联。

一、石油炼制

石油是由相对分子质量不同、组成和结构不同、数量众多的化合物构成的混合物，其性质因产地而异，主要与其组成有关，相对密度为0.75~1.00，黏度范围很宽，沸点范围为常温到500℃以上。

石油炼制(简称炼油)是以原油为基本原料，通过一系列炼制工艺和加工过程(例如常减压蒸馏、催化裂化、催化加氢、催化重整、延迟焦化、炼厂气加工及产品精制等)，加工成各种石油产品，如各种牌号的汽油、喷气燃料(即航空煤油)、柴油、润滑油、溶剂油、重油、蜡油、沥青和石油焦，以及生产各种石油化工的基本原料，图1-7列出了主要石油炼制产品。

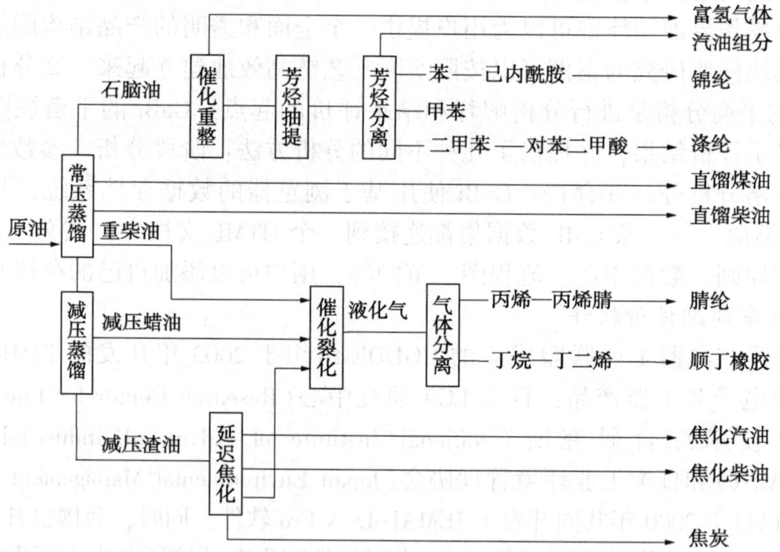

图1-7 燃料-化工型炼油厂加工流程图

原油加工过程一般首先在常减压装置将原油分离成沸点范围不同的汽油、煤油、柴油等轻质馏分油，各种润滑油馏分、裂化原料(即减压馏分油或蜡油)等重质馏分油及减压渣油。其中除渣油外，其余馏分又叫直馏馏分油。

为了提高轻质馏分油产量，需要通过加氢裂化、催化裂化、延迟焦化等工艺将重质馏分油和渣油进一步加工转化(即重质油的轻质化)，以得到更多的轻质油品。一般将轻馏分的改质过程与重馏分及渣油的轻质化过程称为二次加工过程。

根据生产目的的不同，原油的二次加工可以采用多种工艺流程，如以重质馏分油和渣油为原料的催化裂化和加氢裂化，以汽油馏分为主要原料生产高辛烷值汽油或轻质芳烃(苯、甲苯、二甲苯)的催化重整，以渣油为原料生产石油焦或燃料油的延迟焦化等。

2019 年，全球炼油产能达到 98.8 百万桶/天(约合 48.7 亿 t)，中国炼油产能达到 8.8 亿 t/a，全年加工原油 6.4 亿 t。2019 年，我国成品油终端消费 3.94 亿 t，其中汽油终端消费 1.66 亿 t，柴油表观消费 1.86 亿 t，喷气燃料表观消费 4140 万 t。液化气产量 3940 万 t，消费量 5840 万 t；化工轻油产量 7650 万 t，消费量 8360 万 t；沥青产量 3316 万 t，消费量 3670 万 t；石油焦产量 2835 万 t，净进口量 821 万 t；燃料油产量 2284 万 t，收率为 3.6%，需求量 3583 万 t。

二、基础有机原料及化工品

基础有机原料通常以石油炼制过程生产的轻烃和馏分油为原料，通过乙烯装置、芳烃装置等生产乙烯、丙烯、丁二烯、苯、甲苯、二甲苯，即“三烯三苯”，基础有机原料可进一步生产乙二醇、丙酮、乙酸、丁辛醇等化工产品及合成树脂、合成纤维、合成橡胶等三大合成材料，如图 1-8 所示。

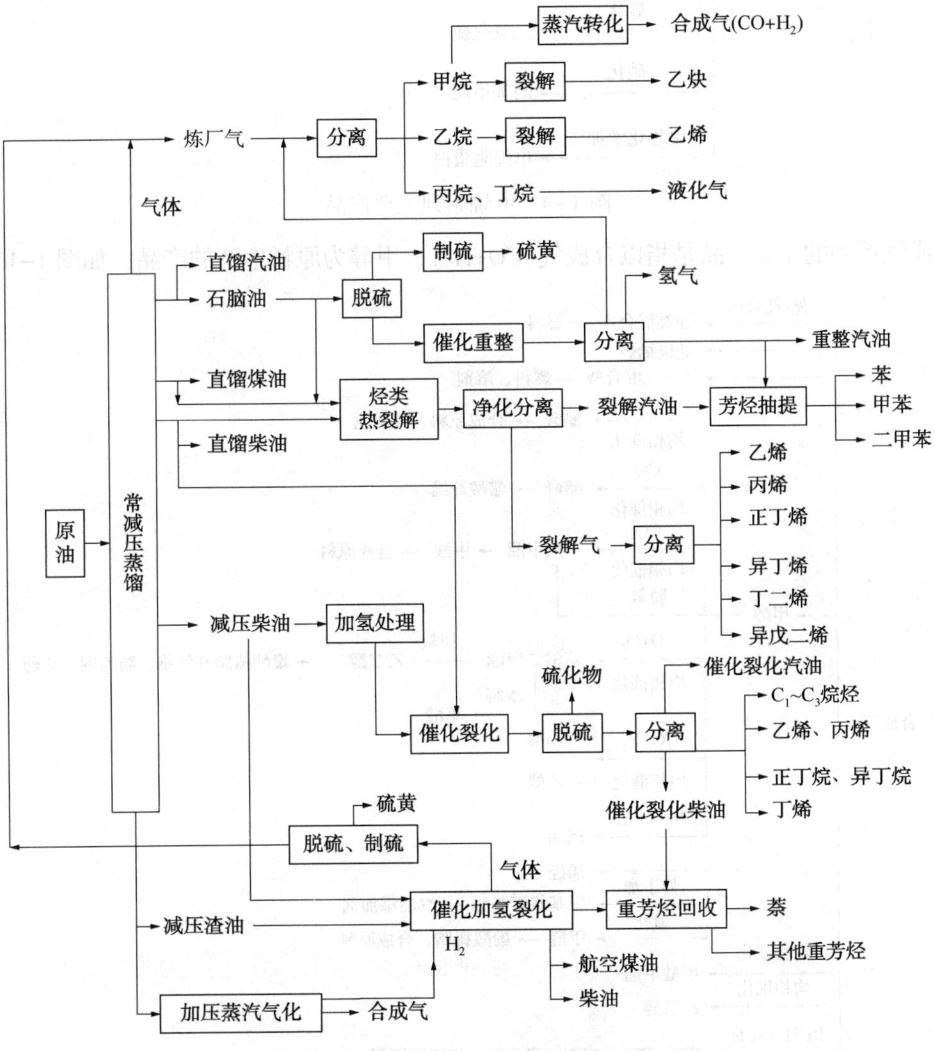

图 1-8 石油炼制与基础有机原料产业链

石油化工产业的产品种类繁多，按所用原料不同有所差别。

1. C_1 系列产品

C_1 系统的产品主要包括从甲烷和合成气出发生产的两大类产品。甲烷系列的主要产品如图 1-9 所示。

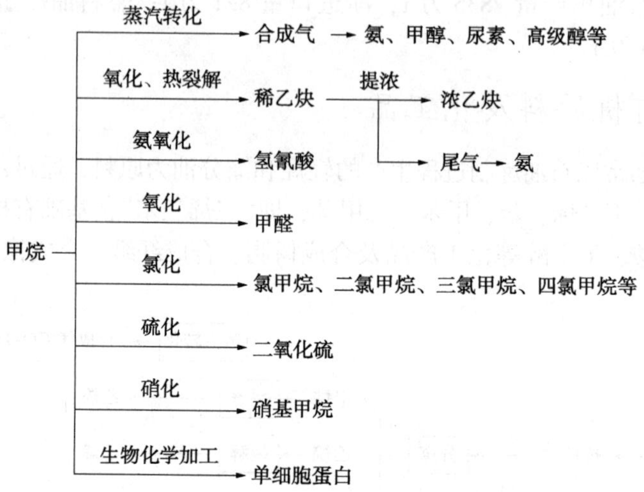

图 1-9　甲烷系列主要产品

合成气系列的主要产品是指以合成气（$CO+H_2$）、甲醇为原料生产的产品，如图 1-10 所示。

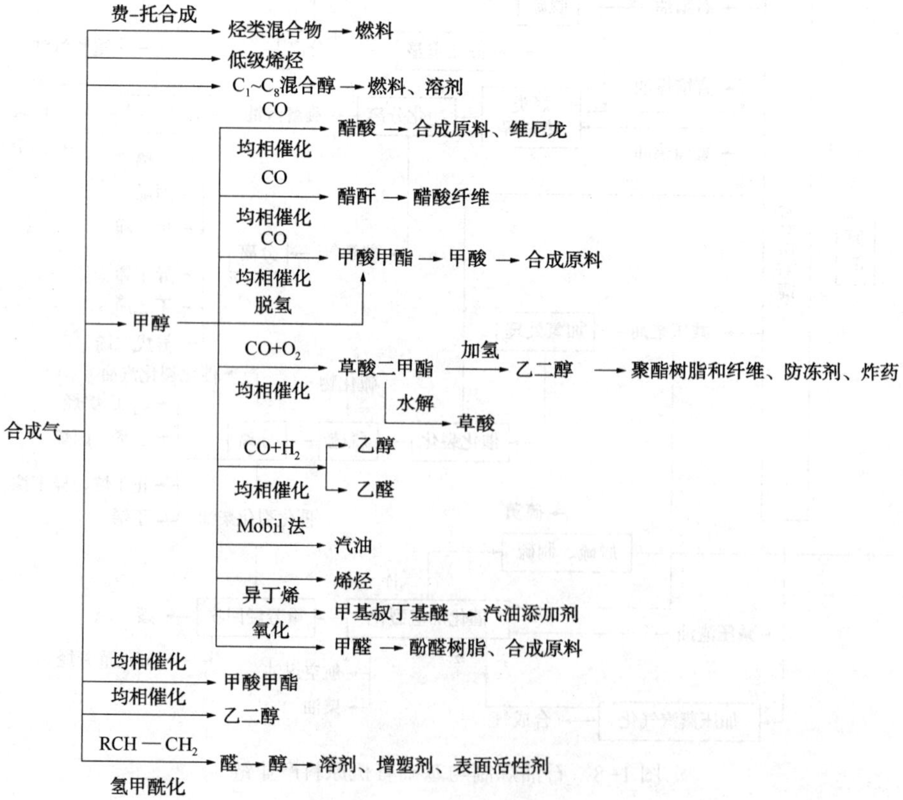

图 1-10　合成气系列主要产品

C_1 系列中甲醇是产量巨大的平台产品，2023 年，我国甲醇产能达 10619 万 t，产量达 7800 万 t，表观消费量规模达 9758 万 t，其中煤制甲醇产能占全年总产能的 76%，天然气制甲醇约占 11%，焦炉气制甲醇约占 13%。产能规模在 50 万以上的甲醇生产企业超 50 家，涉及产能逾5700 万 t，占全国有效总产能近 7 成，多集中在我国煤炭资源相对丰富的西部地区。我国甲醇下游消费结构如图 1-11所示。

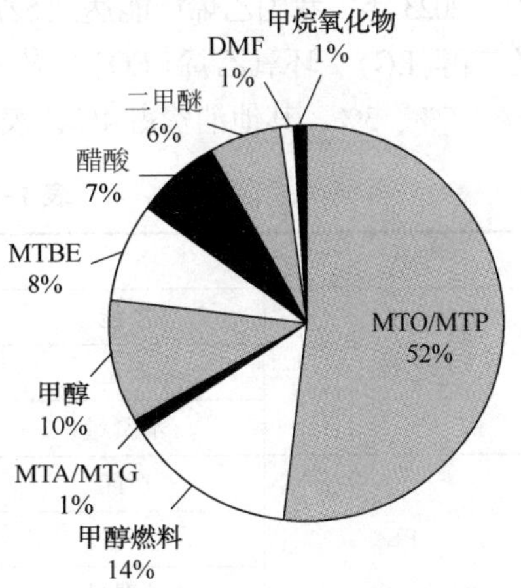

图 1-11 我国甲醇下游消费结构

与全球甲醇消费结构不同，我国用于甲醇制烯烃（MTO/MTP）、甲醇燃料、甲醇制芳烃（MTA/MTG）等新兴需求的甲醇比例逐年增高，占到甲醇消费量的 67%。

2. C_2 系列产品

C_2 系列的产品主要包括由乙烯和乙炔生产的两大类产品。乙烯是碳原子数最少的烯烃，具有极其活泼的双键结构，其反应能力很强，易于加工利用，所以是有机化工中重要的基本原料。通过乙烯的氧化、卤化、烷基化、水合、聚合等反应可以制得一系列有价值的乙烯衍生物，如环氧乙烷、乙二醇、乙醛、醋酸、醋酸乙烯、乙苯、聚乙烯等，乙烯还可生产溶剂、表面活性剂、增塑剂、合成洗涤剂、农药、医药等。乙烯系列的主要产品如图 1-12 所示。

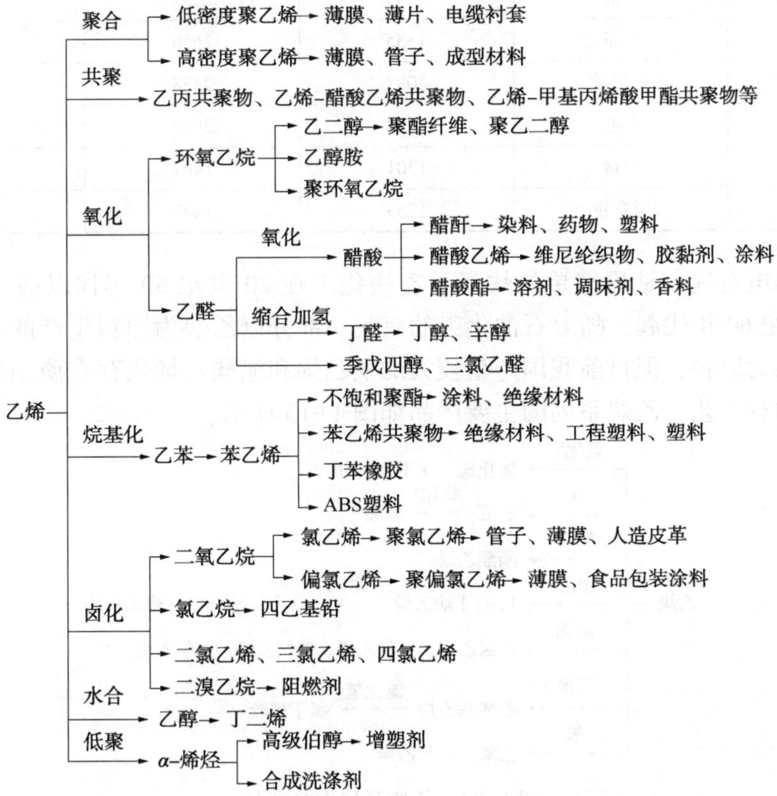

图 1-12 乙烯系列主要产品

2023 年，我国乙烯产能达到 5277 万 t，产量 4347 万 t，消费量 5994 万 t，其中聚乙烯(PE)、乙二醇(EG)、环氧乙烯(EO)、苯乙烯(SM)、聚氯乙烯(PVC)分别占消费量的 66%、17%、5%、5%、3%，其他消费占 4%，表 1-2 列出了我国乙烯及下游衍生物供需表。

表 1-2　我国乙烯及下游产品供需表

万 t

产品		2022 年	2023 年	2024 年(预测)
乙烯	产能	4683	5277	5577
	产量	3911	4347	4694
	消费量	5709	5994	6254
PE	产能	2969	3254	3509
	产量	2438	2715	2943
	消费量	3713	3912	4079
PVC	产能	2810	2790	3078
	产量	2170	2239	2288
	消费量	1981	2002	2036
EO	产能	654	704	749
	产量	452	433	450
	消费量	452	433	450
EG	产能	2545	2837	3287
	产量	1335	1650	1768
	消费量	2082	2338	2378
SM	产能	1722	2067	2254
	产量	1301	1407	1605
	消费量	1359	1447	1575

乙炔俗称电石气，是最简单的炔烃。乙炔化工在 20 世纪 50 年代以前一直占主导地位，自 20 世纪 60 年代起，随着石油化工的兴起一部分以乙炔为原料生产的产品逐步转向以乙烯和丙烯为原料，但目前我国产量较大的氯乙烯和醋酸乙烯仍存在使用乙烯作原料和乙炔作原料两种工艺。乙炔系列的主要产品如图 1-13 所示。

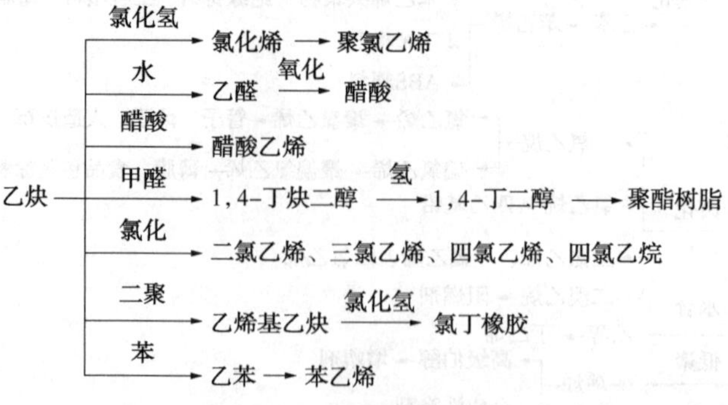

图 1-13　乙炔系列主要产品

3. C_3 系列产品

C_3 系列的产品主要是指从丙烯出发生产的产品，在基本有机化学工业中仅次于乙烯系列的产品，丙烯的生产工艺包括炼油催化裂化副产丙烯、石脑油蒸汽裂解副产丙烯、丙烷脱氢制丙烯（PDH）、甲醇制烯烃（MTO/MTP）等。丙烯系列的主要产品如图 1-14 所示。

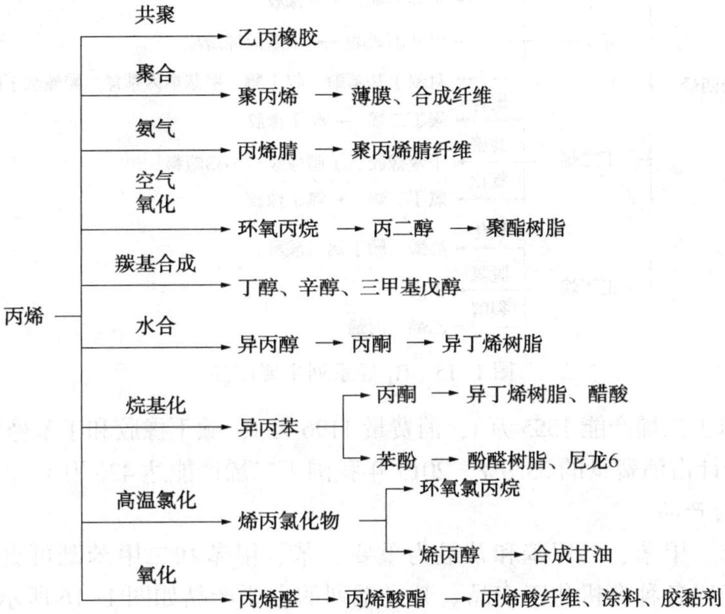

图 1-14　丙烯系列主要产品

2023 年，世界丙烯产能达 1.28 亿 t，我国丙烯产能 6409 万 t，产量 4794 万 t，消费量 5356 万 t，其中石脑油副产丙烯、炼油催化裂化副产丙烯、PDH、煤制丙烯和甲醇制烯烃路线分别占总产能的 26.6%、31.1%、16.3%、14.4%和 5.6%。我国丙烯及下游产品供需数据见表 1-3。

表 1-3　中国丙烯及下游产品供需数据　　万 t

产品	2022 年			2023 年		
	产能	产量	消费量	产能	产量	消费量
丙烯	5481	4458	5094	6409	4794	5356
聚丙烯	3727	3193	3517	4217	3400	3679
环氧丙烷	452	315	345	579	440	460
丙烯腈	379	276	205	437	290	289

4. C_4 系列产品

C_4 烃类可以从油田气、炼厂气及烃类裂解制乙烯副产的 C_4 馏分中获得，是基本有机化工的重要原料，其中正丁烯、异丁烯和丁二烯最重要，其次是正丁烷。C_4 烃系列的主要产品如图 1-15 所示。

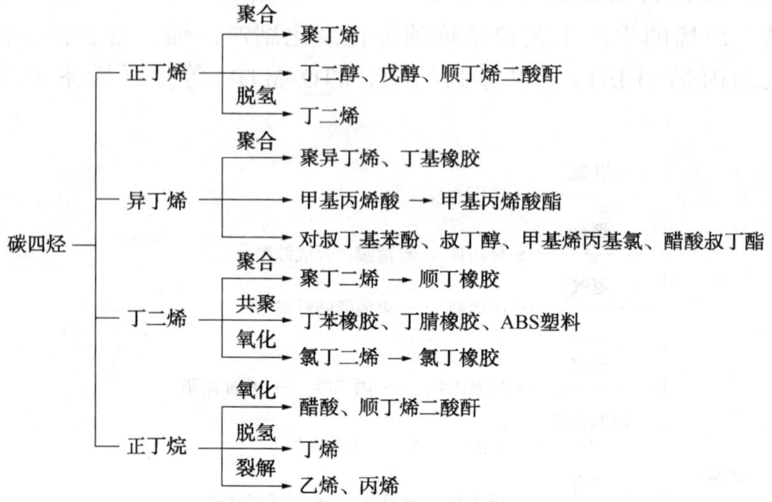

图 1-15　C_4 烃系列主要产品

2019 年全球丁二烯产能 1555 万 t，消费量 1196 万 t，顺丁橡胶和丁苯橡胶是丁二烯最大的消费领域，合计占消费量的 53.9%。2019 年我国丁二烯产能达 436 万 t，产量 308 万 t。

5. 芳烃系列产品

芳烃中以苯、甲苯、二甲苯和萘最为重要。苯、甲苯和二甲苯既可直接作溶剂使用，也可进一步加工成各种有机化工产品。芳烃系列的主要产品如图 1-16 所示。

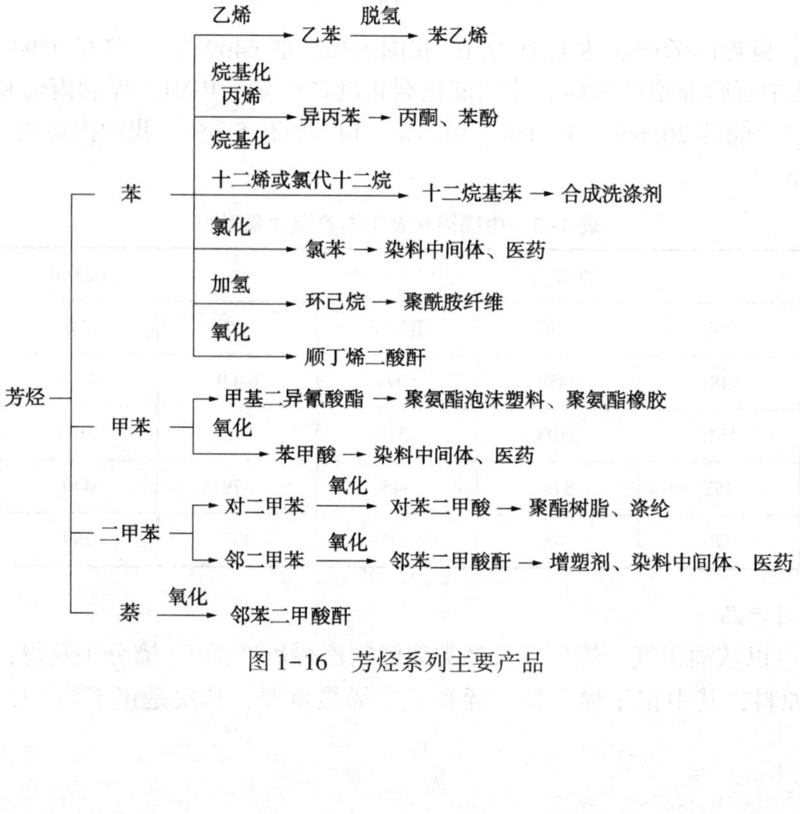

图 1-16　芳烃系列主要产品

对二甲苯(PX)产业链是石化工业最重要的链条之一，即PX-PTA-PET，世界98%的PX用于制备PTA，而98%的PTA又用于制备PET。2022年，世界PX产能达7318万t，产量5478万t；PTA产能9701万t，产量8224万t；PET产能1.2亿t。2023年，我国PX产能达3494万t，产量2475万t；PTA产能7025万t/a，产量5313万t；PET产能7127万t/a，产量5670万t。

石油炼制工艺通常以加工技术命名，例如常减压蒸馏装置、加氢装置、催化裂化、催化重整、烷基化等；而石油化工工艺通常以产品命名，例如乙烯装置、乙二醇装置、醋酸、乙苯/苯乙烯、聚乙烯、丁苯橡胶、涤纶装置等。

三、高分子合成

利用基础有机化工原料可以人工合成品种繁多、性能优异的高分子化合物，由重复的结构单元所组成的大分子化合物，通称为聚合物。这些聚合物具有成纤性、成膜性、可塑性、高弹性及优良的力学性能和电性能等，通过适当的加工方法，可分别制成纤维、塑料、橡胶及其制品，还可制成涂料、黏合剂、离子交换树脂等材料，其中以塑料、合成纤维、合成橡胶产量最大，通称为三大合成材料。

聚合物的大分子是通过共价键结合的原子组成，通常构成一个大分子的原子数多达10^3和10^5，其相对分子质量大多处于10^4和10^6之间，其结构特点是由许多相同的、简单的结构单元连接而成，像一条长长的锁链，故也称大分子链。若聚合物的物理性质不随原子或原子团的重复次数的增加或减少而改变时，则称为高聚物，否则为低聚物。

1. 塑料(Plastic)

塑料是以天然或合成聚合物为基本成分，辅以填充剂、稳定剂、着色剂、润滑剂、增塑剂和其他助剂在一定温度和压力下加工成一定形状，并能保持形状不变的材料或制品，聚合物常称作树脂。塑料的弹性模量一般在$10^{-1}\sim10^3$MPa，具有质轻、绝缘、耐腐蚀、美观、制品形式多样化的特点。五大通用合成树脂即聚乙烯(PE)、聚丙烯(PP)、聚氯乙烯(PVC)、聚苯乙烯(PS)及丙烯腈-丁二烯-苯乙烯(ABS)，是合成树脂产业研究的重点，截至2023年底，全球五大通用合成树脂产能达37599万t，产量2.8亿t；中国产能达到12876万t，产量9790万t，中国合成树脂及主要品种供需情况见表1-4。

表1-4 中国合成树脂及主要品种供需情况 万t

项目	2022年			2023年		
	产能	产量	消费量	产能	产量	消费量
PE	2969	2438	3713	3254	2715	3912
PP	3727	3193	3517	4217	3400	3679
PVC	2810	2170	1981	2990	2239	2002
PS	1361	722	773	1619	816	868
ABS	546	443	572	769	620	708
合计	11413	8966	10556	12876	9790	11169

根据受热后是否可熔化，可将塑料分为热塑性塑料与热固性塑料两大类；前者是线型或支链型聚合物，可反复受热软化或熔化，如聚乙烯、聚氯乙烯、聚碳酸酯等；后者是交联聚合物，经固化成型后，再受热则不能熔化，受强热则分解，如酚醛塑料、氨基塑料。

根据化学组成分类，塑料品种繁多。但是根据生产量与使用情况可以分为通用塑料和工程塑料。

1）通用塑料，产量大，生产成本低，性能多样化，应用面广。此类塑料有聚乙烯塑料、聚丙烯塑料、聚氯乙烯塑料、聚苯乙烯塑料、酚醛塑料等，主要用来生产日用品或一般工农业用材料。例如聚氯乙烯塑料可制成人造革、塑料薄膜、泡沫塑料、耐化学腐蚀用板材、电缆绝缘层等。

2）工程塑料，产量不大，成本较高，但具有优良的机械强度或耐摩擦、耐热、耐化学腐蚀等特性，可作为工程材料，制成轴承、齿轮等机械零件以代替金属、陶瓷等。此类塑料有聚碳酸酯塑料、聚甲醛塑料、ABS 塑料(丙烯腈-丁二烯-苯乙烯三元共聚物)、聚四氟乙烯塑料、高密度聚乙烯、玻璃纤维增强塑料等。

塑料可通过挤塑、注塑、压延、模塑、吹塑、层压、浇注等方法成型加工。

塑料作为有机材料，其主要缺点是绝大多数塑料制品都可燃烧，在长期使用过程中受光线、空气氧化作用以及环境条件和热的影响，其制品的性能可能逐渐变坏，导致不能使用，即发生老化现象。

2. 合成纤维(Fibre)

线型结构且相对分子质量高的合成树脂，通过适当方法纺丝得到的纤维称为合成纤维。理论上生产热塑性塑料的各种线型相对分子质量高的合成树脂都可以经过纺丝过程制得合成纤维。但有些品种的合成纤维强度太低或软化温度太低，或者由于相对分子质量范围不适合加工为纤维而不具备实用价值。因此工业生产的合成纤维品种远少于热塑性塑料品种。一般来说，生产合成纤维用的合成树脂是线型结晶结构聚合物，平均相对分子质量低于橡胶和塑料，弹性模量为 $10^3 \sim 10^4$MPa。

合成纤维可采用熔融、干法和湿法纺丝制得。工业生产的合成纤维品种有聚酯纤维(涤纶纤维)、聚丙烯腈纤维(腈纶纤维)、聚酰胺纤维(锦纶纤维或尼龙纤维，如尼龙-6、尼龙-66)，聚乙烯醇缩甲醛纤维(维纶纤维)、聚丙烯纤维(丙纶纤维)、聚氯乙烯纤维(氯纶纤维)等，其中以涤纶、腈纶和锦纶为主，合纤原料是生产合成纤维所有单体原料，包括聚酯产业链(MEG、PTA)及丙烯腈(AN)、己内酰胺(CPL)等。

截至 2023 年，中国合纤年产能 7310 万 t，合纤年产量 6484.8 万 t，其中涤纶占 91%，锦纶占 8%，腈纶占 1%，合纤原料产能 7131 万 t(见表 1-5)。

表 1-5　2023 年世界及中国合纤及原料供需情况　　万 t

项目	2022 年			2023 年		
	产能	产量	消费量	产能	产量	消费量
涤纶	6294	5343	4924	6400	5570	5057

续表

项目	2022 年			2023 年		
	产能	产量	消费量	产能	产量	消费量
锦纶	460	410	381	470	420	390
腈纶	79	57	54	79	57	51

合成纤维与天然纤维相比较，它具有强度高、耐摩擦、不被虫蛀、耐化学腐蚀等优点。缺点是不易着色，未经处理时易产生静电，多数合成纤维的吸湿性差。因此制成的衣物易污染，不吸汗，夏天穿着时易感到闷热。

3. 橡胶(Rubber)

橡胶通常是一类线型柔性相对分子质量高的聚合物，具有高弹性，在应力作用下弹性形变可高达1000%，弹性模量小(0.1～1MPa)，但随形变增大，弹性模量亦增大。性能优良的橡胶应在外力作用时间短、速度快的情况下仍显示出良好弹性，玻璃化转变温度远低于室温(T_g=-40～120℃)，在使用温度下或无应力作用时为非晶态，在拉伸时晶区熔融温度应低于使用温度。

世界合成橡胶工业主要有七大基本胶种及苯乙烯类热塑性弹性体(SBCs)，包括顺丁橡胶(BR)、丁苯橡胶(SBR)、丁基橡胶(IIR)、乙丙橡胶(EPR)、丁腈橡胶(NBR)、氯丁橡胶(CR)和异戊橡胶(IR)，苯乙烯类热塑性弹性体包括SBS(苯乙烯-丁二烯-苯乙烯嵌段共聚物)、SIS(苯乙烯-异戊二烯-苯乙烯嵌段共聚物)及其氢化产品SEBS、SEPS等。此外还有硅橡胶、氟橡胶、氯磺化聚乙烯橡胶、丙烯酸酯橡胶、聚硫橡胶和聚氨酯弹性体等特种合成橡胶。由于受限于数据来源，全球合成橡胶数据仅包括顺丁橡胶、丁苯橡胶、丁基橡胶和丁腈橡胶四种，中国合成橡胶及主要品种供需情况见表1-6。

表1-6 中国合成橡胶及主要品种供需情况 万t

项目	2022 年			2023 年		
	产能	消费	净进口	产能	消费	净进口
合成橡胶	683	527	60	718	557	57
SBR	175	147	20	181	154	20
BR	175	114	5	185	132	7
SBCs	192	130	-10	211	141	-8
IIR	52	54	21	52	46	12
EPR	40	41	16	40	42	17
NBR	26	29	6	31	31	6

合成橡胶是用化学方法合成的高弹性体。经适度交联(硫化)加工可制成各种橡胶制品。交联可以防止大分子链的相互滑移，增大弹性形变。合成橡胶通常与天然橡胶混合使用。某些种类的合成橡胶具有较天然橡胶更为优良的耐热、耐磨、耐老化、耐腐蚀或耐油

等性能。

根据产量和使用情况不同，合成橡胶可分为通用合成橡胶和特种合成橡胶两大类。

1）通用合成橡胶的性能与天然橡胶相近，力学性能和加工性能较好，主要用来代替部分天然橡胶生产轮胎、胶鞋、橡胶管、橡胶带等橡胶制品，包括丁苯橡胶、顺丁橡胶（顺式聚丁二烯橡胶）、丁基橡胶、乙丙橡胶、异戊橡胶等品种。

2）特种合成橡胶具有特殊的性能，主要制造耐热、耐寒、耐溶剂、耐辐射、耐油或耐化学腐蚀、耐老化等特殊用途的橡胶制品，包括氟橡胶、有机硅橡胶、丁腈橡胶、聚氨酯橡胶、氯丁橡胶等。

按受热行为不同，橡胶可分为热塑性橡胶和硫化橡胶。热塑性橡胶又称热塑性弹性体，如苯乙烯-丁二烯-苯乙烯嵌段共聚物。硫化橡胶不具有热塑性，如硫化丁苯橡胶。

合成橡胶主要用来制造具有弹性的橡胶制品，其次用来制造黏合剂、塑料改性等，所以其生产量和需要量低于塑料。发生老化现象时，橡胶的弹性受到严重影响甚至消失，因此合成橡胶中必须加有防老剂。

四、精细化工

有机化工品可生产下游精细化工产品，例如表面活性剂、农药、染料涂料、胶黏剂、原料药等，精细化工的产品多采用复配技术，是面向特定功能性和专一性的应用领域。

石油化工行业是国民经济的支柱性产业，为工业和居民消费提供大量原材料和终端产品，包括汽油、煤油、柴油、燃料油等道路交通燃料以及乙烯、丙烯、丁二烯、芳烃、聚合物等化工产品。据统计，石化行业生产和销售的石油化工产品多达 1000 种，其中大部分是重要工业原材料和能源产品。

石化企业开展产品碳足迹评价研究，不仅对企业掌握生产链各环节的碳排放及减排潜力具有很强的指导性，其结果也可以为企业制定碳减排方案和参与碳交易提供数据支撑；碳足迹评价结果也可以用于企业环境影响报告、社会责任报告、可持续发展报告等，提高企业声誉；同时，可以为企业制定低碳化的产品替代战略、优先选择环境影响小的产品路线提供决策依据；消费者可以通过产品碳足迹标识轻易获取产品碳排放信息，引领全社会低碳消费潮流。

第三节　产品碳足迹研究现状

自从碳足迹概念提出后，众多学者开展了不同行业的产品碳足迹评价工作，其中有的是针对企业或产品盘查层面的研究，有的是按照生命周期方法对产品进行的碳足迹评价。

一、石化产品碳足迹评价

针对石化产品的碳足迹评价有大量学者进行了相关研究。中国化工标准化研究院、英国标准协会在 2009 年与河北盛华化工有限公司（以下简称盛华化工）合作，在氯碱行业开展了碳足迹评价试点工作，功能单位为 1t PVC 产品，评价范围选择从商业到商业（B2B）的评价模式，即只包括从原材料进厂到生产出产品运输到下一个组织为止，包括分销和运输到用户，不包括额外的生产步骤和最终产品的分销、零售、消费者使用及处置、再生利用，PVC 生产的物料平衡如图 1-17 所示。

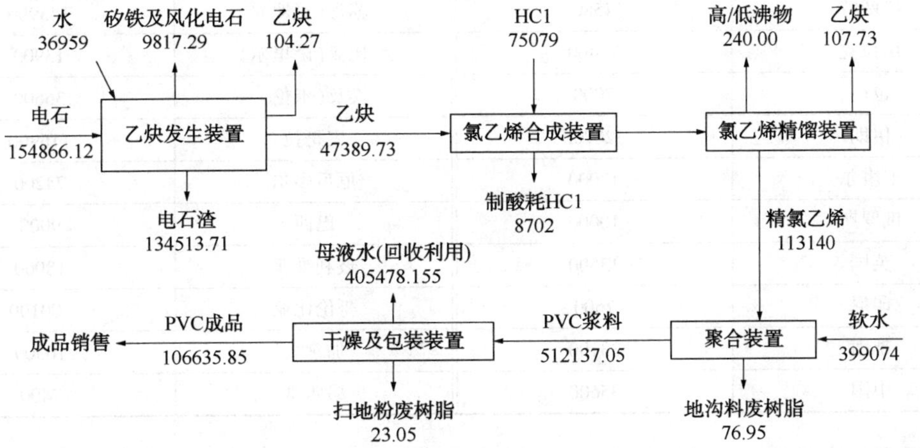

图 1-17　PVC 生产物料平衡图（单位：kg）

根据盛华化工热电分厂、氯碱分厂、聚氯乙烯分厂、空分车间、冷冻分厂、供水分厂的物料平衡、能源利用、直接排放和运输等数据，计算出 PVC 分厂碳排放量情况：原料消耗与能源消耗碳排放量 429622996. 8kg、运输碳排放量 7407814. 9kg、冷冻水碳排放量 30922827kg、二次水碳排放量 1050299kg、空气碳排放量 1070337kg、氮气碳排放量 321059kg，碳排放总量为 470395333. 7kg。

同时按照 PVC 分厂产品分配碳排放量结果见表 1-7。

表 1-7　碳排放量分配结果

产品名称	产量/t	所占比例	碳排放量/$kgCO_2$
聚氯乙烯	106635. 85	0. 4002	188246127. 50
盐酸	24863. 72	0. 0933	43890534. 58
高/低沸物	240. 00	0. 0009	423658. 58
乙炔	211. 99	0. 0008	374214. 09
电石渣浆 $Ca(OH)_2$（送水泥厂）	134513. 45	0. 5048	237449071. 50

由此可知：1t PVC 的碳足迹约为 1765. 3kg，其中原材料消耗占排放量最大，为 72. 4%，其次是能源的消耗，占排放量的 8. 9%，其余排放所占比例较小。

2014 年，中国石化大连石油化工研究院研究了沥青产品碳足迹，以某企业生产的沥青产品为评价对象，功能单位为 1t 沥青产品。沥青生产的原料包括渣油、脱油沥青和抽出油。表 1-8 列出了 2014 年该企业生产沥青用 3 种组分的原油种类及数量。

表 1-8　2014 年该企业生产沥青原油统计结果　kt/a

项目	数量	项目	数量
阿曼	145100	加蓬(埃塔姆)	10000
沙特(轻)	417700	刚果(杰诺)	25400
科威特	145800	苏丹(尼罗)	145900
伊拉克	71400	科比亚(萨里尔)	13900
也门	7000	埃及(卡伦)	36600
伊朗	320700	安哥拉	116900
卡塔尔	13000	厄瓜多尔	74200
俄罗斯	10000	巴西	9000
英国	13500	玻利维亚	18000
印尼	7600	哥伦比亚	100100
越南	33100	加拿大	16300
中国	35600	墨西哥	7400

根据表 1-8 数据和相关的排放因子，计算得到原料获取阶段碳排放系数为 0.2078tCO_2/t。

原油通过港口分步调配入厂，进厂路线有两处，从港口到厂区原油运输的流程示意如图 1-18 所示。

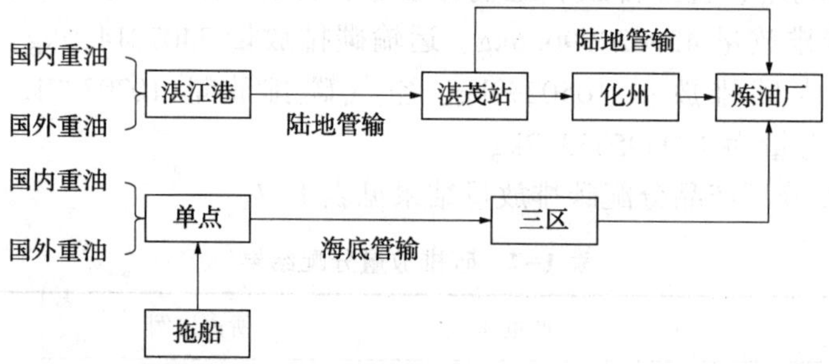

图 1-18　原油由港口到厂区运输流程示意图

由运输过程能耗计算可得到原油运输阶段碳排放系数为 3.901×10^{-3}tCO_2/t。

沥青生产阶段包括原油储运、沥青组分生产和沥青组分调和。沥青组分的生产过程包括常减压蒸馏装置生产渣油；经过常减压蒸馏和糠醛精制生产抽出油；经过常减压蒸馏和催化裂化生产催化裂化油浆；经过常减压蒸馏和丙烷脱沥青生产脱油沥青。沥青生产流程示意如图 1-19 所示。

分别对原油罐区、常减压蒸馏装置、丙烷脱沥青装置、糠醛精制装置和沥青调和装置进行碳排放系数的计算，得到原油储运过程碳排放系数为 0.217×10^{-3}t/t，常减压蒸馏装置生产渣油的碳排放系数为 0.029t/t；丙烷脱沥青装置生产沥青的碳排放系数为 0.094t/t；糠醛精制装置加工单位原料的碳排放系数为 0.092t/t；沥青调和装置的碳排放系数为 5.481×10^{-3}t/t。

采用《中国交通年鉴 2007》公路运输的单位能耗数据计算获得沥青运输碳排放因子为 0.15kg/(km·t)，沥青运输的碳排放系数为 0.117t/t。

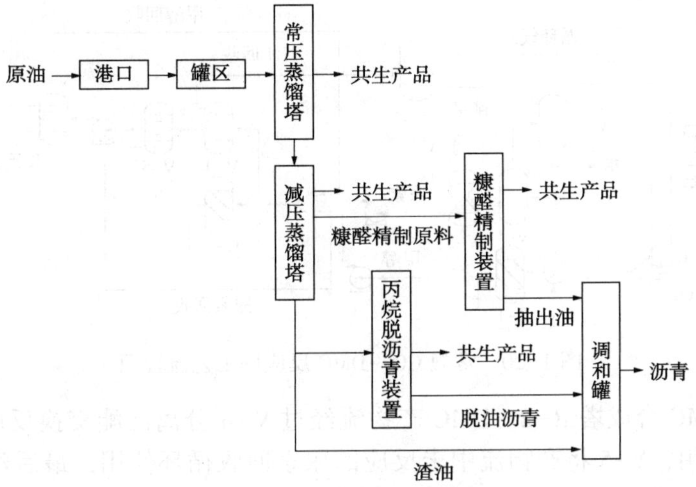

图 1-19 沥青生产流程图

将沥青使用阶段各个过程的碳排放系数相加即为沥青使用阶段的碳排放量，计算结果为 2. 5708t/t。

将上述各个阶段的碳排放量进行汇总得到沥青产品碳足迹见表 1-9。沥青碳足迹为 2. 9575tCO_2/tDMC。

表 1-9 该企业沥青全生命周期碳排放

阶段	碳排放系数/(t/t)	碳排放分布/%
原料获取	0. 208	7. 03
原料运输	3.901×10^{-3}	0. 13
沥青生产	0. 05785	1. 96
沥青配送	0. 117	3. 96
沥青使用	2. 5708	86. 92
合计	2. 9575	100

在沥青全生命周期各阶段中，沥青使用和处置过程的温室气体排放量最大，占全部排放量的 86. 9%。目前废旧沥青的处理包括非法的焚烧、填埋和再生利用。降低沥青环境影响的主要措施是尽量减少沥青填埋，提高沥青循环利用率，减少使用过程的温室气体排放。

该研究结果得到沥青生产环节碳排放结果偏小，甚至小于沥青配送环节，这与一般经验判断不太相符。

中国石油大学等研究了 CO_2-DMC(碳酸二甲酯)生命周期碳足迹，选用“从摇篮到大门”确定项目边界，分别对比了常规反应塔、膜反应塔和反应精馏塔 3 种不同工艺。常规反应塔工艺流程如图 1-20 所示。

原料 CO_2 和 NH_3 经过压缩、预热进入尿素合成塔 R-1 后，产物经过分离器 V-1、V-2 分离出未反应的原料气用于循环，分离塔 V-3 将产物流中的尿素产品除水提纯后与甲醇

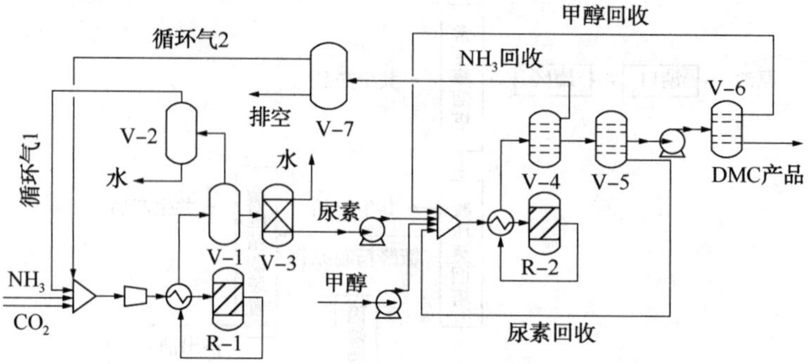

图 1-20　常规 CO_2-DMC 反应塔工艺流程图

原料混合进入 DMC 合成塔 R-2。DMC 产物流经过 V-4 分离出酯交换反应生成的 NH_3 经过提纯后循环使用，V-5 将产物流中未反应的尿素回收循环使用，最后经过 V-6 进一步分离出未反应的甲醇后得到 DMC 产品。

膜反应塔工艺和反应精馏塔工艺的尿素合成部分与常规反应塔工艺相同，但在 DMC 合成部分采用膜反应塔，工艺流程如图 1-21 和图 1-22 所示。

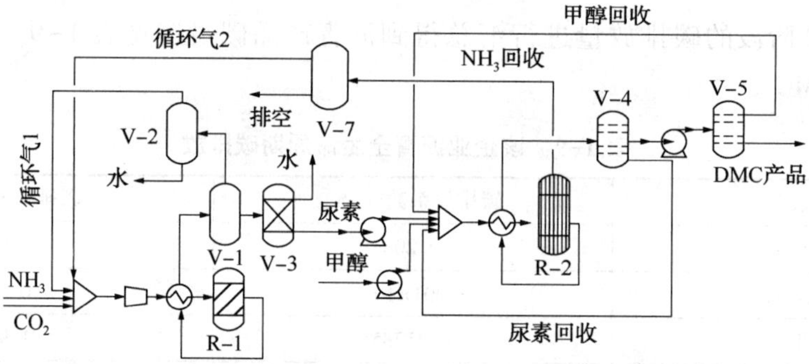

图 1-21　CO_2-DMC 膜反应塔工艺流程图

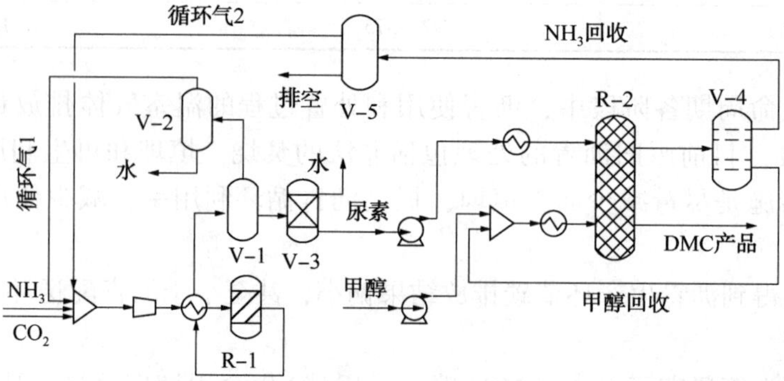

图 1-22　CO_2-DMC 反应精馏塔工艺流程图

膜反应塔工艺在 DMC 合成部分选用膜反应塔 R-2，在 DMC 合成过程中产生的 NH_3 由塔顶排出用于循环，塔底产品进入 V-4 后回收尿素，再经过 V-5 分离出未反应的甲醇后得到 DMC 产品。

反应精馏塔工艺在DMC合成部分选用膜反应塔R-2，原料尿素、甲醇经过压缩、加热后，分别由塔顶和塔底进入反应精馏塔R-2，DMC产物由塔底直接流出，塔顶物流经过V-4分离出甲醇、NH_3循环使用。

以上3种工艺物耗、能耗数据及原料上游排放因子见表1-10。

表1-10 三种反应塔工艺物耗能耗

项目	DMC产能/(t/a)	物耗/(t/a)			能耗/(GJ/a)		
		CO_2	NH_3	甲醇	尿素合成部分	DMC合成部分	总能耗
常规反应塔	43718	24732	917	31063	171836	452482	624318
膜反应塔	42653	24732	894	30302	171661	319505	491166
反应精馏塔	44328	24732	930	31841	171661	235783	407444

对煤、燃料油、天然气供应情景下工艺的碳排放进行对比分析，其碳足迹结果见表1-11。

表1-11 不同能源情景下不同反应塔工艺碳足迹情况

项目	常规工艺	膜反应工艺	反应精馏工艺
工艺总耗能/(GJ/a)	624318.0	491166.0	407444.0
DMC产量/(t/a)	43718.0	42653.0	44328.0
DMC单位能耗/(GJ/t)	14.3	11.5	9.0
原料来源相关排入/(t/a)			
运输	2163.8	2110.7	2217.3
上游	27262.5	26713.7	27805.8
生产过程能源供给			
情景1排放/(t/a)			
运输	686.9	540.4	448.3
使用	60729.0	47777.0	39633.1
情景2排放/(t/a)			
运输	1051.0	826.9	685.9
使用	64171.2	50485.0	41879.5
情景3排放/(t/a)			
运输	108.4	85.3	70.8
使用	35057.1	27580.3	22879.0
DMC产品配送过程排放/(t/a)	2958.0	2885.9	2999.2
CO_2利用量/(t/a)	24732.0	24732.0	24732.0
情景1总碳足迹/(t/a)	93800.2	80027.7	73103.8

续表

项目	常规工艺	膜反应工艺	反应精馏工艺
情景 2 总碳足迹/(t/a)	97606.4	83022.2	75587.8
情景 3 总碳足迹/(t/a)	67549.8	59375.9	55972.1
情景 1 净排放/(总碳足迹-CO_2 利用量)/(t/a)	69068.2	55295.7	48371.8
情景 2 净排放/(总碳足迹-CO_2 利用量)/(t/a)	72874.4	58290.2	50855.8
情景 3 净排放/(总碳足迹-CO_2 利用量)/(t/a)	42817.8	34643.9	31240.1
情景 1 碳足迹(tCO_2/tDMC)	1.58	1.30	1.09
情景 2 碳足迹(tCO_2/tDMC)	1.67	1.37	1.15
情景 3 碳足迹(tCO_2/tDMC)	0.98	0.81	0.70

由表 1-11 可知，不同工艺相同能源情景下，常规反应塔工艺产品单位耗能及碳足迹总量最高。通过对比不同情景下不同工艺的单位产品碳足迹可以看出，情景 1 和情景 2 下产品碳足迹大小相近，情景 3 下各工艺碳足迹大小明显小于其他值。情景 2 下的常规反应塔工艺其单位产品碳足迹最大，数值为 1.67t CO_2/t DMC，单位产品碳足迹最小的是情景 3 下反应精馏塔工艺，碳足迹为 0.70t CO_2/t DMC。

同时，许多国际石油石化公司也尝试开展自身产品的碳足迹评价，BP 公司于 2019 年首次在可持续报告中评估其能源产品平均碳强度为 79.7g CO_2/MJ(其中炼油能源产品 93.7g CO_2/MJ，生物燃料产品 28.8g CO_2/MJ，天然气产品 71.6g CO_2/MJ)，该数据包括消费者使用能源环节。Total(道达尔)公司披露其 2018 年平均产品碳排放强度为 67.3gCO_2/MJ；Shell(壳牌)公司披露其能源产品碳足迹为 78gCO_2/MJ；但是 Exxon Mobil(埃克森美孚)认为 LCA 评价对于核算产品生命周期排放具有重要科学价值，但范围三核算则存在较大不确定性，因此，并未在其可持续年报中披露该数据。Chevron(雪佛龙)公布了其范围三温室气体排放量达 3.76 亿 t。上述研究虽然针对石化产品进行了生命周期碳足迹评价，但不同文献之间对系统边界设定仍有区别，研究方法存在差异。

二、其他产品碳足迹评价

陈莎等应用生命周期评价理论与《IPCC 国家温室气体清单指南》中废弃物处理温室气体排放计算方法，对中国 2010 年和 2015 年纸产品生命周期不同阶段的主要温室气体排放进行研究。其功能单位为国内生产的纸产品总量，因此评价的是中国整个纸产品生命周期的温室气体排放。

具体的系统边界包括林木的种植管理阶段、制浆阶段(国内木浆、国外木浆和废纸再生浆)、纸的生产阶段、废纸处置(焚烧、填埋、回收再利用)阶段、国外木浆和国内外废纸的运输阶段，如图 1-23 所示。

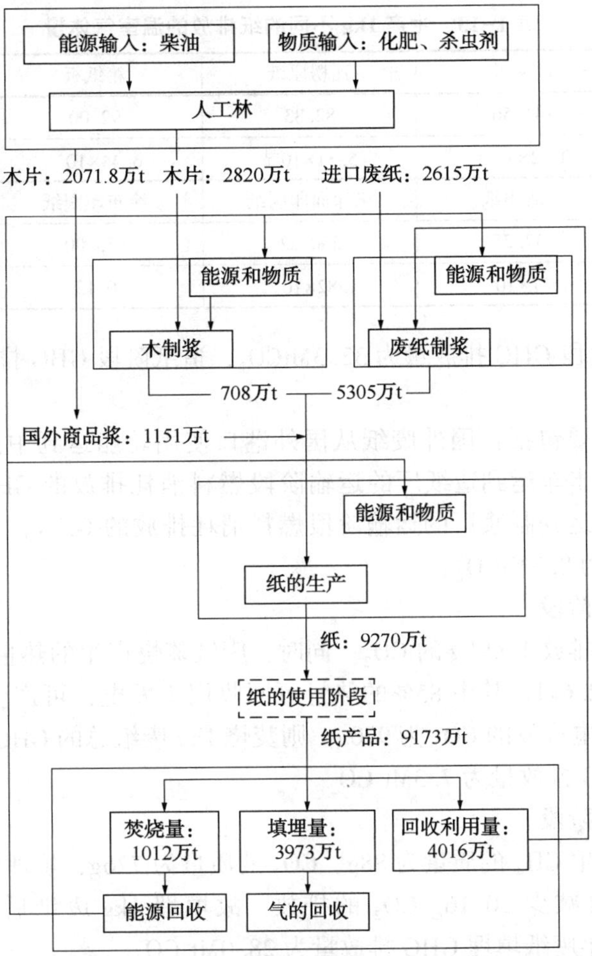

图 1-23　中国纸产品生命周期系统边界和功能单位(2010 年)

清单分析结果如下。

1. 林木生产阶段

其温室气体排放主要包括：化石燃料消耗，化肥、杀虫剂生产过程能源消耗产生的 GHG 排放以及林木固定的 CO_2，为 150.8gCO_2/kg 圆木，其中固定温室气体为 1.689kg CO_2/kg 圆木。因此，林木管理阶段表现为碳汇，主要是林木光合作用固定了大量的 CO_2。2010 年，林木管理阶段能固定 GHG 为 82.6MtCO_2。

2. 制浆和造纸阶段

制浆和造纸过程的能源消耗采用的是中国造纸行业典型产品 LCA 分析的清单，见表 1-12和表 1-13。

表 1-12　生产 1kg 纸浆温室气体排放量　　g

GHG 种类	木浆	商品浆	废纸回收浆
CO_2	117.00	400.62	548.29
CH_4	1.42×10^{-2}	1.23×10^{-4}	5.16×10^{-3}

表 1-13 生产 1kg 不同的纸排放的温室气体量

g

GHG 种类	包装纸	瓦楞原纸	箱纸板	白纸板
CO_2	141.56	82.83	92.00	117.41
CH_4	0.12×10^{-2}	5.31×10^{-3}	6.44×10^{-3}	8.33×10^{-3}
GHG 种类	生活用纸	未涂面印刷纸	涂布印刷纸	新闻纸
CO_2	937.25	230.32	953.00	907.00
CH_4	4.77×10^{-3}	1.82×10^{-2}	0.12	8.69×10^{-3}

2010 年，制浆阶段 GHG 排放量为 32.3MtCO_2，造纸阶段 GHG 排放量为 20.1MtCO_2。

（3）运输阶段

温室气体排放主要包括：国外废纸从国外港口使用轮船运到中国港口的海上运输阶段，由国内港口使用卡车运到造纸厂的运输阶段燃料消耗排放的 GHG；国内废纸从废弃物集散基地使用卡车运到制浆厂的运输阶段燃料消耗排放的 GHG。2010 年废纸和纸浆运输阶段 GHG 排放量为 8.3MtCO_2。

（4）废纸的焚烧阶段

燃烧 1kg 废纸可排放 1.69kg 的 CO_2。同时，废纸焚烧产生的热量用于发电，1kg 废纸焚烧产生的热量为 12.6kJ，其中 85%的热量可回收用于发电，可产生 2.975W · h 电；火力发电生产 1kW · h 电排放的 CO_2 为 970g。则焚烧 1kg 废纸总的 GHG 排放量为 720g CO_2。2010 年废纸焚烧 GHG 排放量为 7.3Mt CO_2。

（5）废纸的填埋阶段

填埋 1kg 废纸产生 CH_4 的质量为 88g，CO_2 的质量为 726g，填埋气体 CH_4 回收可代替日常天然气能源，可减少 20.16g CO_2 的排放，故填埋 1kg 废纸后总的 GHG 排放量为 705.84g CO_2。2010 年废纸填埋 GHG 排放量为 28.0Mt CO_2。

李兴福等采用 GaBi 软件研究了钢铁产品碳足迹，研究范围为我国钢铁工业普遍采用的转炉炼钢工艺流程，包括铁矿石开采、矿石精选及运输、铁矿石烧结、高炉炼铁、高炉炼钢、连铸、热轧。其中辅助原料生产工艺主要考虑石灰生产，原煤的采掘、洗煤及运输，炼焦，如图 1-24 所示，功能单元定义为生产 1kg 普通钢材。

生产 1kg 钢材各主要流程对环境排放清单见表 1-14。

表 1-14 生产 1kg 钢材对环境排放清单

g

流程	CO_2	SO_2	NO_x	CO	CH_4	粉尘	COD	SS	油	固废
铁矿开采	230.95	19.63	9.24	144.34	—	95.27	21.65	433.03	—	5023
铁矿精选	—	—	—	—	—	1.80	0.092	0.577	—	1732
煤炭开采	11.723	0.014	0.081	0.01	17.65	1.72	—	—	—	93.18
洗煤	—	—	—	—	—	3.39	1.42	10.47	0.013	—
石灰生产	123.19	—	0.112	0.125	—	—	—	—	—	2.25
烧结	347.03	4.309	—	—	—	11.85	—	12.35	—	57449
焦化	—	2.24	0.39	0.316	—	0.684	0.597	0.413	0.268	221.08

续表

流程	CO_2	SO_2	NO_x	CO	CH_4	粉尘	COD	SS	油	固废
高炉炼铁	794.59	0.023	—	0.008	—	2.02	—	18.80	—	1218.58
转炉炼钢	1.43	0.081	—	0.116	—	1.04	—	0.487	—	290.33
连铸	0.68	0.68	—	0.189	—	0.91	—	0.921	0.333	3744
热轧	3.10	1.70	—	1.1	—	1.86	—	0.72	0.58	—
工艺总计	1512.69	28.68	9.82	146.20	17.65	120.54	23.76	477.77	1.194	69773
燃料生产	276.37	2.44	1.94	0.38	1.88	5.08	0.1	0.40	—	72
总计	1789.06	31.12	11.76	146.58	19.53	125.62	23.87	478.17	1.194	69845

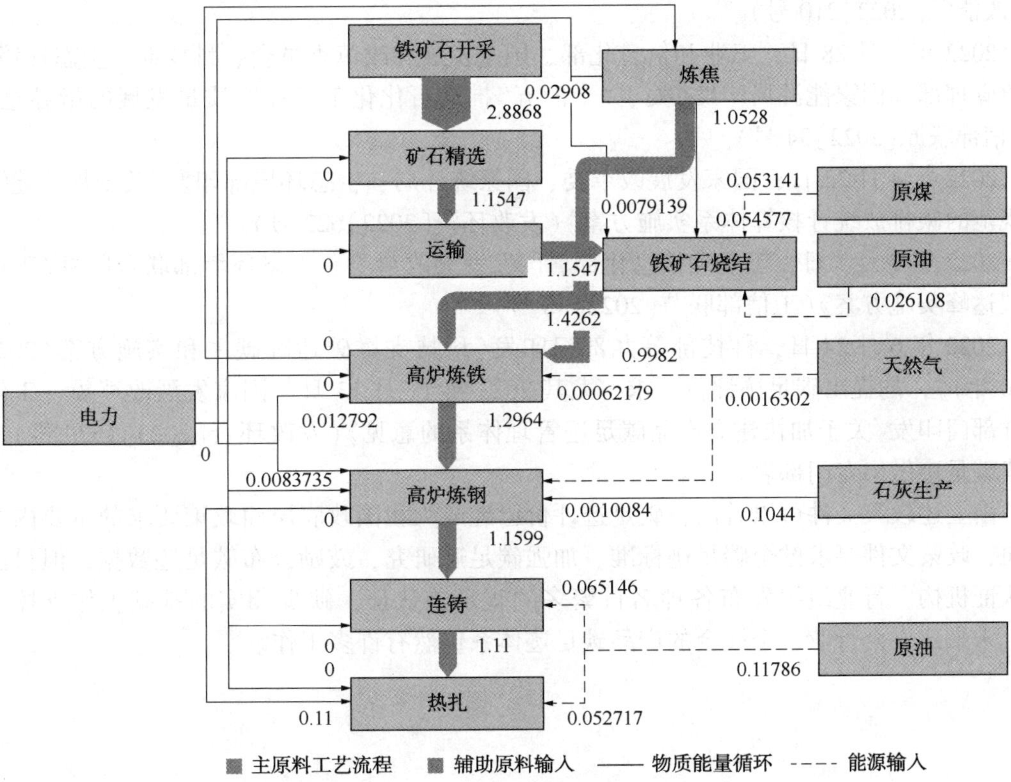

图 1-24 钢材生产过程评价系统边界(单位：kg)

通过 LCA 评价认为造成钢铁产品环境影响较大的原因是钢材生产工艺过程中能源开采及使用导致。因此，要降低环境影响可以改进钢材的生产工艺、提高生产效率，同时改变我国以煤为主的能源利用模式转而开发使用清洁能源，并提高能源的利用效率。

自 2020 年我国提出“双碳”目标以来，加强碳足迹核算研究的政策文件密集出台。2021 年 10 月 24 日，国务院发布《国务院关于印发 2030 年前碳达峰行动方案的通知》(国发〔2021〕23 号)，提出“实施能源绿色低碳转型行动、节能降碳增效行动、工业领域碳达峰行动、城乡建设碳达峰行动、交通运输绿色低碳行动、循环经济助力降碳行动、绿色低碳科技创新行动、碳汇能力巩固提升行动、绿色低碳全民行动、各地区梯次有序碳达峰行动等‘碳达峰十大行动’”。为了保障上述十大行动，方案要求“健全法律法规标准”，其中“建立重点企业碳排放核算、报告、核查等标准，探索建立重点产品全生命周期碳足迹标准”成为重要内容，也是“碳足迹”关键词首先出现在中央层面的政策文件当中。

2021 年 11 月 15 日，工业和信息化部印发《“十四五”工业绿色发展规划》（工信部规〔2021〕178 号），指出“（六）引导产品供给绿色化转型……创新绿色服务供给模式。……打造一批重点行业碳达峰碳中和公共服务平台，面向企业、园区提供低碳规划和低碳方案设计、低碳技术验证和碳排放、碳足迹核算等服务”“建立绿色低碳基础数据平台。……基于平台数据，开展碳足迹、水足迹、环境影响分析评价”“健全绿色低碳标准体系。……推进绿色设计、产品碳足迹、绿色制造、新能源、新能源汽车等重点领域标准国际化工作”。

2022 年 1 月 29 日，国家发展改革委、国家能源局印发《“十四五”现代能源体系规划》（发改能源〔2022〕210 号）。

2022 年 3 月 28 日，工业和信息化部、国家发展和改革委员会、科技部、生态环境部、应急管理部和国家能源局印发《关于“十四五”推动石化化工行业高质量发展的指导意见》（工信部联原〔2022〕34 号）。

2022 年 4 月 22 日，国家发展改革委、国家统计局、生态环境部印发《关于加快建立统一规范的碳排放统计核算体系实施方案》（发改环资〔2022〕622 号）。

2022 年 7 月 7 日，工业和信息化部、国家发展改革委、生态环境部联合印发《工业领域碳达峰实施方案》（工信部联节〔2022〕88 号）。

2022 年 6 月 24 日，科技部等九部门印发《科技支撑碳达峰碳中和实施方案（2022—2030 年）》，均提出碳足迹评价要求，尤其 2023 年 11 月 13 日，国家发展改革委、工信部等五部门印发《关于加快建立产品碳足迹管理体系的意见》（发改环资〔2023〕1529 号），对构建碳足迹做出专门部署。

由上述政策文件可以看出，碳足迹评价已经成为我国政府层面政策要求的重要内容和方向，政策文件要求健全碳足迹标准、加强碳足迹研究、鼓励公布碳足迹数据，但目前各类认证机构、行业组织发布各种名目繁多的碳足迹认证，缺少翔实的基础工作支撑。因此，未来建立全行业、全社会的产品碳足迹体系仍然有许多工作。

第二章　石化产品碳足迹评价方法

根据ISO 14067标准，产品碳足迹是按照生命周期方法核算产品在原材料获取、运输、生产、销售、使用及报废处理等各阶段的碳排放，生命周期评价体现了产品在时间层面上所经历的从摇篮到坟墓的过程。石油化工生产过程种类繁多、千差万别，但这些过程都是由众多具有不同功能特点的单元操作以不同形式排列组合而成的。石化生产过程具有典型的流程特点，即某一环节的产品，会作为下一环节的原料，这种物料依次顺序地经过各个加工环节的情形，不仅体现了物料在生产过程的时间流程，更是石化产品在生产环节生命周期的具体体现。反映各生命周期阶段的时间流程，体现在石化生产过程，即为物料依次经过不同工艺单元(装置)的顺序生产流程。石化生产过程的物料碳足迹是以原料→中间物料→最终产品的加工流程计算单位产品的碳排放，其反映了石化行业在获取某种产品的生产阶段所产生的碳排放量。

第一节　石化产品碳足迹评价方法

目前，关于产品碳足迹评价的相关国际标准——PAS 2050和ISO 14067等均以过程分析法为基本方法，但作为通用性标准，其原则性较强，尚不能直接应用于石化过程的产品碳足迹评价，因此需要在理解国际标准原则的基础上，针对石化生产过程特点进行具体问题的应用研究，并制定相关方法标准。

一、碳足迹评价模型

石化行业的生产过程通常是投入各种原材料和辅助材料，消耗一定能源以驱动各类反应、传热、传质等过程，在生产得到产品的同时，排放各种废弃物和二氧化碳，因此可以用如图2-1所示模型表达碳足迹的评价单元。

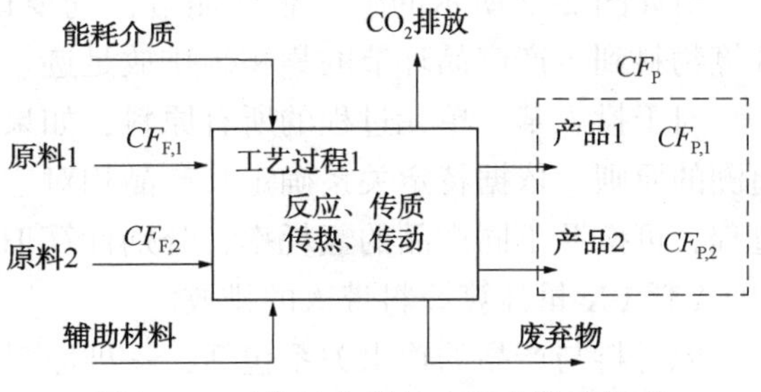

图2-1　石化行业碳足迹评价单元模型

在如图2-1所示的单元模型内，碳足迹评价的方法就是针对该生产过程，核算获取某种产品过程所产生的碳排放量，包括原材料排放、能源排放和工艺排放，公式如下：

$$CF_{P,\,i} = \frac{\sum_{j} CF_{F,\,j} \cdot M_{F,\,j} \cdot \phi_j + E_{CO_2} \cdot \eta_i}{M_{P,\,i}} \tag{2-1}$$

式中 $CF_{P,i}$——单元模型内产品 i 的碳足迹，$kgCO_2/t$；

$CF_{F,j}$——单元模型内投入原材料 j 的碳足迹，$kgCO_2/t$；

$M_{F,j}$——单元模型内投入原材料 j 的投入量，t；

ϕ_j——该单元过程原料 j 的碳排放在产品 i 中的分配系数，%；

E_{CO_2}——该单元过程产生的碳排放量，包括生产过程能耗排放、工艺排放，$kgCO_2$；

η_i——该单元过程因生产产品 i 的碳排放在总排放量中的分配系数，%；

$M_{P,i}$——该单元过程生产的产品 i 的数量，t。

原材料是指从系统边界进入系统的所有与产品相关的物料。对选定的评价产品而言，应采用逆流程追踪方法逐一追踪上游生产过程涉及的原料、辅助材料投入，直至所有原料、辅助材料均为企业外部购入为止，如图 2-2 所示。

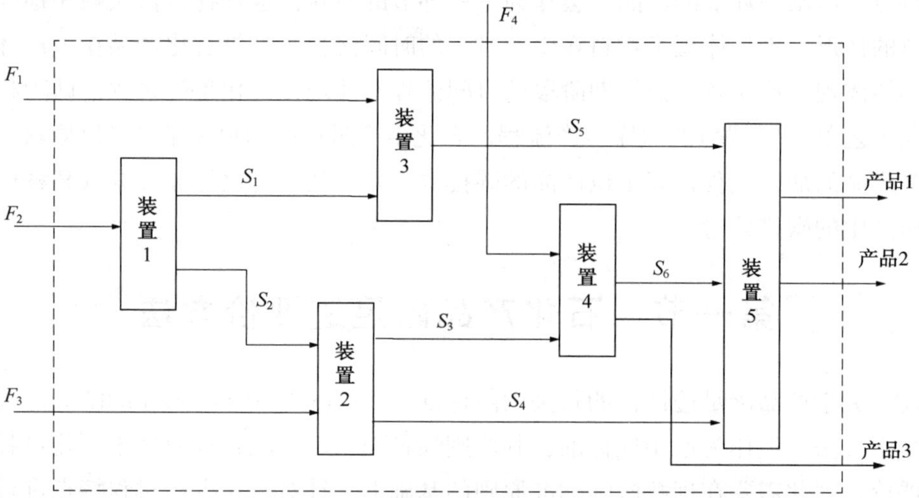

图 2-2　碳足迹评价中原料投入示意图

对如图 2-2 所示的生产企业而言，均要以 F_1、F_2、F_3、F_4 进入系统边界为起始点，计算物料到生产产品环节的累积碳排放足迹。

对于投入某一单元过程的所有原料，如果该单元过程产出多种产品，则应按照产品可追溯的原则、依据特定关系确定某产品相对应的原料并计入其碳足迹。例如对于加氢裂化过程，可按照不同产品的氢耗率，分别计算 H_2 作为原料带入的排放；对 PTA 过程，可按 t PTA 耗 PX 量计算原料带入的排放。

原材料与产品的输出关系包括：一种原料生产一种产品、一种原料生产多种产品、多种原料生产一种产品和多种原料生产多种产品。如图 2-3 所示。

1）对于一种原料生产一种产品和多种原料生产一种产品的过程，其原材料获取阶段的排放可按照各种原料碳足迹与其投入量计算，以此作为产品的原料投入碳足迹；

2）对于一种原料生产多种产品的过程，例如异丙苯生产苯酚丙酮的过程，需要依据特定关系计算。

3）对于多种原料生产多种产品的过程。首先确定投入与产出物料间是否存在本质上的关联关系，例如催化裂化装置的再生烟气主要由主风而来；其次对于存在反应 A+B

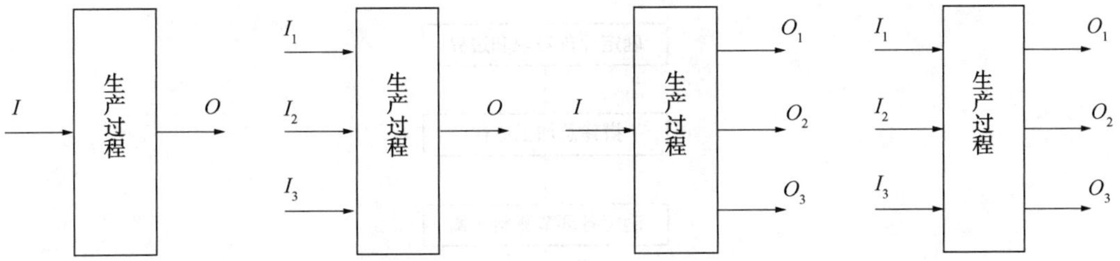

图 2-3　投入与产出间的关系类型

⟶C+D 的情形，可按质量分配法计算，体现的是得到一定质量 C 或 D 所需要投入的相应 A 和 B 所产生的碳排放；再次对于投入物和产出物在本质上没有差别的过程，可按质量加权计算原来带入的碳排放，其实质是将多种原料转化为一种原料，如图 2-4 所示。

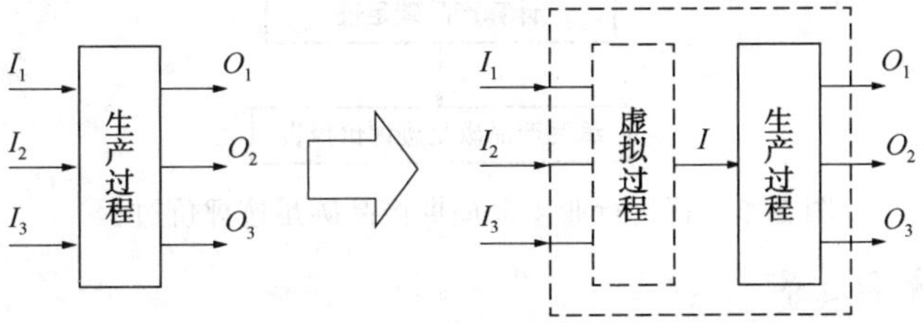

图 2-4　多种投入与多种产出关系的简化类型

由于大部分石化生产过程的进出物料是平衡的，即产出的产品均是由进入原料转化而来(特殊情形例如制氢过程)，因此式(2-1)中的原料碳排放分配系数 ϕ_j 可以用产品 i 的收率替代，当某个生产过程仅有一种原料投入时，式(2-1)可以简化为：

$$CF_{\mathrm{P},i}=CF_F+\frac{E_{\mathrm{CO_2}}\cdot\eta_i}{M_{\mathrm{P},i}} \tag{2-2}$$

式中　CF_F——生产过程中原料的碳足迹，$\mathrm{kgCO_2/t}$。

由式(2-2)可以看出，某生产过程的产品碳足迹与原料碳足迹及过程碳排放相关，其中能耗排放是最重要的过程排放源。能耗排放体现的是加工过程能源或能量利用导致的碳排放，由于能耗排放存在于绝大多数工艺过程中，因此是导致产品与原料之间碳足迹差别的主要因素。对于具有多个共生产品的单元过程，若将所有产品均作为过程的产出集合，则该集合碳足迹可由原料碳足迹与能耗碳排放计算，但对于集合内的某一产品碳足迹则需要按照一定方法对过程的碳排放进行分配后计算。

需要说明的是，上述模型在不同的系统边界、评价颗粒度等情形下会体现出不同形式。

二、评价方法

依据相关国际标准的原则并结合石化行业上述特点，开展石化产品碳足迹评价可以按照以下过程：确定评价对象和边界→搭建总加工流程→确定各环节物料平衡→建立温室气体排放清单→共生产品排放分配→计算产品碳足迹，如图 2-5 所示过程。

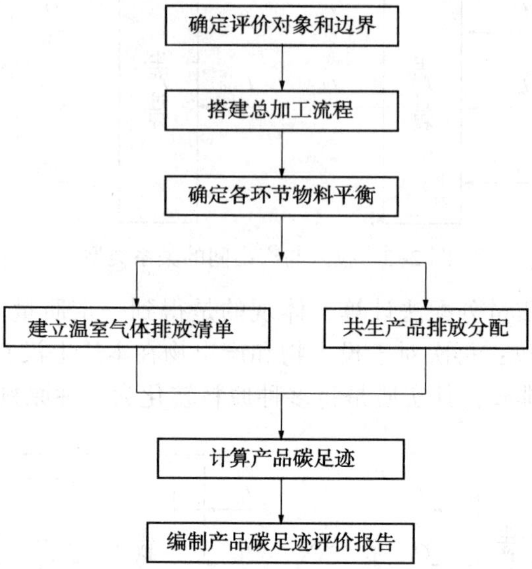

图 2-5 石化行业生命周期产品碳足迹评价过程

1. 确定评价对象和边界

选取评价产品、基准年份、定义功能单位、设定系统边界。产品系统边界是指与产品生命周期相关的各个阶段，石化产品的生命周期可分为 6 个阶段：原料(能源)开采、原料储运、生产加工、产品销售、产品使用和废弃处置，如图 2-6 所示。

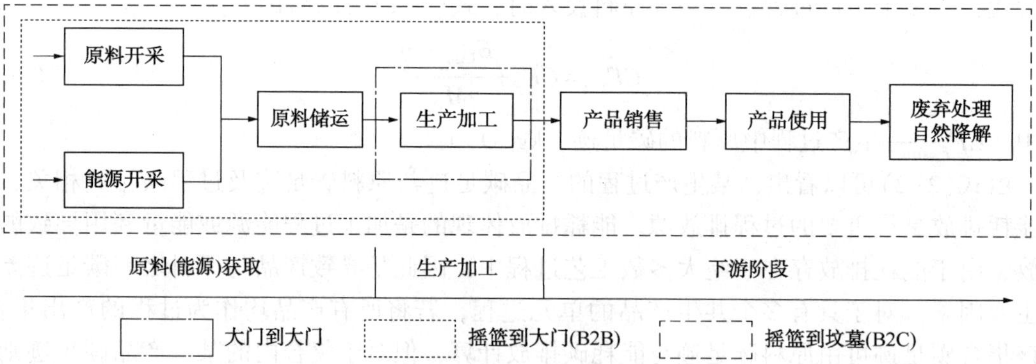

图 2-6 石化产品生命周期阶段的系统边界图

石化产品碳足迹评价的系统边界类型包括：①大门到大门：原料入厂到产品出厂，②摇篮到大门(B2B)：原料(能源)开采、储运、生产加工到产品销售出厂；③摇篮到坟墓(B2C)：原料(能源)开采、储运、生产加工、产品销售、使用和废弃处置等各个阶段。

2. 搭建总加工流程

石化生产过程流程长、物料之间存在相互交叉，搭建总加工流程的目的是在遵循产品物料来源的基础上，自下游向上游逐一追溯构成产品的物料流程，按照原料(辅助材料)→中间产品→产品的演化过程建立产品生产流程。

(1) 生产工艺流程

石油化工生产从原料到产品的转化过程经过一系列物理或化学加工处理步骤，原料经过一系列物质和能量转换得到目的产品的过程，需要由相应的功能单元来完成。按物料加工顺序将化工生产过程的主要设备、机泵、工艺管线等功能单元，按其内在联系结合起来，构成从原料到产品的工艺过程，即为生产工艺流程。一般可概括为原料预处理、化学反应和产品分离与精制三大步骤，其中化学反应是化工生产的核心步骤，它决定产品的收率，对生产过程有重要影响。

1) 原料预处理。

原料预处理的目的是使初始原料达到反应所需要的状态和规格。例如液体需加热或汽化；有些反应物要预先脱除杂质，或配制成一定的浓度。在多数生产过程中，原料预处理本身就很复杂，要用到许多物理或化学的方法和技术，有些原料预处理成本占总生产成本的大部分。

2) 反应过程。

反应过程是实现原料到产品转变的主要步骤，是化工生产的核心环节。反应温度、压力、浓度、催化剂或其他物料的性质以及反应设备的技术水平会对产品的数量和质量有重要影响。

反应过程类型繁多。若按反应特性分类，包括氧化、还原、加氢、脱氧、歧化、异构化、烷基化、聚合、缩合等众多反应；若按反应体系中物料的相态分类，分为均相反应和非均相反应；若根据是否使用催化剂分类，有催化反应和非催化反应。

实现化学反应过程的设备称为反应器(釜或塔)。工业反应器类型众多，不同反应过程所用的反应器形式不同。按反应器的结构特点分，有管式反应器、固定床反应器、移动床反应器、流化床反应器、釜式反应器和塔式反应器等；按换热状况分，有等温反应器、绝热反应器和变温反应器。

3) 产品分离与精制。

在多数石油化工生产过程中，反应后的产物是包括目的产物在内的许多物质的混合物，必须对反应后的混合物进行分离、提浓和精制才能得到符合规格的产品。因此，产品分离与精制的目的是获取符合规格的产品，同时回收、利用副产物和未反应原料，对未反应原料使其返回系统循环使用，以提高原料利用率。

分离与精制的方法和技术多种多样，经常使用的有冷凝、吸收、吸附、冷冻、闪蒸、精馏、萃取等，不同生产过程可以有针对性地采用相应的分离和精制方法。

化工生产过程常常包括多步反应转化过程，除了起始原料和最终产品外尚有许多中间产物生成，原料和产品也可能是多个，所以化工生产过程通常可能是由上述 3 个步骤交替组成，以化学反应为中心，将反应和分离过程有机地组合起来。

(2) 生产工艺流程和流程图

生产工艺流程采用图示方法表达，称为生产工艺流程图。生产工艺流程图是化学工程与化工产品信息的载体，是交流工程技术信息的工具。

生产工艺流程图按用途可分为方框流程图、工艺流程示意图、物料流程图(简称物流图)和带控制点的工艺流程图。方框流程图用方框表示车间或设备之间的连接关系，各方框之间用带箭头的直线连接，代表车间或设备之间的管线连接，箭头的方向表示物料流动的方向；工艺流程示意图以形象的图样(设备外形)、符号和代号表示化工设备、管道和主要附件等，该图实际上是方框流程图的一种深入表达；物料流程图是以工艺流程示意图为基础，再以方框的形式绘制出物料衡算和热量衡算的结果，该图通常是在初步设计阶段完成物料衡算后绘制，是初步设计阶段的重要设计文件；带控制点的工艺流程图一般需要画出所有工艺设备、工艺物料管线、辅助管线、阀门、管件以及工艺参数的测量点，并表示出自动控制方案。

石化生产的加工流程表达了不同功能设备(或装置)之间的连接关系，碳足迹核算结果可以反映生产加工过程中的多个组合功能单元对碳排放的贡献。

3. 确定各环节物料平衡

按照石化企业基准年份的生产数据完成各环节的物料平衡分析，对投入装置生产的原料、辅助材料编制分析清单，对各环节产生的主要产品和副产品进行统计汇总。

4. 建立温室气体排放清单

温室气体排放清单包括燃烧排放、工艺排放、能源间接排放和辅助材料生产环节产生的温室气体排放，按照其排放量或消耗量计入产品生产系统，排放量计算方法详见第三节。

5. 共生产品排放分配

石化生产过程具有投入一种原料产出多个产品的情形，开展产品碳足迹评价时，需要对共同产品生产过程碳排放量在各个产品之间进行分配，如图 2-7 所示。根据《温室气体核算体系：产品寿命周期核算与报告标准》，对共生产品的分配原则分为避免分配和执行分配两个选择。

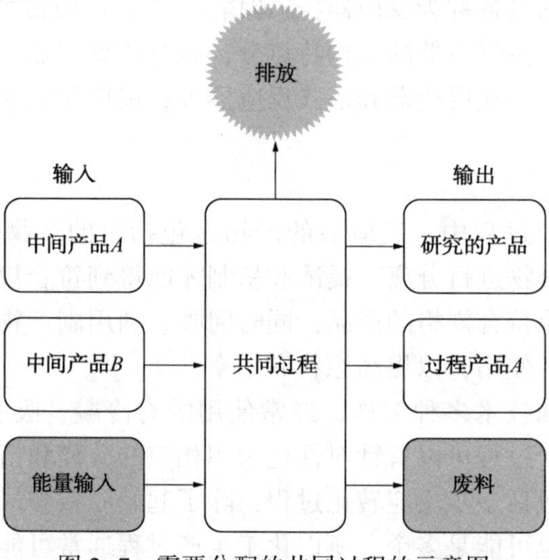

图 2-7 需要分配的共同过程的示意图

(1) 避免分配

通过过程细分、重新定义分析单位或使用系统扩展来避免共生产品碳排放量的分配。

1) 过程细分。

当共同过程可能被分成两个或更多个独立过程时，过程细分可用于避免分配。即把共同过程分解为单独生产所研究产品和共生产品的子过程，通常仅需要细分到所研究产品及其功能是独立的过程即可，而不需要对每一个共生产品都进行独一无二的过程细分。进行碳足迹评价应首先考虑采用过程细分避免共生产品的排放分配问题，并且经常与其他方法一起使用以避免分配。过程细分不可能用于所有共生过程，如果不能获得过程各个步骤的透明数据，过程细分可能只在技术性不强的共同过程中起作用。

2）重新定义分析单元。

重新定义分析单元是另一个避免分配的方法，使其包括所研究产品和共生产品两者的功能。

3）系统扩展。

系统扩展方法通过代入类似(或相当产品)或由不同产品系统生产的相同产品的排放，来估算共生产品的排放对共同过程的贡献。

为了确保执行系统扩展时使用归因方法，应了解共生产品的用途，并收集高质量的特定供应商排放因子数据或平均排放因子数据来进行系统扩展。

使用系统扩展的方法应解释所选择的替代物(及其相关排放)在代替共生产品时的合理性。不能确定系统扩展是否适用于自身情况的企业宜探索其他方法来避免或执行分配。

(2) 执行分配

如果无法避免分配，应根据所研究产品和共生产品间的本质物理关系分配排放。当单独的物理关系不能建立或用作分配基础时，应选择经济性分配法，或能够反映所研究产品和共生产品间其他关系的分配方法。

1）物理性分配。

当执行物理性分配时，所选因子宜能准确反映所研究产品、共生产品和过程排放的本质物理联系。物理性分配因子包括：

① 共生产品的质量：对于评价产品多为石油烃类的物质体系，其物性和组成相近，可按照质量分配法进行碳排放量分配。

② 运输货物的体积。

③ 热和电力共生产品的能源含量。

④ 制造的(产品)单元数量。

⑤ 食品共生产品的蛋白质含量。

⑥ 化学成分。

2）经济性分配。

经济性分配是根据产品离开混合输出过程时，产品的经济价值将共同过程产生的排放分配给所研究产品和共生产品。应用经济性分配时，应直接使用共生产品离开共同过程后的价格。当这个直接价格无法获得或无法评估时，可以使用市场价格。

3）其他关系。

当物理性分配和经济性分配都不适用时，可使用行业、企业、学术或其他来源的惯例和规范来分配排放。如果没有相关惯例，并且其他分配方法对共同过程也不适用，可对共同过程做出假设，以选择一个分配方法。

6. 计算产品碳足迹

石化生产过程具有的流程性特点，使得产品碳足迹计算需要依据物料依次经过的生产流程逐一计算，直至产品流出企业边界为止。即：

$$CF_i = \sum_{j=1}^{j=i-1} CF_j \tag{2-3}$$

式中　CF_i——第 i 个过程的产品碳足迹，$kgCO_2/t$；

CF_j——上游第 j 个过程的碳足迹，$kgCO_2/t$。

由此可见，产品碳足迹结果反映了生产过程中，不同生产加工环节导致的碳排放综合结果。

第二节　物料平衡

石油化工生产都是在一定的条件下进行的，物料平衡就是计算原料与产品之间的定量转变关系。按照石化企业基准年份的生产数据完成各环节的物料平衡分析，计算各种原料的消耗量，各种中间产品、副产品、成品的量以及生产过程中各个阶段的损耗量和它们的组成。

一、物料衡算的基本方程

物料衡算的基本依据是质量守恒定律，即进入系统的全部物料质量等于离开该系统的全部产物质量加上损失的物质质量与系统物料累积量。其表示式为：

$$\sum G_{入} = \sum G_{出} + \sum G_{损} + \sum G_{累}$$

物料衡算是研究某一个体系内进、出物料量及组成的变化。所谓体系就是物料衡算的范围，它可以根据实际需要人为地选定。体系既可以是一个设备、几个设备、工艺装置或者企业全厂，也可以是一个单元操作或整个化工过程(一个产品的整套装置)。

进入或移出的物料可以是气、液、固三相中任何一相或由几相所构成。物料衡算按其计算范围可分为单元操作(或单个设备)物料衡算、全流程(包括不同单元操作的联合装置)物料衡算；按操作方式可分为间歇操作过程物料衡算、连续操作过程物料衡算、稳定态过程物料衡算、非稳定态过程物料衡算、带反应过程的物料衡算、无反应过程的物料衡算等。

二、物料衡算的步骤

化工生产的许多过程是比较复杂的，即使一个简单的体系也会包含有若干个进入、流出体系的物流，每个物流可能含有若干种组分，有许多已知和未知的数据。因此，物料衡算应遵循一定的步骤才能给出清晰的计算过程和正确的结果。对于一些比较简单的问题，这些步骤似乎有些烦琐，但掌握这些方法对解决复杂问题会有所帮助。

物料衡算一般步骤如下。

1）确定衡算的范围，并画出衡算范围的流程示意图(或方框流程图)。

例如对某反应体系，可画出物料衡算方框图，如图 2-8 所示。物料衡算图主要包括求解系统、衡算范围、衡算边界等。

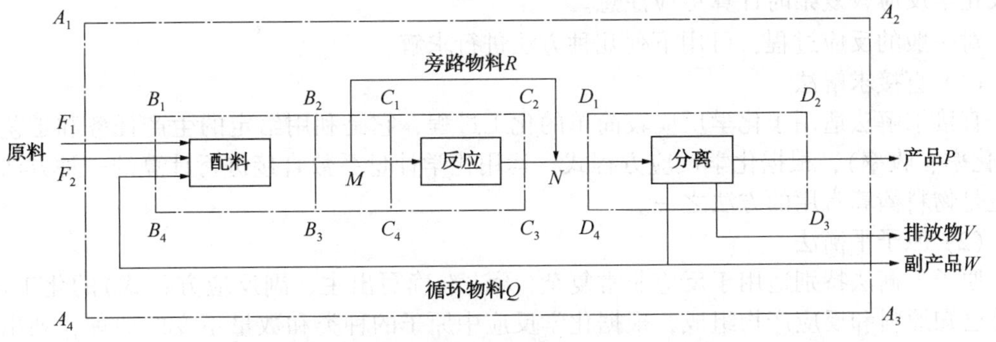

图 2-8　带有循环过程的物料平衡示意图

如果对整个系统进行物料衡算，即按 A_1-A_2-A_3-A_4 的边界线范围进行，则该系统物料衡算式为：

$$进料(F_1+F_2)=出料(P+V+W)$$

为了求得系统内各设备单元间的物料流量，需将有关单元分割出来作为衡算系统。例如按边界 C_1、C_2、C_3、C_4 划分出来，其物料衡算式为：

$$配料\ M-旁路物料\ R=反应物\ N$$

2）写出主、副反应方程式并配平。

如果反应过于复杂，或反应不太明确，无法确定具体的反应式，可应用元素衡算法进行计算，不必写出具体反应式。

3）选定衡算基准。

进行物料衡算时，必须选择一个衡算基准，并在整个运算中保持一致。衡算基准是为进行物料衡算所选择的起始物理量，包括物料名称、数量和单位，衡算结果得到的其他物料量均是相对于该基准而言的，衡算基准选择得恰当，可以使计算简化，避免错误。

对于不同的化工过程，采用什么基准适宜，需视具体情况而定。可以选取与衡算体系相关的任何一股物料或其中某个组分的一定量作为基准。例如，可以选取一定量的原料或产品（1kg，100kg，1mol，$1m^3$ 等）为基准，也可选取单位时间（1d，1h，1min，1s 等）为基准。用单位原料量为基准，便于计算产率；用单位时间为基准，便于计算消耗指标和设备生产能力。

4）收集计算需要的各种数据，注意数据的适用范围和条件。

5）设未知数，列方程组，联立求解。

有几个未知数就应列出几个独立的方程式，这些方程式除物料衡算式外有时尚需其他关系式，如组成关系约束式、化学平衡约束式、相平衡约束式、物料量比例等。

6）进行数学计算，并核对计算结果。

7）将衡算结果列成物料平衡表。

三、一般反应过程的物料衡算方法

化工生产中的化学反应，各反应物的实际用量并不等于化学反应式中的理论量。为了使所需的反应顺利进行，或使其中较昂贵的反应物全部转化，常常使价格较低廉的一些反应物用量过量一些，此时的物料衡算比不发生化学反应过程的计算复杂，尤其是当物料组成及化学反应较复杂时计算更应注意。

对一般的反应过程，可用下列几种方法进行求解。

（1）直接求解法

直接求解法适用于化学反应较简单的化工过程，它是利用给定的生产任务和工艺指标（转化率、收率），根据化学反应方程式，运用化学计量系数直接进行计算的一种方法。该法也是物料衡算常用的方法之一。

（2）原子平衡法

原子平衡法特别适用于反应非常复杂(无法准确写出主、副反应方程式)的化工过程，它是已知原料和反应产物组成，根据化学反应中原子的种类和数量不变的原理，列出原子平衡关系进行衡算的一种方法。该法产物组成是全分析的，比较可靠。

（3）利用联系组分做衡算

联系组分是指随物料输入体系，但完全不参加反应，又随物料从体系输出的组分，在整个反应过程中其数量不变。

如果体系中存在联系组分，输入物料和输出物料之间就可以根据联系组分的含量进行关联。例如，F，P 分别为输入、输出物料，T 为联系组分。T 在 F 中的质量分数为 x_{FT}，在 P 中的质量分数为 x_{PT}，则 F 与 P 之间的关系为：

$$Fx_{FT}=Px_{PT}$$

$$\frac{F}{P}=\frac{x_{PT}}{x_{FT}}$$

用联系组分做衡算，尤其是对含未知量较多的物料做衡算，可以使计算简化。

选择联系组分时，如果体系中存在数种联系组分，就要选择一个适宜的联系组分，或联合采用，以减小误差。但应该注意，当某个联系组分数量很小且此组分的分析相对误差又较大时，则不宜选用。

（4）具有循环、排放及旁路过程的物料衡算

在化工生产中，有些反应过程每次经反应器后的转化率不高，有的甚至很低，因此在反应器出口的产物中有大量原料未反应，为提高原料的利用率，把这部分未反应的原料从反应产物中分离出来，然后把它循环返回反应器(图 2-8 中的循环物料 Q)，与新鲜物料一起再进行反应。此过程即为循环过程。

循环过程在稳定状态下操作时，物料的质量既不积累也不消失，各流股组分恒定。但是，如果原料中含有不反应的杂质或惰性物质，经长时间的循环会使其浓度逐渐增加，因此必须把一部分循环物料不断地排放掉(图 2-8 中的排放物 V)，以维持进料中杂质的含量不再增大。具有旁路的过程，就是把一部分物料绕过一个或多个设备，直接与另一流股物料相混(图 2-8 中的旁路物料 R)。

在化工生产中，循环、排放、旁路有时单独存在，有时同时存在。这类过程的物料衡算与上述介绍的 3 种方法相类似，只是需要先根据已知的条件及所求的未知量选择合适的衡算体系，列出物料衡算式，然后求解。如果存在联系组分，也可以利用联系组分进行计算。

四、工艺装置及工厂物料平衡

工厂的总物料平衡包括工厂内各装置从原料到中间产品直至最终产品的所有物料。以乙烯工厂为例，图 2-9 是某乙烯装置物料投入产出示意。

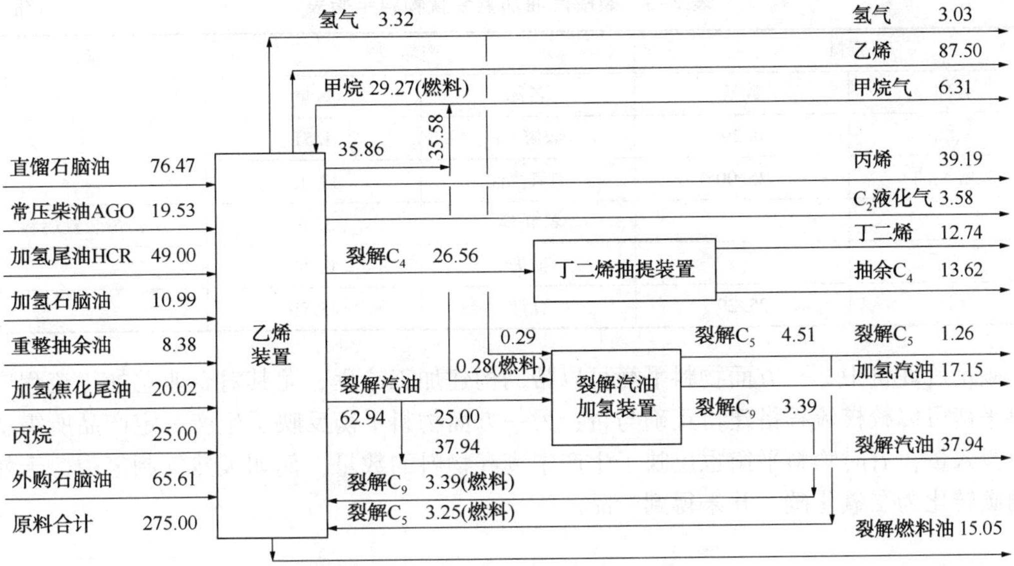

图 2-9　蒸汽裂解乙烯工厂物料平衡(t/h)

该乙烯厂包括乙烯装置、丁二烯抽提装置、裂解汽油加氢装置。对每个装置可采用表格的形式进一步说明物料平衡。本例中，乙烯装置物料平衡表见表 2-1，丁二烯抽提装置物料平衡表见表 2-2，裂解汽油加氢装置物料平衡表见表 2-3。

表 2-1　乙烯装置物料平衡表　　t/h

原料		产品	
名称	数量	名称	数量
直馏石脑油	76.47	氢气	3.32
常压柴油	19.53	甲烷	35.86
加氢尾油	49.00	乙烯	87.50
加氢石脑油	10.99		
重整抽余油	8.38	丙烯	39.19
加氢焦化尾油	20.02	C_2 液化气	3.58
丙烷	25.00	裂解 C_4	26.56
外购石脑油	65.61	裂解汽油	62.94
		裂解燃料油	15.05
		损失	1.00
合计	275.00	合计	275.00

表 2-2　丁二烯抽提装置物料平衡表　　t/h

原料		产品	
名称	数量	名称	数量
裂解 C_4	26.56	丁二烯	12.74
		抽余 C_4	13.62
		损失	0.20
合计	26.56	合计	26.56

表 2-3 裂解汽油加氢装置物料平衡表

t/h

原料		产品		备注
名称	数量	名称	数量	
氢气	0.29	裂解 C_5	4.51	
裂解汽油	25.00	加氢汽油	17.15	
		裂解 C_9	3.39	乙烯装置燃料
		损失	0.24	
合计	25.29	合计	25.29	

碳足迹评价中，一方面物料平衡可以帮助构建加工流程，尤其对企业总加工流程应用物料平衡可以校核流程搭建得正确与否；另一方面物料平衡反映了生产一定产品所需要的原料投入量，有时物料平衡也反映了生产中废弃物料的数量，例如天然气制氢中，天然气中的碳转化为二氧化碳，并未得到产品。

第三节 温室气体排放清单

温室气体排放清单主要针对生产工艺过程而言，包括燃烧排放、工艺排放、能源间接排放和辅助材料生产环节产生的排放，按照其排放量或抵扣量计入产品生产系统。

一、燃烧排放

燃烧排放是指石化企业生产过程使用的各种燃料在固定或移动燃烧设备(如锅炉、加热炉、焚烧炉等)中与氧气充分燃烧生成的二氧化碳排放；石化企业使用的燃料品种较多，包括自产的炼厂干气、燃料油、甲烷氢、乙烯焦油、液化气、外部供入的天然气、原煤、石油焦、开停工过程柴油、汽油，以及副产的各种炭黑、污泥等。在燃烧过程中，上述燃料中的碳和氢气主要转化为二氧化碳和水，部分碳作为一氧化碳(CO)、甲烷(CH_4)或非甲烷挥发性有机化合物(NMVOCs)而排放，这些非二氧化碳气体的排放物中含有碳，相对于二氧化碳的估算量而言，其数量相当少，燃料中大部分碳以二氧化碳形式迅速排放。

对石化企业来讲，燃烧排放又分为固定源排放和移动源排放，固定源包括工艺装置的加热炉、动力站锅炉、废气焚烧炉等；移动源包括企业商务车、搬运叉车等。

目前很多标准中均规定了燃料燃烧过程碳排放量的计算方法，这些计算方法虽然存在一些具体细微差别，但计算燃烧过程碳排放量的基本原理是一致的。

计算燃烧过程的碳排放量可采用物料平衡方法，即以燃料用量与燃料碳含量分析数据为基础，一般情况下可假定气体燃料中的碳 100%完全燃烧变成 CO_2；对于液体、固体燃料，推荐碳转化率为 98.5%。若已知燃料热值，也可以根据不同燃料的热值和对应的 CO_2 排放因子进行计算。

1. *燃料碳含量法*

该方法按照燃料消耗量以及燃料的实测碳含量为基准计算燃烧过程的碳排放量。其中燃料消耗量可根据实际生产情况采用燃料平衡或测量结果获取；碳排放量主要基于各种燃烧设施分品种的化石燃料燃烧量，乘以相应的燃料含碳量和碳氧化率，计算公式如下：

$$\sum CE_i = \sum (FQ_i \times CR_i \times CF_i \times 44/12) \tag{2-4}$$

式中　CE_i——i 燃料燃烧所产生的碳排放，t；

FQ_i——i 燃料的用量，t；

CR_i——i 燃料燃烧的碳氧化率，%；

CF_i——i 燃料的碳含量，%(质)。

44、12——CO_2 的相对分子质量以及碳原子的相对原子质量，其他公式不再重复说明。

燃料含碳量的测定应遵循《煤中碳和氢的测量方法》(GB/T 476—2008)、《石油产品及润滑剂中碳、氢、氮的测定元素分析仪法》(NB/SH/T 0656—2017)、《天然气的组成分析气相色谱法》(GB/T 13610—2020)或《气体中一氧化碳、二氧化碳和碳氢化合物的测定气相色谱法》(GB/T 8984—2008)等相关标准，其中对煤炭应在每批次燃料入厂时或每月至少进行一次检测，并将燃料入厂量或月消费量的加权平均作为该煤种的含碳量；对油品可在每批次燃料入厂时或每季度进行一次检测，取算术平均值作为该油品的含碳量；对天然气等气体燃料可在每批次燃料入厂时或每半年检测一次气体组分，然后根据每种气体的组分浓度及该组分化学分子式中碳原子数计算含碳量。

燃料碳氧化率根据燃料形态具体确定，液体燃料的碳氧化率可取缺省值 0.98；气体燃料的碳氧化率可取缺省值 0.99；固体燃料可参考表 2-4 按品种取缺省值。

表 2-4　固体燃料碳氧化率表

序号	燃料品种	碳氧化率/%
1	无烟煤	94
2	烟煤	93
3	褐煤	96
4	洗精煤	93
5	其他洗煤	90
6	型煤	90
7	焦炭	93

注：上述数据取自《中国石油化工企业温室气体排放核算方法与报告指南(试行)》。

2. 热值排放因子法

对常见商品燃料，其含碳量与燃料的低位发热量(低位热值)有关，因此也可按照燃料低位热值计算燃烧过程碳排放量。

燃料的发热量是指单位质量的燃料在完全燃烧时所发出的热量，燃料的发热量有高位热值和低位热值两种。高位热值与低位热值的根本区别在于，燃料燃烧产物中的水呈液态还是气态，水呈液态是高位热值，水呈气态是低位热值。低位热值等于从高位热值中扣除水蒸气的凝结热。

热值排放因子法一般根据燃料消耗量、热值排放因子和全球暖化潜值计算，公式如下：

$$\sum GE_i = \sum (FQ_i \times EF_i \times HV_i \times GWP_i) \times 10^{-6} \tag{2-5}$$

式中 GE_i——i 燃料产生的温室气体排放量，tCO_2；

FQ_i——i 燃料的消耗量，t；

EF_i——i 燃料单位热值对应的排放因子，$kgCO_2/TJ$，$kgCH_4/TJ$，kgN_2O/TJ；

HV_i——i 燃料的低位热值，MJ/kg 或 MJ/Nm^3；

GWP_i——全球暖化潜值，其他公式不再重复说明。

GWP 是某种物质产生温室效应的相对指数，即在 100 年的时间内，某种气体的温室效应相对于相同质量二氧化碳温室效应的倍数。二氧化碳被作为参照气体，其 *GWP* 值为 1，常见气体的 *GWP* 值见表 2-5。

表 2-5　温室气体的全球暖化潜值

气体名称	分子式	*GWP*(100a)
二氧化碳	CO_2	1
甲烷	CH_4	25
氧化亚氮	N_2O	298
氢氟碳化物(HFCs)		
HFC-23	CHF_3	14800
HFC-32	CH_2F_2	675
HFC-43-10mee	$CF_3CHFCHFCF_2CF_3$	1640
HFC-125	$C_2H_2F_4$	3500
全氟碳化物(PFCs)		
全氟甲烷	CF_4	7390
全氟乙烷	C_2F_6	12200
全氟丙烷	C_3F_8	8830
全氟丁烷	C_4F_{10}	8860
六氟化硫	SF_6	22800

注：上表为联合国政府间气候变化专门委员会第一工作组第四次评估报告“自然科学基础”(2007)中给出的各种温室气体百年时间尺度上的 *GWP* 值。

燃料低位热值数据优先采用企业实测数据，对于没有实测数据的可采用相关标准默认数据。但是，不同出处的燃料低位热值数据会有少许差别，表 2-6 汇总了 GB/T 2589—2020《综合能耗计算通则》、《能源统计年鉴》、GB/T 50441—2016《石油化工设计能耗计算标准》和《IPCC 国家温室气体清单指南》相关燃料低位热值数据。

表 2-6　不同来源的低位热值对比表　MJ/kg

燃料	IPCC	GB/T 2589—2000	能源统计年鉴	GB/T 50441—2016
原油	42.3	41.8	41.8	—
天然气/(MJ/m^3)	—	32.2~39.9	—	—
天然气/(MJ/m^3)	48.0	—	38.9	—
汽油	44.3	43.1	43.1	43.1
喷气燃料	44.1	43.1	43.1	43.1
柴油	43.0	42.7	42.7	42.7
燃料油	40.4	41.8	41.8	—
液化石油气	47.3	50.2	50.2	—
沥青	40.2	—	—	—
石油焦	32.5	—	—	33.4(工业焦炭)
炼厂气	49.5	46.1	46.1	—
无烟煤	26.7	—	—	—
褐煤	18.9	—	—	—
烟煤	21.6	—	—	—
煤制品	28.2	—	—	—
液化天然气	44.2	—	—	—

目前，大多数碳盘查机构和企业核算碳排放过程，优先采用能源统计年鉴数据；对于能源统计年鉴中没有的热值数据，采用IPCC公布的低位热值数据。同时IPCC低位热值数据来源于国外煤种数据，与国内煤种数据可能会有较大出入，仅供参考使用。各类燃料碳排放因子见表2-7。

表 2-7　各类燃料碳排放因子

燃料	低温热值/(MJ/kg)	固定燃烧缺省排放因子/(kg/TJ)		
		CO_2	CH_4	N_2O
天然气/(MJ/m^3)	38.9	56100	1	0.1
汽油	43.1	74100	3	0.6
柴油	42.7	74100	3	0.6
燃料油	41.8	77400	3	0.6
液化石油气	50.2	63100	1	0.1
炼厂气(燃料气)	46.1	57600	1	0.1
石油焦	32.5	97500	3	0.6
无烟煤	26.7	98300	1	1.5
次烟煤	21.57	94600	1	1.5
液化天然气	50.18	64200	3	0.6

注：各种燃料的排放因子数据参照IPCC《2006年IPCC国家温室气体清单指南》Ch3数据；燃料低位热值数据参考能源统计年鉴，对于缺省的石油焦、无烟煤、次烟煤、液化石油气低位热值数据引自《2006年IPCC国家温室气体清单指南》。

目前，大部分标准中列出的燃料排放因子采用IPCC报告，但是石化行业存在IPCC报告当中未列出的燃料，例如甲烷氢、乙烯焦油等，一般按照具体组分计算排放因子。

石化生产过程的主要燃烧排放源包括工艺装置的加热炉、焚烧炉、裂解炉、转化炉以及自备电站的燃煤锅炉等燃烧设备，有的燃烧设备是工艺装置内加热工艺介质，需要消耗燃料，例如常压塔的进料加热炉；有的燃烧设备是处理可燃气体或废气，需要补充一定燃料，例如硫黄回收装置反应炉；有的燃烧设备是产生载能工质，例如自备电厂燃煤锅炉。表2-8列出了主要工艺装置的典型燃烧设备和燃料品种。

表2-8　工艺装置典型燃烧器

序号	工艺装置	燃烧器	燃料品种
1	常减压装置	常压炉、减压炉	干气、天然气
2	催化重整装置	反应加热炉、分馏塔再沸炉	
3	加氢裂化	反应加热炉、分馏塔再沸炉	
4	延迟焦化装置	焦化加热炉	干气
5	制氢装置	反应转化炉	
6	蒸汽裂解装置	裂解炉	甲烷氢、天然气
7	丙烯腈装置	废气焚烧炉、废水焚烧炉	
8	硫黄回收装置	Claus 反应炉	酸性气、燃料气
9	电站锅炉	煤粉炉、循环流化床锅炉	天然气、原煤、石油焦
10	火炬		

石化生产过程大部分采用管式加热炉，其结构如图2-10所示，一般由辐射室、对流室、余热回收系统、燃烧器以及通风系统五部分所组成。

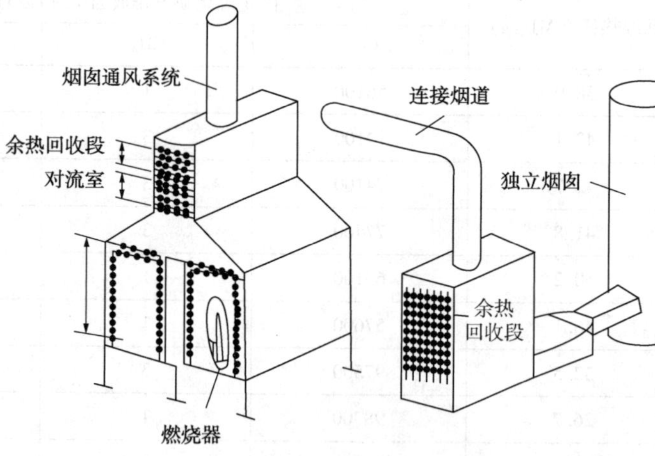

图2-10　管式加热炉的一般结构

辐射室是通过火焰或高温烟气进行辐射传热的部分，是加热炉热交换的主要场所。对流室是靠由辐射室流出的烟气进行对流换热的部分，烟气在其中也有一部分辐射热交换，一般担负全炉热负荷的20%~30%，对流室一般都布置在辐射室之下，与辐射室分开。余热回收系统是从离开对流室的烟气中进一步回收余热的部分，回收方法一般是靠余热燃烧用空气来回收热量，热量通过空气再次带入炉中；还可采用同炉子完全无关的其他流体回收热量。前者称为“空气预热方式”，后者因为常常使用水回收，被称为“废热锅炉”方式。燃烧器(也称“火嘴”)产生热量，是炉子的重要组成部分，由于管式加热炉只燃烧燃料气和燃料油，所以不需要烧煤那样复杂的辅助系统，火嘴结构也比较简单。通风系统是将燃烧用空气导入燃烧器，并将废烟气引出炉子。燃料在燃烧器燃烧产生二氧化碳，随烟气依次经过辐射室、对流室、余热回收系统和通风系统后排放。

二、工艺排放

工艺排放是指在加工原料或化学品的物理或化学工艺过程中产生的温室气体排放，主要包括两种类型：一种是温室气体作为主反应的产物生成，例如制氢过程生成二氧化碳；另一种是工艺过程发生副反应导致温室气体产生，例如乙二醇、丙烯腈、醋酸乙烯等。石化生产过程的工艺排放可根据生产过程的特定参数或测量数据计算，包括但不限于以下过程：催化裂化、制氢装置、乙二醇/环氧乙烷、丙烯腈、己内酰胺、MTO、丁辛醇、纯碱装置、合成氨、煤制乙二醇等工艺过程。

计算工艺排放的方法包括3种：全元素平衡法、部分元素平衡法和尾气浓度法。

1. 全元素平衡法

全元素平衡法是以原料投入的碳元素量与进入产品碳元素量的差值计算工艺排放量的方法。例如，乙二醇生产过程的碳排放可采用碳平衡法计算，公式如下：

$$\sum GE = \sum (FQ \times CF - PQ \times CP) \times 44/12 \tag{2-6}$$

式中　GE——乙二醇生产过程的工艺碳排放量，t；

FQ——乙二醇生产过程的原料用量，t；

CF——乙二醇生产过程原料碳含量，%(质)；

PQ——乙二醇生产过程的产品产量，t；

CP——乙二醇生产过程产品的碳含量，%(质)。

示例：某乙二醇装置某年内投入乙烯原料108168.72t，其中，乙烯和乙烷含量分别为99.9%和0.1%；生产当量环氧乙烷142235.11t(当量环氧乙烷=乙二醇产量×0.8+环氧乙烷产量)。则：

$$该装置该年的工艺CO_2排放量=\left(108168.72\times99.9\%\frac{24}{28}+108168.72\times0.1\%\frac{24}{30}-142235.11\times\frac{24}{44}\right)\times\frac{24}{12}=55466.17t$$

2. 部分元素平衡法

部分元素平衡法是以某种原料投入的碳元素量与给定原料进入产品中的碳元素的差值计算排放量的方法。例如，醋酸乙烯生产过程的碳排放可采用乙烯碳平衡计算，公式如下：

$$\sum GE = \sum (FQ \times 24/28 - PQ \times 24/86) \times 44/12 \tag{2-7}$$

式中　GE——醋酸乙烯生产过程的工艺 CO_2 排放量，t；

FQ——醋酸乙烯生产过程的乙烯进料量，t；

PQ——醋酸乙烯生产过程的醋酸乙烯产量，t；

24、28 和 86——分别为乙烯分子中的碳相对分子质量、乙烯相对分子质量和醋酸乙烯相对分子质量。

示例：某醋酸乙烯装置某年的原料乙烯投入量为 41572. 8t，醋酸乙烯产品产量为 118880. 2t，则：

$$\text{该醋酸乙烯装置该年的工艺 } CO_2 \text{ 排放量} = \left(41572.8\times\frac{24}{28}-118880.2\times\frac{24}{86}\right)\times\frac{44}{12}=9012.5\text{t}$$

3. 尾气浓度法

尾气浓度法是采用工艺排放出口的尾气流量与尾气组成计算工艺排放的方法。例如，己内酰胺生产过程中，氨肟化反应过程的工艺 N_2O 排放，可根据氨肟化单元尾气平均流量和尾气 N_2O 浓度进行计算，公式如下：

$$\sum GE = RF \times NR \times T \times 44/22.4 \times GWP \tag{2-8}$$

式中 GE——胺肟化装置工艺 N_2O 排放的当量 CO_2 量，tCO_2E；

RF——胺肟化装置尾气平均流量，kNm^3/h；

NR——胺肟化装置尾气中 N_2O 平均浓度，%(体)；

T——胺肟化装置的运行时间，h；

44——氧化亚氮的相对分子质量，其他公式不再说明；

22. 4——标准状况下，单位物质的量空气体积，L/mol。

三、能源间接排放

能源间接排放主要是指由外部公用工程供入各种电、蒸汽、热力所对应的温室气体排放，可以根据电、蒸汽的消耗量与其对应排放因子计算，公式如下：

$$IE = BQ \times EF \tag{2-9}$$

式中 IE——蒸汽或电力对应的间接排放量，t；

BQ——蒸汽或电力的数量，TJ 或 MW · h；

EF——蒸汽或电力对应的排放因子，tCO_2/(MW · h) 或 tCO_2/TJ。

外购蒸汽和电力碳排放因子按各年度国家公布的数据为准。其中：电网基准排放因子参照国家发展和改革委员会公布的最新数据。2014 年，国家发改委发布《中国石油化工企业温室气体排放核算方法与报告指南（试行）》（发改办气候〔2014〕2920 号），对石化企业购入热力的碳排放因子规定“热力供应的 CO_2 排放因子应优先采用供热单位提供的 CO_2 排放因子，不能提供则按 0. 11t CO_2/GJ 计”。

第三章　基于质量分配的碳足迹评价

石化生产过程是由包含多个排放源的流程系统构成，依据不同的评价颗粒度，可以进行不同精度的碳足迹评价。由碳足迹评价模型式(2-2)可知，计算产品碳足迹需要对生产过程的碳排放在不同产品之间进行分配，为了简化起见，本章依据产品的质量收率分配过程碳排放，即分配系数 η_i 为产品 i 的收率，由式(2-2)可以进一步简化为下式：

$$CF_{P,i} = CF_F + \frac{E_{CO_2}}{\sum_i M_{P,i}} \tag{3-1}$$

式中　$\sum_i M_{P,i}$——所有产品的质量总和，由于大多数装置物料的进入与产出是相等的，因此 $\sum_i M_{P,i}$ 也即为原料投入量。

经过上述简化处理后，可按照“以总流程为基础、以工艺装置为单元、以质量分配为规则”的方法开展石化产品碳足迹评价。本章围绕石油化工产业的上、中、下游，提出了原油、管道输送、喷气燃料、聚丙烯、对二甲苯、成品油输送等产品和过程的碳足迹评价方法，阐述了实际核算中对辅助材料排放、循环物流、多工艺路线对比的案例应用。

第一节　石化产品碳足迹

石化产品碳足迹不仅考虑主要工艺物料，同时对辅助材料生产过程的碳排放也计入在内，同时生产中常存在物料在工艺装置间循环反复加工，可以运用迭代求解方法计算产品碳足迹，本节介绍了喷气燃料、对二甲苯、聚丙烯等产品碳足迹计算方法。

一、喷气燃料产品

喷气燃料作为炼油厂的重要产品是航空燃料的主要来源，国际航空运输协会(International Air Transport Association，IATA)预测，在未来几年内，航空燃料的需求将持续增长，商用飞机规模和乘客人数将在20年内翻三倍，全球商用航空燃料的需求预计2026年超过5亿m^3/a。2016年，国际民航组织(International Civil Aviation Organization，ICAO)在第39届大会上通过了国际航空碳抵消和减排计划(Carbon Offsetting and Reduction Scheme for International Aviation，CORSIA)，这是世界上第一个全球性的行业减排市场机制，标志着航空业成为世界上第一个由各国政府协定实施全球碳中和措施的行业，核算航空燃料碳足迹对推进航空业的碳中和具有重要意义。

以某石化企业的喷气燃料产品为评价对象，评价1t喷气燃料产品碳足迹，系统边界为炼油厂边界，即从原油进厂到喷气燃料产品出厂的所有生产环节。该炼油厂的加工流程如图3-1所示，喷气燃料生产过程涉及的工艺装置包括常减压装置、加氢裂化装置、喷气燃料加氢装置、制氢装置等。

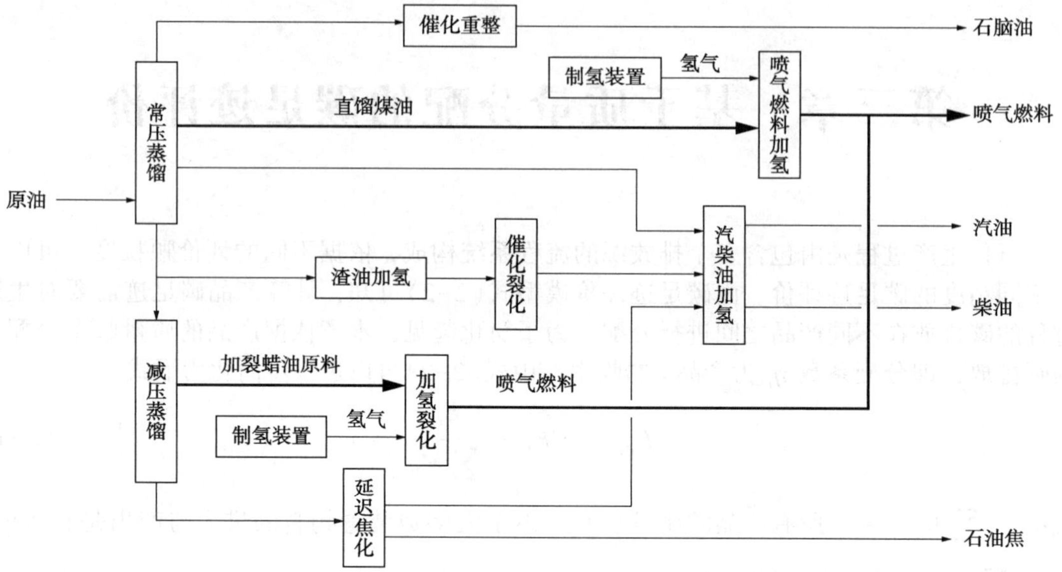

图 3-1　喷气燃料生产过程加工流程图

由图 3-1 可知，喷气燃料产品的生产包括两部分：一是常减压装置的直馏喷气燃料经喷气燃料加氢装置精制后作为喷气燃料组分；二是常减压装置的减压蜡油经 2#加氢裂化装置生产的加氢裂化喷气燃料，上述工艺装置均存在碳排放。

碳足迹评价需要确定上述工艺装置物料平衡，以常减压装置为例，该炼油厂共有 5 套常减压装置，合计加工原油 18264347t，1#常减压装置的物料平衡数据见表 3-1。

表 3-1　1#常减压装置物料平衡表　t

进料	加工量
原油	3068319
合计	3068319
出料	产量
干气	21948
石脑油	453223
直馏煤油	213855
直馏柴油	474152
加裂蜡油原料	348296
催化蜡油原料	491686
减压渣油	1063570
装置污退油	313
装置损失	1276
合计	3068319

该炼油厂 5 套常减压装置合计生产直馏喷气燃料 1833295t，生产加裂蜡油原料 2485971t。常减压装置的排放主要包括工艺加热炉产生的燃烧排放，消耗蒸汽、电力等产生的能源间接排放，以上排放数据可以由装置能耗数据计算得到，见表 3-2。

表 3-2 常减压装置能耗碳排放 $kgCO_2$

序号	耗能工质	1#常减压	2#常减压	3#常减压	4#常减压	5#常减压
1	新鲜水	1483	829	5556	2918	1252
2	循环水	3632550	3246582	5263516	2720754	9561418
3	除盐水	1084972	519924	451636	40438	1390871
4	电	15773924	9131721	8832362	3799101	46085046
5	输入 1.0MPa 蒸汽	29881	1363662	13085477	0	69608014
6	输出 1.0MPa 蒸汽	-5020013	0	0	-1767206	-32786434
7	输出 0.35MPa 蒸汽	0	0	-407326	0	0
8	燃料油	5861407	1673301	1993720	9661127	8220858
9	燃料气	72911328	61485857	52872319	12043567	170074262
10	热进(出)料/kgEO	-3779931	-3023439	-7022559	-4422428	-52817356
11	合计	90495601	74398437	75074701	22078271	219337931

由表 3-2 可知，该炼厂 5 套常减压装置的碳排放总量为 481384939kg，依据质量分配可计算吨直馏喷气燃料的碳排放量。

$$碳排放量=481384939\times\frac{1833295}{18264347}\times\frac{1}{1833295}=26.357kgCO_2/t$$

减压蜡油(加氢裂化装置原料)与喷气燃料均可采用质量分配方法计算，因此其碳足迹相同，也为 $26.357kgCO_2/t$。

加氢裂化装置的物料平衡见表 3-3。

表 3-3 加氢裂化装置物料平衡表 t

进料	加工量	出料	产量
加裂蜡油原料	2364033	加氢干气	50458
焦化蜡油	22990	酸性气	37084
催化柴油	7333	液化气	90267
直馏柴油	5429	加裂轻石脑油	196168
低分气	15244	加裂重石脑油	386271
中压氢气	82843	加裂煤油	706258
		加裂柴油	278256
		加裂尾油	744655
		装置污退油	7061
		装置损失	1394
合计	2497872	合计	2497872

由表 3-3 可知，加氢裂化装置投入的原料中，焦化蜡油、催化柴油、直馏柴油和低分气所占比例较小，同时上述原料获取过程导致的温室气体排放较少，可暂不计入上述原料的碳足迹。

加氢裂化装置进料中存在82843t氢气，其生产过程的能耗和碳排放量较大，应计入加氢裂化装置产品碳足迹。由该企业的氢气管网可知，加氢裂化装置所耗氢气由4.65MPa氢气管网提供，而该管网的氢气来源是煤制氢装置，其物料平衡见表3-4。

表3-4 煤制氢装置物料平衡表 t

原料①	投入量	产出	产出量
原料煤	603246	煤制氢氢气	71031
石油焦	1988	煤制氢酸性气	3380
氧气	447890	$CO_2$②	43489
		粗煤渣	41684
		煤滤饼	23582
合计	1053124	合计	183166

注：①原料中原料煤含碳量69.53%，煤渣含碳36.06%，煤饼33.86%，石油焦89.22%。

②CO_2是捕集后用于销售的统计量。

煤制氢装置的碳排放包括消耗燃料、蒸汽、电等能源排放，以及煤气化反应过程产生的工艺排放。能源消耗导致的碳排放量见表3-5。

表3-5 煤制氢装置碳排放量 kg

耗能工质	CO_2 排放量
新鲜水	65975
循环水	67165070
除盐水	16930863
电	74272029
输入3.5MPa蒸汽	51828380
输入1.0MPa蒸汽	80655846
输出0.35MPa蒸汽	-9571104
合计	281347059

煤制氢装置的工艺排放可以由装置碳平衡数据计算，数据见表3-4。由表3-4可计算煤制氢装置的工艺碳排放量：

$$排放量=(603246\times69.53\%+1988\times89.22\%-41684\times36.06\%-23582\times33.86\%)\times44/12-43489=1417885t$$

由能耗排放量和工艺排放量计算煤制氢装置吨氢气产品碳排放量：

$$排放量=\frac{281347059+1417885000}{71031}=23922.399kgCO_2/tH_2$$

加氢裂化装置的碳排放主要是使用能源导致，其结果见表3-6。

表3-6 加氢裂化装置碳排放量 kg

耗能工质	CO_2 排放量
循环水	6106119
除盐水	3166953
电	72618551

续表

耗能工质	CO_2 排放量
输入 3.5MPa 蒸汽	159770883
输入 1.0MPa 蒸汽	-105635181
工艺炉燃料气	36844295
合计	172871620

由此可计算加氢裂化装置产品碳足迹，包括常减压装置生产加氢裂化装置原料(蜡油)的碳排放、加氢裂化装置能耗排放以及氢气制取过程的碳排放，即

$$产品碳足迹=26.357+\frac{172871620}{2497872}+\frac{82843\times23903.719}{2497872}=26.357+69.208+792.777=888.342kgCO_2/t$$

依照上述方法分别对该炼油厂其他工艺装置进行计算，并按照喷气燃料产品的调和构成计算碳足迹评价，其结果为 298.132kgCO_2/t，如图 3-2 所示。

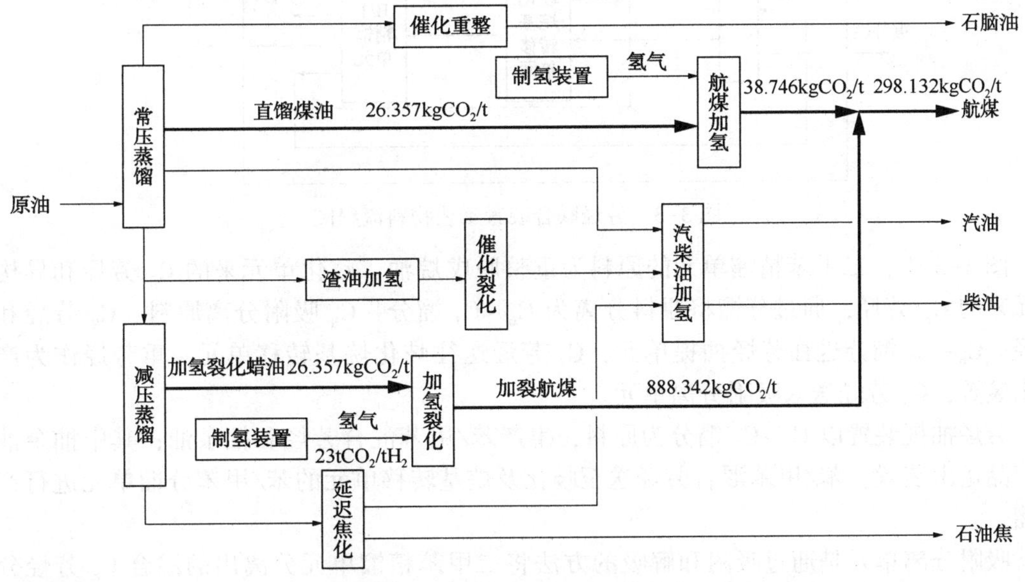

图 3-2 喷气燃料生产过程碳足迹

由图 3-2 可知，该炼油厂喷气燃料产品的碳足迹为 298.132kgCO_2/t(喷气燃料热值为 43.1GJ/t，基于热值的碳足迹为 6.917gCO_2/MJ，美国阿贡实验室数据 WTP 为 9.6gCO_2/MJ)。由于不同调和组分的碳足迹相差较大，因此，产品喷气燃料的调和构成和生产路线对产品碳足迹影响较大，加氢裂化喷气燃料碳排放较高，达到 888.342kgCO_2/t，直馏喷气燃料经加氢精制过程的碳排放仅 38.746kgCO_2/t，因此增加直馏喷气燃料产量可以降低炼油厂喷气燃料生产过程碳排放。同时，炼油厂制氢过程的碳排放量较大，优化制氢原料、降低制氢过程的碳排放对减少喷气燃料产品碳足迹具有重要意义。

二、对二甲苯

对二甲苯是重要的基础化工原料，主要用于生产聚酯纤维和树脂、涂料、染料及农药等。对二甲苯生产过程中存在下游装置产品作为上游装置原料的情形，即物料循环反复加

工，可采用碳足迹数据的循环迭代方法计算该过程碳足迹。对二甲苯由芳烃联合装置生产，芳烃联合装置包括二甲苯精馏、吸附分离、异构化、歧化烷基转移、B/T 精馏和芳烃抽提等单元，其工艺流程如图 3-3 所示。

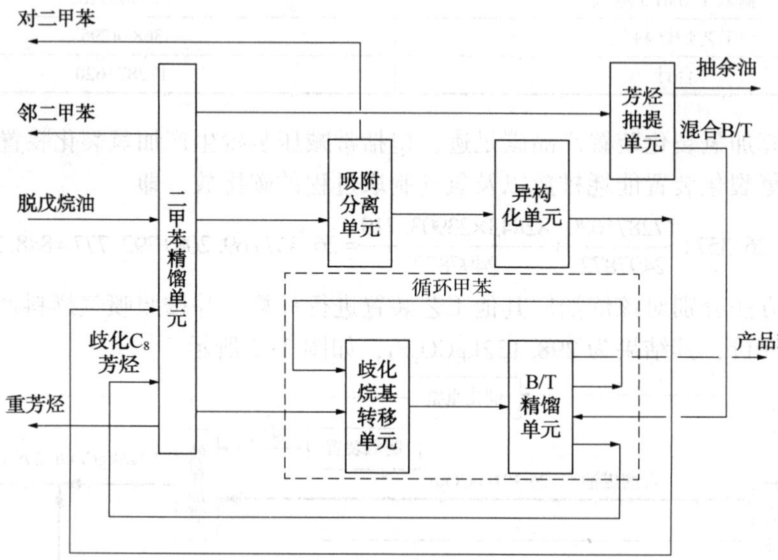

图 3-3　芳烃联合装置工艺物料流程图

图 3-3 中，二甲苯精馏单元的原料为重整脱戊烷油、歧化单元来的 C_{8+} 芳烃和异构化单元来的 C_{8+} 芳烃，通过分馏将原料分离为 $C_6 \sim C_7$ 馏分、C_8 吸附分离原料、C_9 芳烃和重芳烃。$C_6 \sim C_7$ 馏分送往芳烃抽提单元，C_9 芳烃送往歧化烷基转移单元，重芳烃作为产品送出装置，C_8 芳烃送入吸附分离单元。

芳烃抽提装置以 $C_6 \sim C_7$ 馏分为原料，生产苯/甲苯混合芳烃和抽余油；其中抽余油作为产品送出装置，苯/甲苯混合芳烃送至歧化及烷基转移单元的苯/甲苯分馏单元进行产品精馏。

吸附分离单元是通过吸附和解吸的方法将二甲苯精馏单元分离出的混合 C_8 芳烃分离为抽出液（P-X 产品）和抽余液（混合 C_8 芳烃），抽出液经分离得到解吸剂和对二甲苯，抽余液经分离得到解吸剂和贫对二甲苯 C_8 芳烃（主要为间二甲苯/邻二甲苯混合液），送往异构化单元将其转化为邻、间、对二甲苯平衡的异构化 C_8 芳烃。

异构化单元是在临氢和催化剂作用下，将吸附分离单元来的贫对二甲苯 C_8 芳烃转化为临、间、对二甲苯趋于热力学平衡的 C_8 芳烃。

歧化烷基转移单元是以芳烃抽提来的苯/甲苯混合芳烃、二甲苯精馏来的 C_9/C_{10} 芳烃为原料，通过歧化和烷基转移反应生成低乙苯含量的 C_8 芳烃，并送往二甲苯精馏单元，同时副产苯、少量轻烃和燃料气。

对二甲苯生产过程存在物料量较大的循环加工，主要包括：①异构化单元 C_8 芳烃→二甲苯精馏单元 C_8 芳烃→吸附分离单元的贫对二甲苯 C_8 芳烃→异构化单元 C_8 芳烃；②歧化烷基转移 C_8 芳烃→二甲苯精馏单元 C_9→歧化烷基转移单元→B/T 精馏单元 C_8 芳烃。

按照碳足迹评价原则，开展对二甲苯（PX）产品碳足迹评价需要计入上述各个单元过程的原料带入排放，该过程需要已知循环物料的碳足迹数据，而该数值通常需要完成下游装置的碳排放足迹计算后才能得到。例如计算二甲苯精馏单元产品 C_8 芳烃的碳足迹时，需要将已知重整脱戊烷油、异构化 C_8 芳烃和歧化烷基转移 C_8 芳烃的原料带入排放，而该原料的碳足迹数据需要由下游异构化单元和歧化烷基转移单元的产品碳足迹数据提供，而该数据在不进行上游二甲苯精馏单元的碳足迹计算时是难以得到的。

对于这种具有物料循环返回加工的流程，开展碳足迹评价需要将二甲苯精馏单元的原料：异构化 C_8 芳烃、歧化烷基转移 C_8 芳烃的碳足迹数值赋予初值，通常可以设定为重整脱戊烷油的碳足迹数值，通过计算二甲苯精馏单元、吸附分离单元和异构化单元产品碳足迹数据，得到异构化 C_8 芳烃碳足迹数值，通过该数值与设定值(或上次迭代值)比较，使其逐渐接近。当异构化 C_8 芳烃碳足迹数据收敛后，可计算抽提单元和歧化烷基转移单元产品碳足迹，并进行歧化烷基转移 C_8 芳烃与设定初值(或上次迭代值)比较，直至迭代误差满足一定要求，其过程如图 3-4 所示。

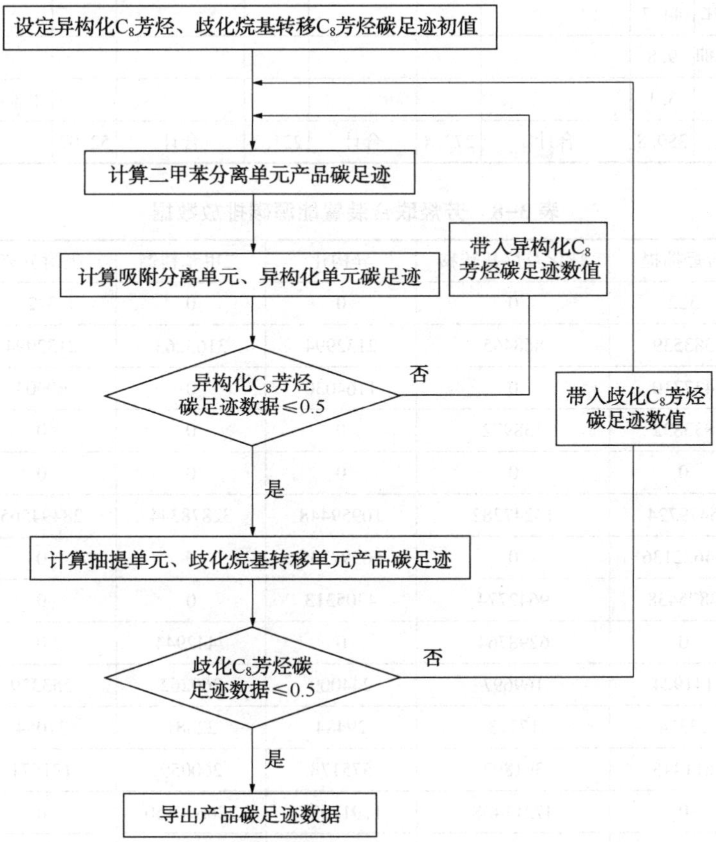

图 3-4 芳烃联合装置产品碳足迹评价过程图

某炼化企业具有 800 万 t/a 原油加工能力和 60 万 t/a 对二甲苯产能，芳烃联合装置生产对二甲苯，并副产抽余油、苯、重芳烃等产品，该联合装置包括 385t/a 二甲苯精馏单元、327t/a 吸附分离单元、266t/a 异构化单元，该联合装置的物料平衡数据和碳排放数据见表 3-7 和表 3-8。

表 3-7　芳烃联合装置物料平衡表　　万 t/a

项目	二甲苯精馏		吸附分离		异构化		芳烃抽提		歧化烷基转移	
原料	C_{6+}重整生成油	121.9	吸附分离进料	272.5	抽余液	220.1	$C_6 \sim C_7$ 馏分	52.07	苯-甲苯混合芳烃	36.12
	异构化 C_{8+} 芳烃	219.4			补充氢	0.7			粗甲苯	0.89
	歧化 C_{8+} 芳烃	48.4			歧化轻烃	0.48			C_9/C_{10} 芳烃	73.91
									PSA 补充氢	1.44
	合计	389.7	合计	272.5	合计	221.28	合计	52.07	合计	112.36
产品	吸附分离原料	272.5	抽余液	220.1	异构化 C_8 芳烃	219.4	苯-甲苯混合芳烃	28.89	苯产品	18.37
	$C_6 \sim C_7$ 馏分	49.8	对二甲苯	51.7	轻烃至抽提装置	1.9	抽余油	23.18	歧化 C_{8+} 芳烃	79.44
	邻二甲苯产品	9.9	粗甲苯	0.6					歧化轻组分	0.48
	C_{9+} 芳烃去歧化	44.7							燃料气	6.29
	C_{9+} 芳烃调和汽油	9.8							歧化尾氢	3.67
	重芳烃	3.1							甲苯调和汽油组分	4.11
	合计	389.8	合计	272.4	合计	221.3	合计	52.07	合计	112.36

表 3-8　芳烃联合装置能源碳排放数据　　kg

能耗工质	芳烃抽提	歧化及烷基转移	异构化	二甲苯精馏	吸附分离	重整油分离
新鲜水	322	0	0	0	322	0
循环水	383539	868465	2132994	3165263	2132994	3165273
除盐水	437710	0	1164030	0	60904	0
除氧水	833832	138972	0	0	0	416916
凝结水	0	0	0	0	0	0
电	5479724	14247282	10959448	32878344	28494565	1095945
3.5MPa 蒸汽	54622136	0	50997735	0	0	27613102
1.0MPa 蒸汽	3875438	9642774	4305313	0	0	0
0.35MPa 蒸汽	0	6298764	0	7442944	0	0
净化风	141924	169697	244009	260262	353339	0
非净化风	13374	17773	29484	22381	37054	0
氮气	611445	361892	575178	260059	171571	0
天然气/干气	0	47211408	17917697	226690150	0	0
液化气	0	0	0	125087646	0	0
燃料油	0	0	0	0	0	0
合计/tCO_2	66399.44	78957.03	88325.89	395807.05	31250.75	32291.24

由上游炼油生产过程可计算重整脱戊烷油的碳足迹为 604.18$kgCO_2/t$，因此，设定异构化 C_8 芳烃和歧化烷基转移 C_8 芳烃的碳足迹初值为 604.18$kgCO_2/t$，以此计算物料的碳

足迹数据，见表 3-9。

表 3-9 芳烃联合装置物料碳足迹数据(计算初值) $kgCO_2/t$

序号	二甲苯精馏		吸附分离		异构化		芳烃抽提		歧化烷基转移	
1	吸附分离原料	712.44	抽余液	723.16	异构化 C_8 芳烃	748.73	苯-甲苯混合芳烃	839.26	苯产品	807.95
2	$C_6\sim C_7$ 馏分	712.44	对二甲苯	723.16	轻烃至抽提装置	748.73	抽余油	839.26	C_{8+}芳烃	807.95
3	邻二甲苯产品	712.44	粗甲苯	723.16	燃料气	748.73			歧化轻组分	807.95
4	C_{9+}芳烃去歧化	712.44							燃料气	807.95
5	C_{9+}芳烃调和汽油	712.44							歧化尾氢	807.95
6	重芳烃	712.44							甲苯调和汽油组分	807.95

由表 3-9 可知，第一次计算得到的异构化 C_8 芳烃碳足迹数据为 748.73$kgCO_2/t$，与设定的初值 604.18$kgCO_2/t$ 相差较大，因此，重新设定二甲苯精馏单元原料异构化 C_8 芳烃的碳足迹为 748.73$kgCO_2/t$，并对物料碳足迹进行再次计算，结果见表 3-10。表 3-10以异构化 C_8 芳烃碳足迹为 748.73$kgCO_2/t$，进行第一次迭代计算后，得到异构化 C_8 芳烃碳足迹为 828.66$kgCO_2/t$，与上次迭代结果 748.73$kgCO_2/t$ 仍相差较大，因此重复上述迭代过程，直至相邻两次结果相近，最终收敛后的过程碳足迹结果如图 3-5 所示。

表 3-10 芳烃联合装置物料碳足迹数据(异构化 C_8 芳烃一次迭代结果) $kgCO_2/t$

序号	二甲苯精馏		吸附分离		异构化		芳烃抽提		歧化烷基转移	
1	吸附分离原料	793.82	抽余液	804.54	异构化 C_8 芳烃	828.66	苯-甲苯混合芳烃	920.64	苯产品	887.64
2	$C_6\sim C_7$ 馏分	793.82	对二甲苯	804.54	轻烃至抽提装置	828.66	抽余油	920.64	C_{8+}芳烃	887.64
3	邻二甲苯产品	793.82	粗甲苯	804.54	燃料气	828.66			歧化轻组分	887.64
4	C_{9+}芳烃去歧化	793.82							燃料气	887.64
5	C_{9+}芳烃调和汽油	793.82							歧化尾氢	887.64
6	重芳烃	793.82							甲苯调和汽油组分	887.64

由图 3-5 可知，通过不断地迭代计算最终可以计算该联合装置所有物料碳足迹，其中苯碳足迹为 1127$kgCO_2/t$，对二甲苯为 1039$kgCO_2/t$，抽余油为 1166$kgCO_2/t$。

将上述各装置碳足迹计算结果(包括原材料排放碳足迹和能耗排放碳足迹)汇总，如图 3-6 所示。

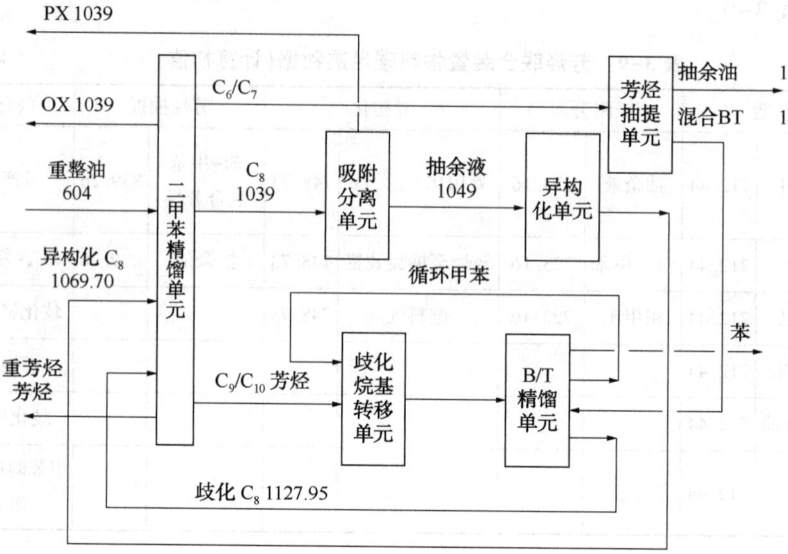

图 3-5 对二甲苯碳足迹结果图(单位：$kgCO_2/t$)

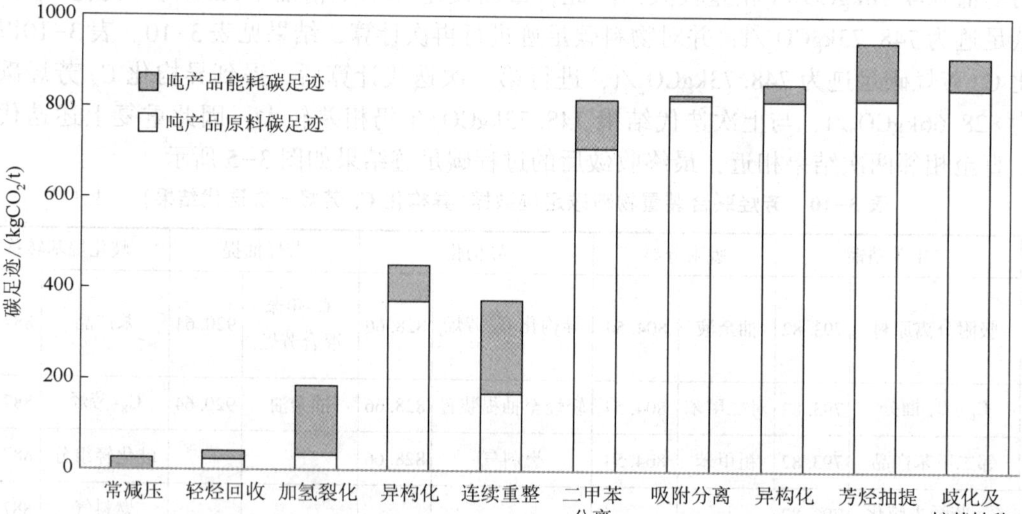

图 3-6 对二甲苯原料获取和生产阶段各装置碳足迹汇总

由图 3-6 可知，异构化装置的原料碳排放最高，异构化装置的原料来自连续重整预加氢单元的拔头油，由于连续重整装置能耗较高(设计能耗 116kgEO/t)，因此连续重整装置产品碳足迹中能耗碳排放量较大，导致预加氢拔头油碳足迹为 374.61$kgCO_2/t$；同时异构化装置处于芳烃联合装置流程的相对末端位置，从常减压装置、轻烃回收装置、加氢裂化装置等能耗产生的碳排放均已计入产品当中，这些产品均作为原料进入异构化装置。

由图 3-6 可知，能耗排放对产品碳足迹影响较大，做好装置的节能工作是降低产品碳足迹的基础。分装置来看，连续重整装置的能耗排放最大，因此降低该装置的能耗对减少炼油部脱戊烷油产品的碳足迹具有重要作用，图 3-7 表明了该装置能耗变化对产品碳足迹的影响。

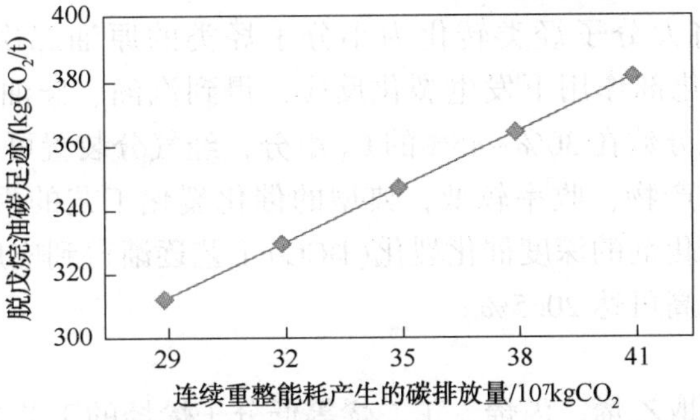

图 3-7 连续重整能耗碳排放量对脱戊烷油碳足迹的影响

由图 3-7 可知，随着连续重整能耗增加，脱戊烷油碳足迹增加，由目前的 $39.9\times10^7 kgCO_2$ 降低到 $29.0\times10^7 kgCO_2$ 时，脱戊烷油的碳足迹可以由 $374.61kgCO_2/t$ 降低到 $311.89kgCO_2/t$。

三、聚丙烯碳足迹比较

聚丙烯(PP)是由丙烯单体聚合而成的热塑性树脂，具有良好的热性能和机械性能，其密度小、绝缘性好、抗冲能力强、无毒无味、易于回收与再利用，因此应用广泛。近年来，随着我国经济的快速发展，聚丙烯的生产能力和消费量持续上升，根据统计数据显示，2020 年中国聚丙烯产量约在 2600 万 t，进口量超过 400 万 t，并且存在约 35 万 t 的出口量，2020 年我国的聚丙烯消费规模约在 2900 万 t。

聚丙烯主要用于生产编织、注塑、薄膜和纤维制品，图 3-8 为我国聚丙烯消费结构示意。随着我国经济发展模式的变化，聚丙烯下游的消费结构也在不断发生变化，尤其电子商务的广泛应用导致快递和外卖行业崛起，使得透明聚丙烯专用料和薄壁注塑料需求量增多。

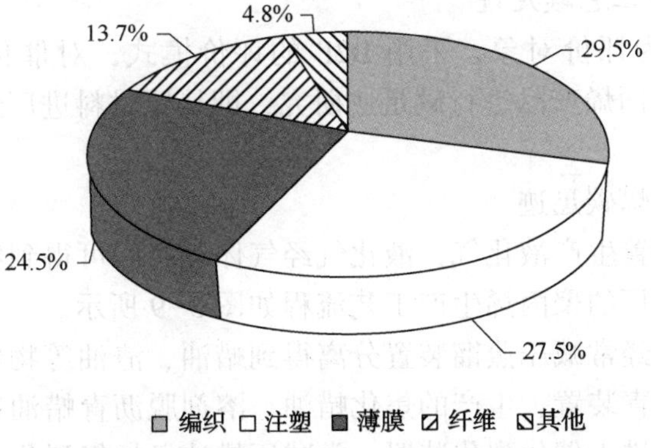

图 3-8 2018 年我国聚丙烯消费结构示意图

生产聚丙烯的基本原料为丙烯，2019 年，我国丙烯的总产能为 39.6Mt，产量为 33.6Mt，分别占全球的 27.0%、27.2%。丙烯的生产工艺包括催化裂化、蒸汽裂解以及近年来兴起的 MTO 和丙烷脱氢工艺。

（1）催化裂化

催化裂化是一种将大分子烃类转化为小分子烃类的原油二次加工工艺。重质油在450~500℃的高温和催化剂作用下发生裂化反应，得到汽油、柴油和液化石油气等产物。液化石油气中含有体积分数在30%~45%的C_3组分，经气分装置可以分离得到丙烯。丙烯作为催化裂化工艺的副产物，收率较低，典型的催化裂化工艺的丙烯收率仅为5%~8%。近年来，采用分子筛催化剂的深度催化裂化(DCC)工艺逐渐得到应用，该工艺有效地提高了丙烯选择性，产率最高可达20.5%。

（2）蒸汽裂解

蒸汽裂解是一种制取乙烯、丙烯、丁二烯等低分子烯烃的工艺方法。石油烃类原料和水蒸气在裂解炉炉管内被加热至750~900℃后发生裂解反应，裂解产物经急冷、深冷分离(-100℃以下)等过程，获得各种裂解产品。蒸汽裂解工艺的主要产物为乙烯，丙烯为反应的副产物，原料的相对分子质量越大，丙烯的收率越高。

（3）煤制烯烃(MTO)

MTO是一种以煤为原料合成甲醇，并通过甲醇制取乙烯、丙烯等烯烃的工艺过程，包括煤气化、合成气净化、甲醇合成及甲醇制烯烃4个过程。煤制烯烃工艺可以减少我国对石油的过度依赖，具有较好的经济效益。

（4）丙烷脱氢

丙烷脱氢是一种以丙烷为原料，通过催化反应脱氢制丙烯的工艺过程，该反应为强吸热的可逆反应，高温和低压条件有利于提高丙烯收率。丙烷脱氢工艺的原料及产品相对单一，近年来该工艺技术不断革新，其产能持续扩张。

由此可见，聚丙烯原料获取过程的工艺路线多样、资源种类较多，催化裂化与蒸汽裂解工艺是以石油为原料，MTO工艺以煤炭为原料，丙烷脱氢工艺主要以非炼油厂高纯丙烷为原料。应用生命周期方法研究不同原料来源的聚丙烯碳足迹，可以对比不同资源聚丙烯的碳排放，对实现各类资源开发利用过程的碳减排具有重要指导意义。

1. 不同聚丙烯生产工艺碳足迹

以1t聚丙烯产品为评价对象，采用B2B的评价模式，对催化裂化、炼化一体化和MTO 3种工艺路线的聚丙烯产品进行碳足迹研究，即从原材料进厂经各工艺环节加工至产品出厂为止。

（1）催化裂化聚丙烯碳足迹

炼油厂催化裂化装置生产液化气，液化气经气体分离后可得到纯丙烯，再经聚合可生产聚丙烯产品，某炼油厂的聚丙烯生产工艺流程如图3-9所示。

在该流程中，原油经常减压蒸馏装置分离得到蜡油、渣油等物料。其中，渣油进入延迟焦化装置、溶剂脱沥青装置，生产的焦化蜡油、溶剂脱沥青蜡油连同常减压渣油进入渣油加氢装置，经加氢后进入催化裂化装置；常减压蜡油经加氢裂化装置生成的冷蜡也进入催化裂化装置。催化裂化装置生产的催化液化气进入气分装置，经分离得到纯丙烯，之后进入聚丙烯装置聚合生成聚丙烯。

聚丙烯产品的碳足迹需要按照物料的流程逐一进行物料平衡、排放清单、排放分配等计算。以催化裂化装置为例，其物料平衡见表3-11。

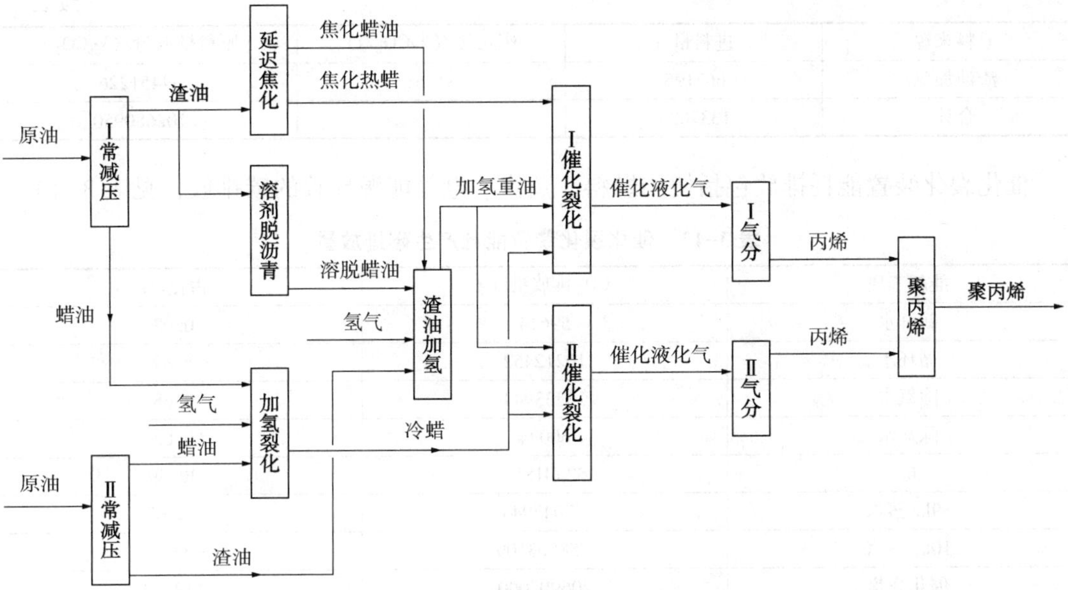

图 3-9　催化裂化聚丙烯生产流程示意图

表 3-11　催化裂化装置物料平衡表　　t

原料	数量	产出	数量
冷蜡油	400189	催化汽油	683965
1#常热蜡油	138217	催化加氢料	255668
焦化热蜡油	8633	气分原料	170633
加氢重油	667195	干气	48817
1#常-常重	4362	烧焦	79580
轻污油	76013	油浆	67814
重污油	3952	液氨	11060
轻烃	39133	轻污油	2435
		酸性气	15985
		损失	173.7
合计	1337694	合计	1337694

催化裂化装置的原料来源涉及常减压蒸馏装置、延迟焦化装置、加氢裂化装置和渣油加氢装置，催化裂化装置原料碳排放主要由上游装置碳足迹计算得到，其原料碳足迹数据见表 3-12。

表 3-12　催化裂化装置原料带入排放

原料来源	进料量/t	碳足迹/($kgCO_2$/t)	原料排放量/($kgCO_2$)
常减压蒸馏	261677	23.02	6022968
延迟焦化	8633	82.46	711911
加氢裂化	400189	103.69	41494845

续表

原料来源	进料量/t	碳足迹/($kgCO_2$/t)	原料排放量/($kgCO_2$)
渣油加氢	667195	81.61	54451226
合计	1337694		102680950

催化裂化装置能耗排放包括使用燃料、蒸汽、电等能源导致的碳排放，见表 3-13。

表 3-13　催化裂化装置能耗产生碳排放量

能耗工质	CO_2排放量/kg	占比/%
新鲜水	59614	0.03
循环水	10212452	5.89
除氧水	13333944	7.68
除盐水	60094	0.03
电	52901859	30.49
39kg 蒸汽	-7047944	-4.07
10kg 蒸汽	-58563109	-33.75
催化烧焦	206908000	119.23
热进(出)料/kgEO	-44333554	-25.55
合计	173531356	99.98

由表 3-12 和表 3-13，可计算催化裂化装置的产品碳足迹=(102680950+173531356)÷1337694≈206.48$kgCO_2$/t

按照上述方法对该炼厂聚丙烯生产过程的各装置进行计算，得到聚丙烯产品碳足迹结果为 611.40$kgCO_2$/t，各环节的碳足迹如图 3-10 所示。

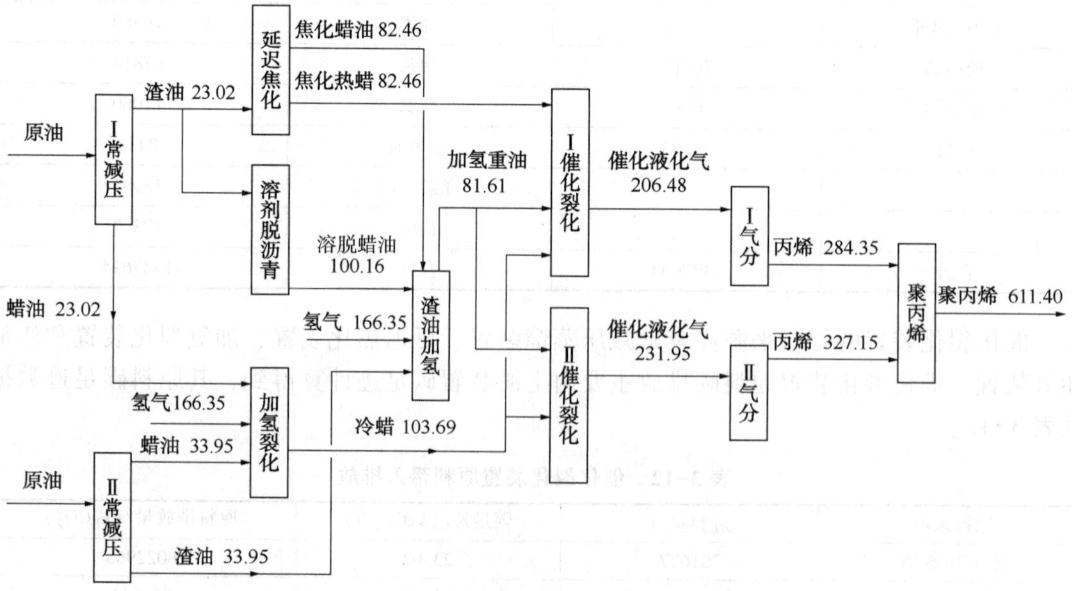

图 3-10　催化裂化聚丙烯产品碳足迹结果图(单位：$kgCO_2$/t)

（2）炼化一体化聚丙烯碳足迹

炼化一体化企业的聚丙烯原料——丙烯的生产主要由蒸汽裂解和催化裂化两部分构成，其中催化裂化丙烯的生产与纯炼油企业相似；蒸汽裂解丙烯由蒸汽裂解装置副产得到，蒸汽裂解装置的原料主要由炼油生产过程制取，以某炼化企业为例，其生产工艺流程如图 3-11 所示。

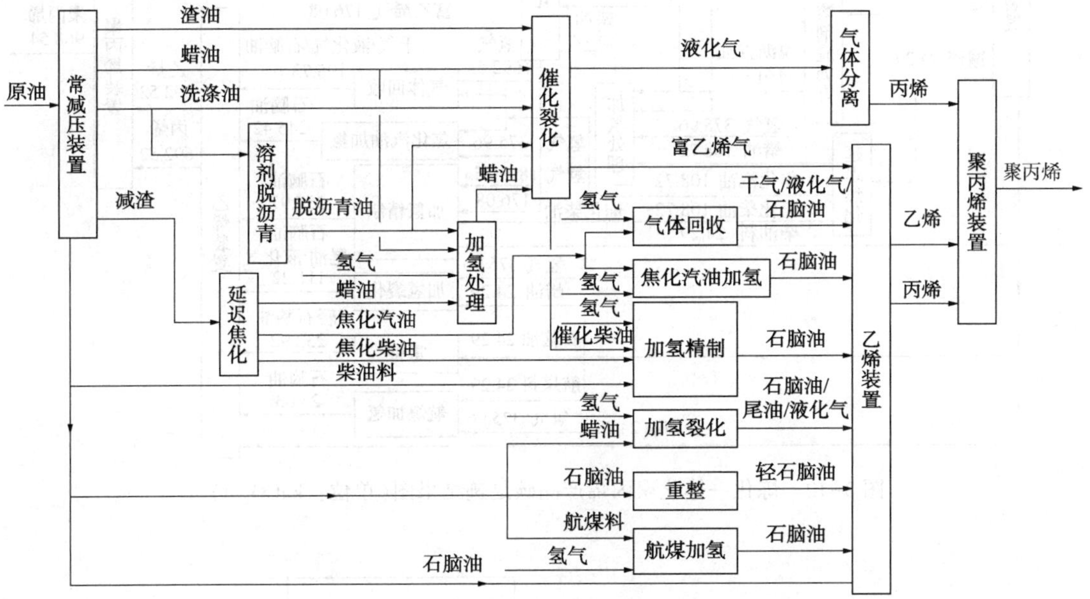

图 3-11 炼化一体化工艺制聚丙烯生产流程示意图

在该流程中，原油经常减压蒸馏装置分离得到石脑油、蜡油、渣油和洗涤油等物料。其中，渣油和洗涤油经延迟焦化装置和溶脱装置生产的焦化蜡油连同脱沥青油进入加氢处理装置，生产的蜡油进入催化裂化装置，产生富乙烯气；常减压蜡油、石脑油连同焦化汽油、柴油和催化柴油经加氢后生产干气、液化气和石脑油；上述裂解原料经蒸汽裂解装置加工可得到乙烯和丙烯。

催化裂化装置生产的液化气经气分装置生产纯丙烯，与蒸汽裂解装置产生的丙烯共同进入聚丙烯装置进行聚合，得到聚丙烯产品。

按照碳足迹计算方法，对上述过程的各装置碳排放进行逐一计算，得到聚丙烯产品的碳足迹结果为 968.54kgCO_2/t，各环节的碳足迹结果如图 3-12 所示。

（3）MTO 聚丙烯碳足迹

MTO 聚丙烯以煤为原料，通过煤制取甲醇后经 MTO 生产丙烯，某 MTO 企业聚丙烯的生产工艺流程如图 3-13 所示。

在该流程中，空气经空分装置生产纯氧作为煤气化剂，氧气和原料煤进入气化-净化装置生产甲醇合成气。甲醇合成气经甲醇合成装置生产 MTO 级甲醇，后经 MTO 装置生产乙烯、丙烯、混合碳四、混合碳五等产品。其中，乙烯和丙烯进入聚丙烯装置进行聚合，混合碳四和混合碳五进入 OCC Olefins Catalytic Cracking 装置和 MTBE 装置进一步加工。

按照碳足迹核算方法对各装置的 CO_2 排放逐一计算，得到聚丙烯产品的碳足迹结果为

5979.42kgCO_2/t，各环节的碳足迹如图 3-14 所示。

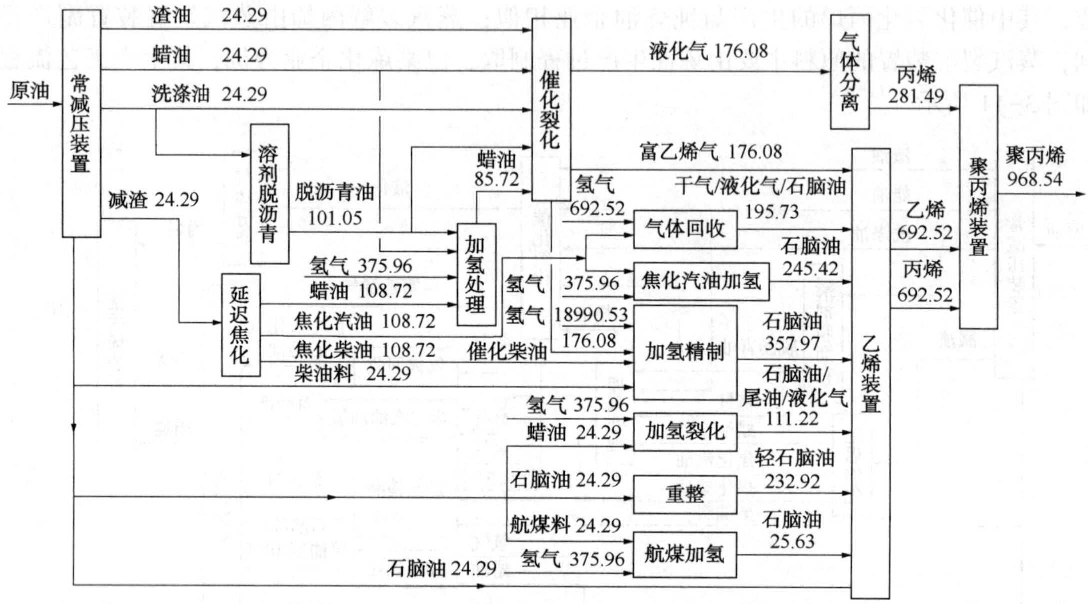

图 3-12　炼化一体化聚丙烯产品碳足迹结果图（单位：kgCO_2/t）

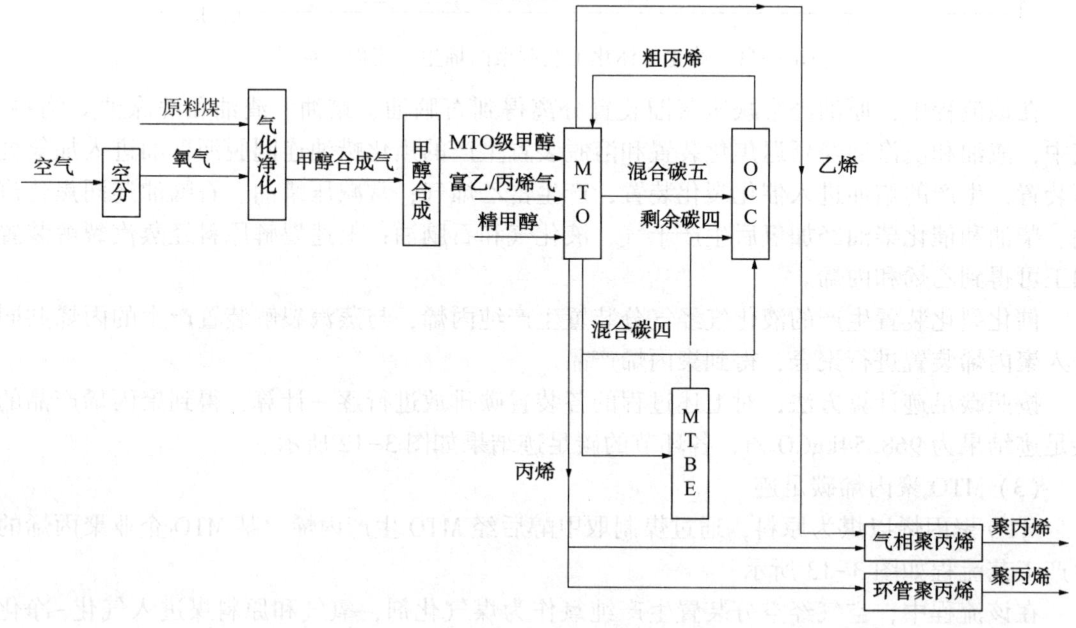

图 3-13　MTO 工艺制聚丙烯生产流程图

2. 结果对比

对上述催化裂化、炼化一体化和 MTO 3 种聚丙烯生产路线的碳足迹数据进行对比，结果见表 3-14。

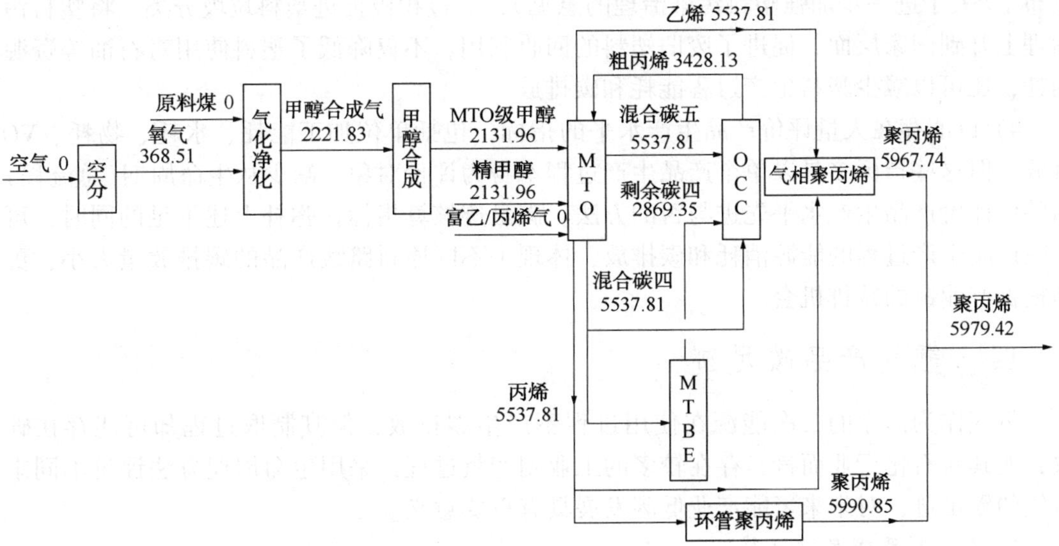

图 3-14 MTO 聚丙烯产品碳足迹结果图(单位：$kgCO_2/t$)

表 3-14 聚丙烯工艺碳足迹对比

序号	工艺名称	聚丙烯碳足迹/($kgCO_2/t$)
1	催化裂化	611.40
2	炼化一体化	968.54
3	MTO	5979.42

由表 3-14 可得，催化裂化工艺制聚丙烯的碳足迹值最小，为 611.40$kgCO_2/t$，炼化一体化聚丙烯碳足迹工艺次之，为 968.54$kgCO_2/t$，MTO 工艺的碳足迹最大，达到 5979.42$kgCO_2/t$。从炼化一体化聚丙烯产品碳足迹结果中可以看出，炼油丙烯的碳足迹值为 281.49$kgCO_2/t$，蒸汽裂解丙烯的碳足迹值为 692.52$kgCO_2/t$，蒸汽裂解工艺制丙烯的碳足迹较大。

3. 结论及建议

1）三种工艺生产聚丙烯的碳足迹：MTO>炼化一体化>催化裂化。催化裂化生产丙烯的工艺流程相对简单，涉及的装置较少，碳足迹值最小；炼化一体化生产丙烯的来源包括催化裂化和蒸汽裂解，其中，蒸汽裂解工艺的碳足迹值较大；MTO 工艺中的 MTO 装置能源排放值较大，且该装置的出方物料有 57% 的损失值(包括 MTO 净化水和过滤废水)，MTO 装置的碳足迹值较大，优化 MTO 装置乙烯与丙烯来源对聚丙烯生产阶段碳减排具有重要意义。

2）碳足迹评价易于引导产品从资源获取的源头开展低碳改进。对石化产品开展碳足迹评价，不仅考虑聚丙烯产业链各环节的碳排放，同时可以对比不同来源聚丙烯产品的碳排放，通过碳足迹评价及标识，消费者可以对市场上流通的各种原料路线的聚丙烯产品进行对比，引导全社会降低聚丙烯产品消耗的碳排放。

3）聚丙烯作为重要的塑料材料之一，2020 年 1 月国家发展改革委和生态环境部联合发布了《关于进一步加强塑料污染治理的意见》，通过积极推进塑料垃圾分类，将塑料污染治理上升到国家层面，促进了废旧塑料的回收利用，不仅降低了塑料使用对石油等资源的消耗，还可以减少塑料生产过程能耗和碳排放。

4）目前存在大量评价产品生产水平的指标，包括单位加工能耗、水耗、物耗、VOCs排放，但这些指标多是以单个产品生产过程本身为评价对象，缺少从生命周期(总流程)视角整体评价产品生产水平先进与否的方法。碳足迹核算指标在弥补上述不足的同时，可以反映产品生产过程的能源消耗和碳排放，体现了不同原料路线产品的碳排放量大小，更容易挖掘产业链的减排机会。

四、氢气产品碳足迹

氢气作为洁净的二次能源在使用过程不产生碳排放，但其制取过程却可能存在碳排放，尤其对石化行业而言，存在较多的工业副产氢过程，采用生命周期方法评价不同来源氢气的碳足迹，对未来氢能产业低碳发展具有重要意义。

1. 不同制氢碳足迹计算

(1) 天然气制氢

天然气制氢工艺主要包括蒸汽转化法(SRM)、部分氧化法(POM)和自热重整(ATR)3种，其中蒸汽转化法是大规模工业应用的主要方法。

蒸汽转化法是在催化剂存在及高温条件下，使甲烷等烃类与水蒸气发生重整反应，生成 H_2、CO 等混合气体，该反应是强吸热反应，需要外界供热(天然气燃烧)。其主反应如下式所述。

$$CH_4+H_2O \longrightarrow CO+3H_2 \quad \Delta H_{298}=206\text{kJ/mol} \tag{3-2}$$

$$CO+H_2O \xrightarrow{\text{高温+三氧化二铁催化}} CO_2+H_2 \tag{3-3}$$

其主要工艺流程包括：天然气的预处理，甲烷和水蒸气在转化炉中反应生成一氧化碳和氢气等；经余热回收后，在变换塔中，一氧化碳和水蒸气反应生成二氧化碳和氢气，如图 3-15 所示。

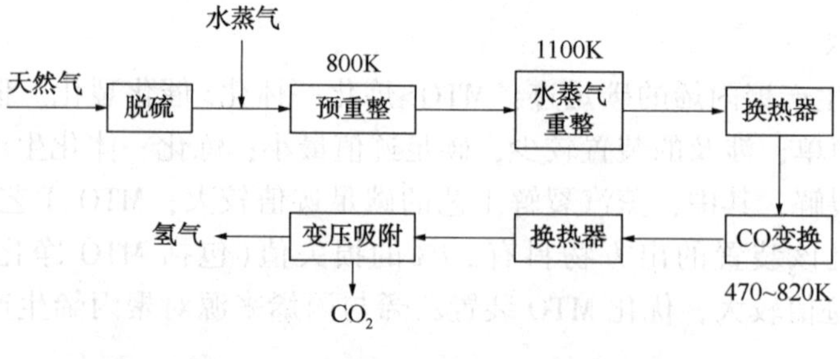

图 3-15　甲烷蒸汽重整制氢工艺流程

天然气制氢过程的二氧化碳排放主要包括消耗天然气、蒸汽、电力等能源产生的排放、制氢工艺副产二氧化碳排放等。

表 3-15 列出了某天然气制氢装置某年份的物料平衡，该装置投入天然气 1.87 万 t，产出氢气 1.1 万 t，自产燃料气 2.15 万 t。

表 3-15 某天然气制氢装置物料平衡 t

入方		出方	
天然气	18682	氢气	11459
净化瓦斯	16036.51	损失	1734.6
		自产燃料气	21524.91
合计	34718.51	合计	34718.51

该制氢装置的工艺排放主要是 PSA 单元的脱附气，脱附气中含有 CO_2、H_2 等组分，为回收可燃组分能量，脱附气会作为自产燃料气。由工艺排放的计算方法可计算该制氢装置的工艺排放为 88348.37tCO_2；该装置能源消耗产生的 CO_2排放为 26959.45tCO_2，其结果见表 3-16。

表 3-16 某天然气制氢装置能耗碳排放量

能耗工质	单位	能耗消耗量	排放量/tCO_2
循环水	t	4188132	1249.96
除盐水	t	248772	1706.58
电	kW · h	9605512	9989.73
1.0MPa 蒸汽	t	-33485	-7595.19
0.35MPa 蒸汽	t	-22682	-4467.86
燃料干气	t	9842	26076.23
合计			26959.45

由表 3-16 可知，天然气制氢装置的 H_2碳排放强度

$$=(88348.37+26959.45)\div 11459\approx 10.063\text{t } CO_2/tH_2$$

由以上计算可知，天然气制氢的碳足迹为 10.063tCO_2/t。

(2) 煤制氢

煤制氢工艺过程是通过煤炭的高温气化生成合成气(H_2+CO)，CO 与水蒸气经变换生成 H_2+CO_2，并经酸性气体(CO_2+SO_2)脱除和氢气提纯等环节，得到不同纯度的氢气，其反应原理参见式(3-4)与式(3-5)。

$$C+H_2O \longrightarrow CO+H_2 \tag{3-4}$$

$$CO+H_2O \longrightarrow CO_2+H_2 \tag{3-5}$$

典型煤制氢工艺流程如图 3-16 所示。

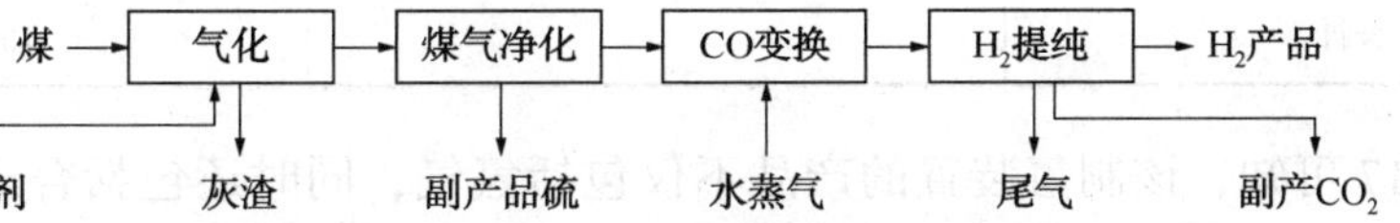

图 3-16 煤气化制氢工艺流程

煤制氢技术路线成熟，是当前成本最低的制氢方式。表 3-17 列出某 10×10^4Nm^3/h 煤制氢装置某年份的物料平衡，该年份内该装置的氢气产量为 7.4 万 t，其中 CO_2回收量达

到 11.2 万 t。

表 3-17　某 $10\times10^4Nm^3/h$ 煤制氢装置物料平衡表 t

投入		产出	
原料煤	684331.12	氢气	74277.03
氧气	536025.25	合成气	59673.68
		酸性气产量	3294
		CO_2产品量	112211.67
		粗煤渣	48666
		细煤渣	26240
		含氨污水	28762
		工艺废水	781355
		损失	85877
合计	1220356.37	合计	1220356.38

注：原料煤含碳量 69.53%，煤渣含碳 36.06%，煤饼 33.86%，石油焦 89.22%。

其中该表中所列的 CO_2是捕集后用于销售的统计量，该部分 CO_2排放量不包括在工艺排放中。

该装置碳排放来源包括工艺排放和能源消耗排放。由该装置物料平衡表，计算可得煤制氢装置的 CO_2工艺排放量

$=(684331.12\times69.53\%-48666\times36.06\%-26240\times33.86\%)\times44/12-112211.67=1535520.88t$

该装置能源消耗产生的 CO_2排放量可以依据装置能源消耗量与对应碳排放因子计算，其总量为 $159299.71tCO_2$，结果见表 3-18。

表 3-18　煤制氢装置能耗及碳排放量 t

耗能工质	消耗量	CO_2排放量
新鲜水	73998	33.30
循环水	155509441	46652.83
除盐水	1722035	11813.16
电	74370421	77345.24
输入 39kg 蒸汽	168899	44359.63
输入 10kg 蒸汽	216528	49112.88
输出 3.5kg 蒸汽	-355454	-70017.33
合计		159299.71

由表 3-17 可知，该制氢装置的产品不仅包括氢气，同时还包括合成气和回收的 CO_2产品，为了仅研究产氢过程碳排放，产品产量可仅考虑氢气部分，即

煤制氢过程的氢气碳排放 $=(1535520.88+159299.71)\div74277.03\approx22.818tCO_2/tH_2$

由表 3-17 可知，该装置回收 CO_2量达 112211.67t，若回收部分 CO_2对外排放，则

煤制氢装置制取吨氢的 CO_2排放量 $=(1694820.59+112211.67)\div74277.03\approx24.328tCO_2/tH_2$

因此煤制氢过程的碳足迹为 24. 328tCO_2/tH_2。

(3) 重整副产氢

催化重整是将 $C_6 \sim C_8$ 石脑油在一定操作条件和催化剂作用下，进行环烷脱氢、异构化等多种反应，使环烷烃和部分烷烃转化成芳烃，同时副产氢气。催化重整是炼化行业生产高辛烷值汽油和轻质芳烃的重要过程，其副产氢气的纯度高，是炼厂加氢过程的重要氢气来源。

某石化企业重整装置的物料平衡见表 3-19。

表 3-19 某重整装置物料平衡 t

项目	物料	数据
入方	石脑油组分	745655. 7
	加裂重石脑油	278404. 7
	重整氢气	2800. 1
	合计	1026860. 5
出方	干气	1459. 7
	液化气	20548. 3
	戊烷油	23751. 6
	重整汽油	570363. 6
	重整氢气	60178
	C_6 馏分油	175403
	重污油	2613
	燃料气	21
	C_{11} 芳烃	6597
	C_9/C_{10} 芳烃	163895
	损失	2030. 3
	合计	1026860. 4

由表 3-19 可知，该重整装置投入的原料包括石脑油组分、加裂重石脑油和重整氢气。该重整装置的碳排放量主要由能源消耗所致，其计算结果见表 3-20。

表 3-20 某重整装置碳排放量

能耗工质	消耗量	碳排放量/t
循环水/t	8708144	2598. 96
除盐水/t	247029	1695. 71
电/(kW · h)	67709031	70525. 73
39kg 蒸汽/t	-115138	-30239. 59
10kg 蒸汽/t	-115919	-26293. 16
燃料干气/t	47767	126557. 71
热进(出)料/kgEO	-826482	-3008. 39
合计		141836. 97

该重整装置的原料碳排放可以由炼油厂总加工流程计算，石脑油组分主要来源于 1# 蒸馏装置、3# 蒸馏装置的初常顶油，只经过蒸馏工序，其碳排放强度为 0. 031tCO_2/t，加裂重石脑油来源于加氢裂化装置，其经过的加工工序和环节较多，其碳排放强度为 0. 256tCO_2/t。

原料获取过程和重整生产过程的碳排放量，采用质量分配法，可计算重整副产氢气碳排放强度=(745655.7×0.031+278404.7×0.256+141836.97)÷1026860.5=0.230tCO_2/tH_2

由以上计算可知，重整副产氢的碳足迹为0.230tCO_2/tH_2，其中包括原料带入排放和能源消耗排放。

(4) 乙烯副产氢

烃类裂解生产乙烯过程的副产氢气，是石油化工企业重要的氢源，副产氢气的纯度主要取决于深冷分离系统和回收工艺的操作，通过采用变压吸附(PSA)方法净化氢气，可获得99.99%纯度的氢气产品。

某石化企业乙烯裂解装置的物料平衡见表3-21。

表3-21 某石化企业半年度乙烯裂解装置物料平衡表 t

进料	原料量	出料	产量
轻裂解料	344373	乙烯	400168.743
加氢尾油	223820	丙烯	186013
轻烃裂解料	53392	C_4	118453
轻石脑油	515342	乙烯裂解汽油	212446
其他	52672	甲烷氢	139460
		氢气	18670
		其他	114388
合计	1189599	合计	1189599

乙烯裂解装置原料生产过程碳排放可以由上游工艺装置计算，结果见表3-22。

表3-22 乙烯裂解装置原料碳足迹

进料	原料量/t	碳足迹/(kgCO_2/t)	碳排放/kgCO_2
轻裂解料	344373	27.18	9360058
加氢尾油	223820	101.27	22666251
轻烃裂解料	53392	243.99	13027114
轻石脑油	515342	46.55	23989170
其他	52672	46.55	2451882

由表3-22可计算原料碳足迹合计为71494475kgCO_2乙烯裂解原料中，轻裂解料主要由常减压装置得到，其加工流程短，碳足迹较低；轻烃裂解料则是催化裂化装置C_3组分，其碳排放较高；轻石脑油包括重整装置石脑油和外购部分，其碳足迹最低。该裂解装置能源消耗及产生的碳排放见表3-23。

表3-23 乙烯裂解装置碳排放量

能耗工质	单位	消耗量	碳排放量/kgCO_2
新鲜水	t	31446	14077.68
除盐水	t	106011	727701.48

续表

能耗工质	单位	消耗量	碳排放量/$kgCO_2$
除氧水	t	1719787	47221196.01
循环水	t	189065887	56427092.11
凝结水	t	1599292	17421884.2
电	kW·h	44060156	36865132.53
高压蒸汽	t	744266	203861223.45
0.3MPa 蒸汽	t	143350	28236842.17
1.0MPa 蒸汽	t	764	173293.17
1.5MPa 蒸汽	t	-600263	-136153766.59
氮气	t	16892	7562.18
净化风	万 Nm^3	4344	492.66
非净化风	万 Nm^3	18100	1512.55
燃料气	t	179548	475709696.9
合计			730513940.49

由上述过程，按照质量分配法计算

乙烯裂解装置副产氢气碳足迹=(730513940.49+71494475)÷1189599=0.674tCO_2/tH_2

(5) 乙苯脱氢

乙苯脱氢是生产苯乙烯最主要的工业方法，其过程会副产氢气，其反应方程式如下：

$$C_6H_5CH_2CH_3 \longrightarrow C_6H_5CH=CH_2+H_2$$

$$\Delta H^{\ominus}=1176kJ/(g\cdot mol)$$

采用 LCA 方法计算氢气产品碳排放，需要考虑原材料生产环节的排放量，某企业乙苯脱氢装置的物料平衡见表 3-24。

表 3-24 乙苯脱氢装置物料平衡表 t

投入		产出	
乙烯	22102	SM 废液	2756
苯	62504	氢气	1381
乙苯	10970	干气	1425
PS 废液	514	苯乙烯	88307
		焦油	907
		损失	1314
合计	96090	合计	96090

由表 3-24 可知，生产苯乙烯的原料包括苯、乙烯、乙苯(PS 废液占比较小，可忽略)；苯乙烯装置产品包括氢气、干气、苯乙烯和焦油等。

该企业乙烯和苯生产过程会产生碳排放，依据其总流程可计算苯碳排放为 1.23tCO_2/t，乙烯为 0.68tCO_2/t。乙苯脱氢过程的 CO_2 排放主要由能源使用导致，其 CO_2 排放量见表 3-25。

表 3-25 乙苯脱氢装置能耗使用产生的碳排放

序号	能耗工质	单位	能源消耗	碳排放量/t
1	干气	t	14046	37213.50
2	PSA 尾气	t	4042	6756.70
3	0.3MPa 蒸汽	t	-88810	-17493.65
4	电	kW·h	14957700	13400.60
5	循环水	t	13543245	4042.01
6	新鲜水	t	1346	0.60
7	除盐水	t	106113	728.40
8	净化压缩空气	m^3	1211582	137.41
9	氮气	m^3	436454	195.39
10				44980.96

采用质量分配法，可计算乙苯脱氢装置副产氢的碳排放强度

=(原材料带入排放+装置能耗排放)/装置产品量

=(1.23×62504+0.68×22102+44980.97+1.23×10970)÷92020

≈1.634tCO_2/tH_2

由以上计算可知，苯乙烯副产氢的碳足迹为1.634tCO_2/tH_2，该装置碳排放来源包括原材料带入排放和能源消耗排放。

(6) 丙烷脱氢

丙烷脱氢制丙烯(PDH)是丙烷在催化剂作用下脱氢产生丙烯，主反应式如下：

$$C_3H_8 \longrightarrow C_3H_6+H_2$$

$$\Delta H_{R,25℃}=124.3kJ/(g\cdot mol)$$

此反应为强吸热反应，需要外界供入热量。丙烷脱氢的进料单一，产品除丙烯外，可副产氢气。某60万t/a丙烷脱氢装置物料平衡见表3-26。

表 3-26 某 60 万 t/a 丙烷脱氢装置物料平衡表 t/h

序号	进料		出料	
1	FCC 气分丙烷	19	丙烯	75
2	乙烯裂解丙烷	,6	含氢气体	6.17
3	DCC 气分丙烷	26	富乙烷气	4.9
4	进口丙烷	37.6	C_4 组分	3.2
5	PSA 氢气	0.68		
6	合计	89.28	合计	89.27

其能源消耗产生的碳排放，计算结果见表3-27。

表 3-27 某 60 万 t/a 丙烷脱氢装置碳排放

序号	工质	单位	数量	碳排放量/($kgCO_2$/h)
1	电	kW	13710	12282. 8
2	燃料气	t/h	9. 581	25384. 7
3	4. 0MP 蒸汽	t/h	303. 74	79774. 3
4	1. 0MP 蒸汽	t/h	0. 33	74. 9
5	0. 5MP 蒸汽	t/h	-68. 5	-13492. 4
6	循环水	t/h	10593. 8	3161. 2
7	除盐水	t/h	49. 15	328. 3
8	除氧水	t/h	38. 2	1049. 0
9	凝结水	t/h	272. 9	2971. 9
10	净化空气	Nm^3/h	2800	317. 5
11	合计			111852. 2

由表 3-26 和表 3-27 可知

丙烷脱氢过程副产氢的碳足迹 = 111. 8522÷89. 27≈1. 253tCO_2/tH_2

2. 结果对比

通过对上述制氢及副产氢过程碳排放核算，可对比天然气制氢、煤制氢、苯乙烯副产氢、重整副产氢等不同制氢过程的碳足迹，结果见表 3-28。

表 3-28 不同制氢过程的碳足迹

序号	制氢工艺	碳足迹/(tCO_2/tH_2)
1	天然气制氢	10. 063
2	煤制氢	24. 328
3	重整副产氢	0. 230
4	乙烯副产氢	0. 675
5	乙苯脱氢	1. 634
6	丙烷脱氢	1. 253

由表 3-28 可以看出，化石能源制氢总体比工业过程副产氢的碳足迹高，其中煤制氢碳足迹最高，重整副产氢碳足迹最低，为 0. 230tCO_2/tH_2，天然气制氢仅次于煤制氢，其碳足迹为 10. 063tCO_2/tH_2。苯乙烯副产氢和氯碱副产氢碳足迹相近，分别为 1. 634tCO_2/tH_2 和 1. 775tCO_2/tH_2。制氢过程碳足迹与制氢原料种类、制氢方式和制氢技术路线有着密切关系，以煤为原料制氢过程中，煤中的氢含量较低，因此需要通过煤炭输入能量，将水中氢分解出来，因此其碳排放较高；而天然气制氢则可以以自身含有的氢元素产生氢气；对重整副产氢而言，由于氢气在重整产物的占比较小，因此分配的碳排放量较低。在选择制氢路径时，需综合考虑不同制氢路线的碳排放强度。

3. 结论及建议

1）按照 B2B 生命周期方法，考虑制氢过程原材料获取排放、工艺排放和能源消耗排放，核算不同制氢及副产氢过程碳足迹，其中煤制氢碳足迹最高，副产氢碳足迹相比化石能源制氢要低。

2）上述核算过程是按照质量分配法将碳排放在副产氢与工艺主产品之间分配，由于氢气的密度低、单位质量能量含量高，而制氢过程碳排放主要是由能源转化为能量过程导致，而质量分配法并不能体现生产过程的能量使用去向，因此，如何在分配方法中体现能量的利用去向，对准确评价制氢过程碳足迹具有重要意义。

第二节　炼油厂全产品碳足迹

石油炼制过程的产品多数为烃类构成的油品，其物性之间的差别较小，因此应用质量分配法进行碳排放分配，可以简化碳足迹评价的过程。对于炼厂整体进行碳足迹评价需要根据各工艺装置的物料平衡和总加工流程梳理全厂产品的构成来源，并根据炼油厂整体投入产出进行校核。

一、炼油厂物料平衡

某炼油厂 2021 年加工原油 12890127t，外购原料 1786120t，合计 14676247t，包括由烯烃部供入的乙烯裂解汽油 609443t，外购原料汇总结果见表 3-29。

表 3-29　外购原料表(原油除外)

序号	外购原料	数量/t
1	外购石脑油(C_5、C_6 轻石脑油)	713560
2	外购裂解汽油(抽提料)	609443
3	外购天然气	130509
4	外购抽余油	126935
5	外购芳烃氢气	57086
6	外购乙烯氢气	55518
7	外购乙烯 MTBE	55225
8	外购蜡油	23137
9	裂解重馏分	7689
10	外购回收火炬气	3686
11	外购乙烯甲烷	2632
12	异丁烷	384
13	外购饱和液化气	316
14	合计	1786120

该炼油厂产品合计量 13993173t，包括干气、商品液化气、白油等 22 种产品，结果见表 3-30。

表 3-30 炼油厂主要产品产量表 t

序号	产品	数量	序号	产品	数量
1	干气	287591	13	石油焦	802402
2	商品液化气	563495	14	沥青	81362
3	汽油	2890255	15	硫黄	235159
4	煤油	1274788	16	苯	350014
5	柴油	1801122	17	混二甲苯	174927
6	炼油石脑油	3755961	18	甲苯	171670
7	裂化尾油	834087	19	丙烯	262712
8	AGO 油	118839	20	丙烷	122178
9	白油	193336	21	C_9 芳烃	11468
10	裂解料	21469	22	商品燃料油	814
11	异辛烷	13762			
12	C_{10}重芳烃	25762		合计	13993173

表 3-29 中外购原料及原油合计量 14676247t 与产品总量 13993173t，相差 683074t，其中包括催化烧焦 289027t、自用干气以及加工损失等。表 3-30 中的各产品均是由炼厂各主要工艺装置生产得到，其加工流程如下。

1）干气和商品液化气主要由全厂各工艺装置生产的干气，经脱硫制硫装置脱除 H_2S 后得到，部分液化气产品来源于催化裂化液化气经气分装置分离的 C_4、烷基化 C_4 和重整液化气。

2）AGO 油主要由加氢精制喷气燃料调和得到；白油主要由加氢后柴油调和得到。

3）异辛烷由烷基化装置生产；沥青由加氢渣油调和得到；石油焦主要由延迟焦化装置生产。

4）苯、甲苯、混合二甲苯、C_9 重芳烃、碳九芳烃主要由催化重整和抽提装置生产，其中催化重整抽提装置包含两系列抽提分别处理重整 C_6/C_7 馏分油和乙烯 C_6/C_7 馏分油。

5）丙烷、丙烯由催化裂化液化气进入气分装置生产。

6）硫黄主要由全厂含硫干气在脱硫制硫装置生产得到。

7）裂解料、燃料油主要由渣油和油浆调和而成。

由表 3-30 可知，该炼油厂生产商品液化气、石脑油、汽油、柴油、煤油、石油焦和裂化尾油产量均超过 50 万 t，七者合计 11922110t，占炼油厂产品总量的 89.7%。其中生产汽油 289 万 t、柴油 180 万 t、喷气燃料 127 万 t，其生产流程如图 3-17 和图 3-18 所示。

由图 3-17 和图 3-18 可知，该炼油厂的减压渣油进入延迟焦化和渣油加氢装置处理，同时催化裂化装置的油浆返回延迟焦化处理，柴油返回渣油加氢装置处理，3# 柴油加氢的精制柴油返回催化裂化装置加工。该炼油厂主要工艺装置的物料平衡见表 3-31～表 3-43。

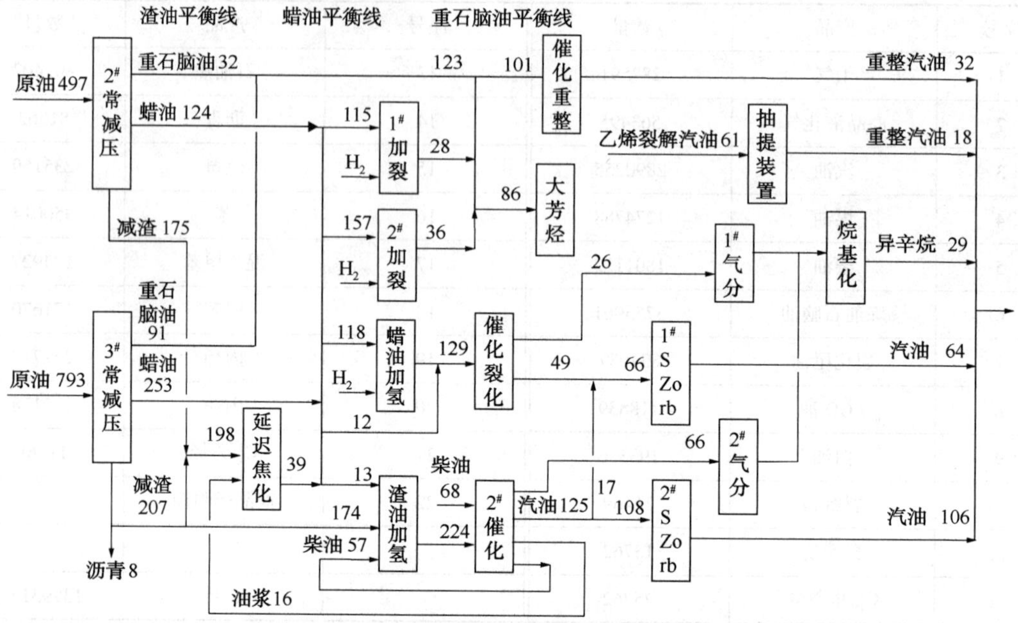

图 3-17 汽油产品生产流程图(单位：万 t/a)

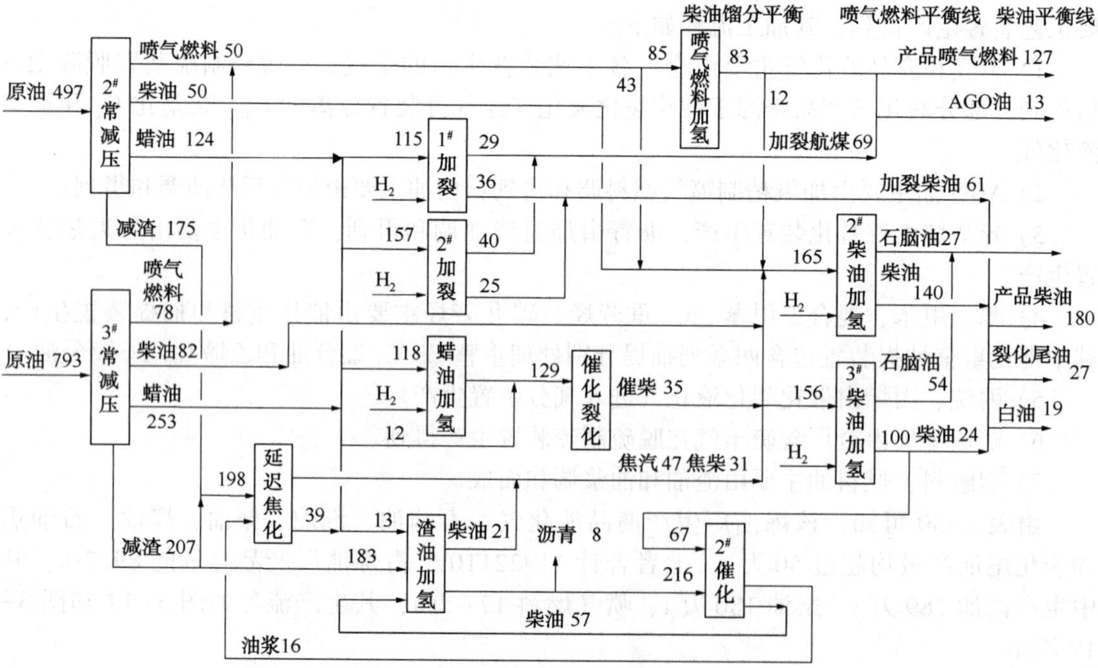

图 3-18 喷气燃料和柴油产品生产流程图(单位：万 t/a)

表 3-31 3[#]常减压装置物料平衡 t

项目	物料	数量
投入原料	原油	7936715
	合计	7936715
产出产品	三顶瓦斯	81096
	液化气	111541
	轻石脑油	624791
	重石脑油	914431
	喷气燃料	781155
	柴油	821153
	蜡油	2530410
	渣油	2065804
	污油	4600
	损失	1734
	合计	7936715

表 3-32 2[#]常减压装置物料平衡 t

项目	物料	数量
投入原料	原油	4969098
	合计	4969098
产出产品	三顶瓦斯	57093
	液化气	37893
	轻石脑油	539700
	重石脑油	322051
	煤油	498204
	柴油	501330
	乙烯裂解料	21469
	蜡油	1240332
	渣油	1746319
	污油	1100
	损失	3607
	合计	4969098

表 3-33 延迟焦化装置物料平衡 t

项目	物料	数量
投入原料	减压渣油	1985195
	油浆	161469
	合计	2146664
产出产品	干气	92132
	液化气	79016
	汽油	470111
	柴油	309679
	蜡油	387409
	污油	4150
	石油焦	802402
	损失	1765
	合计	2146664

表 3-34　蜡油加氢装置物料平衡　t

项目	物料	数量
投入原料	焦化蜡油、直馏蜡油	1186542
	氢气	29449
	合计	1215991
产出产品	干气	37278
	加氢蜡油	1169370
	污油	6710
	损失	2633
	合计	1215991

表 3-35　130 万 t/a 催化裂化装置物料平衡　t

项目	物料	数量
投入原料	加氢蜡油	1169370
	焦蜡、直蜡	126255
	合计	1295625
产出产品	干气	86888
	液化气	263854
	汽油	486422
	柴油	353489
	油浆	41860
	烧焦	62095
	损失	1017
	合计	1295625

表 3-36　1#加氢裂化装置物料平衡　t

项目	物料	数量
投入原料	直馏蜡油	1146611
	氢气	43171
	合计	1189782
产出产品	干气	27943
	液化气	23666
	轻石脑油	46742
	重石脑油	283864
	喷气燃料	294244
	柴油	359750
	污油	6030
	未转化油	146378
	损失	1165
	合计	1189782

表 3-37　2#加氢裂化装置物料平衡　　t

项目	物料	数量
投入原料	3#蒸馏蜡油	1569773
	氢气	52987
	合计	1622760
产出产品	干气	24650
	液化气	65329
	轻石脑油	90331
	重石脑油	357875
	喷气燃料	403144
	柴油	252572
	污油	14100
	未转化油	413573
	损失	1185
	合计	1622760

表 3-38　喷气燃料加氢装置物料平衡　　t

项目	物料	数量
投入原料	直馏喷气燃料	859967
	氢气	3250
	合计	863217
产出产品	气体	24524
	喷气燃料	836212
	损失	2480
	合计	863217

表 3-39　2#柴油加氢装置物料平衡　　t

项目	物料	数量
投入原料	直馏柴油、焦化柴油	1650710
	氢气	43955
	合计	1694665
产出产品	气体	17935
	石脑油	267434
	柴油	1403114
	污油	3700
	损失	2482
	合计	1694665

注：加工直馏柴油、焦化石脑油、焦化柴油的混合油。

表 3-40　催化重整装置物料平衡

t

项目	物料	数量
投入原料	2#加裂、3#蒸馏石脑油	1017018
	合计	1017018
产出产品	气体	7949
	纯氢	78482
	石脑油	27511
	液化气	40954
	重整汽油	322419
	重整抽余油	168489
	苯	57144
	混合二甲苯	154566
	甲苯	132203
	污油	803
	柴油	23921
	损失	2578
	合计	1017018

表 3-41　3#柴油加氢装置物料平衡

t

项目	物料	数量
投入原料	焦化柴油、直馏柴油	1559290
	氢气	25688
	合计	1584978
产出产品	气体	35472
	石脑油	541963
	柴油	1002274
	污油	3550
	损失	1719
	合计	1584978

注：3#柴油加氢装置以直馏柴油、焦化石脑油、焦化柴油、喷气燃料的混合油为原料。

表 3-42　渣油加氢装置物料平衡

t

项目	物料	数量
投入原料	2#催化柴油	649227
	直馏蜡油	128970
	渣油	1745566
	氢气	35705
	合计	2559468
产出产品	干气	72181
	污油	1000
	石脑油	34398
	柴油	210338
	渣油	2238550
	损失	3002
	合计	2559469

表 3-43　2#催化裂化装置物料平衡　t

项目	物料	数量
投入原料	加氢渣油	2238550
	3#柴加柴油	675547
	合计	2914097
产出产品	干气	87133
	液化气	656143
	汽油	1245512
	柴油	573436
	污油	3230
	油浆	119609
	烧焦	226932
	损失	2103
	合计	2914098

由上述物料平衡可知，该炼油厂常减压装置合计生产渣油量＝2065804＋1746319＝3812123t，其中 1985195t 进入延迟焦化装置加工，1745566t 进入渣油加氢装置加工，调入沥青产品 81362t；常减压装置合计产出蜡油量＝2530410＋1240332＝3770742t，同时延迟焦化装置产蜡油 387409t，上述蜡油分别进入 1#加氢裂化、2#加氢裂化、蜡油加氢、1#催化裂化和渣油加氢，蜡油平衡见表 3-44。

表 3-44　蜡油馏分平衡表　t

产出		消耗	
3#常减压	2530410	1#加裂	1146611
2#常减压	1240332	2#加裂	1569773
延迟焦化	387409	蜡油加氢	1186542
		1#催化	126255
		渣油加氢	128970
合计	4158151	合计	4158151

由工艺装置物料平衡可以得到各产品的馏分构成。

1. 汽油

该炼油厂汽油主要由催化裂化装置汽油经 S Zorb 装置处理后的汽油、催化重整汽油、抽余油、烷基化汽油（异辛烷）和外购 MTBE 等组分构成，该炼油厂汽油总产量 2890255t，其调和构成表见表 3-45。

表 3-45　汽油调和构成表

序号	调和构成	数量/t
1	1#S Zorb 汽油	641441
2	2#S Zorb 汽油	1064184
3	重整汽油	322419
4	抽提重整汽油	185051
5	烷基化	293519

续表

序号	调和构成	数量/t
6	重整抽余油	168489
7	抽提抽余油	53019
8	外购 MTBE	55225
9	外购抽余油	126945
10	汽油调和组分合计	2910292
11	库存	41452
12	产量	2868840

2. 喷气燃料馏分及产品

该炼油厂喷气燃料主要由常减压直馏喷气燃料经加氢后的精制喷气燃料以及直馏蜡油经加氢裂化装置加工后的加裂喷气燃料构成。直馏喷气燃料产量为 781155＋498204＝1279359t，其中 852199t 进入喷气燃料加氢装置加工，498204t 进入柴油加氢装置。产品喷气燃料的馏分包括喷气燃料加氢的精制喷气燃料和加氢裂化喷气燃料，合计 1526241t，其中生产喷气燃料产品 1274788t，其余喷气燃料馏分中 116740t 进入柴油加氢装置，134713t 调 AGO 油，喷气燃料馏分及产品构成见表 3-46。

表 3-46　喷气燃料馏分及产品构成　t

喷气燃料馏分		产品	
喷气燃料加氢	828853	喷气燃料产品	1274788
1#加裂装置	294244	柴油加氢	116740
2#加裂装置	403144	AGO 油	134713
合计	1526241	合计	1526241

3. 柴油与裂化尾油

柴油产品主要由柴油加氢后的精制柴油构成，柴油加氢装置的原料来源包括常减压直馏柴油、催化裂化柴油、延迟焦化汽油和柴油、渣油加氢柴油和加氢喷气燃料等，其平衡见表 3-47。

表 3-47　柴油馏分平衡表　t

产出柴油馏分		投入加工原料	
3#常减压	821153	2#柴油加氢	1650710
2#常减压	501330	3#柴油加氢	1559290
焦化柴油	309679		
焦化汽油	470111		
1#催化柴油	353489		
渣加柴油	210338		
直馏喷气燃料	427160		
加氢喷气燃料	116740		
合计	3210000	合计	3210000

由表 3-47 可知柴油加氢装置的原料柴油合计 3210000t，耗氢 69642t，由柴油装置物料平衡表 3-39 和表 3-41 可知，2 套柴油加氢装置合计生产精制柴油 2405387t、石脑油

809397t，其中3#柴油加氢装置的675547t加氢柴油进入2#催化裂化，则精制柴油馏分量=2405387−675547=1729840t。

同时加氢裂化装置也生产柴油馏分612322t。上述柴油馏分(合计=1729840+612322=2342162t)共生产柴油产品1801122t，生产白油产品193336t，调入裂化尾油274136t，其平衡见表3-48。

表3-48 产品柴油构成表 t

产出		投入	
2#柴油加氢	1403114	柴油产品量	1801122
3#柴油加氢	326727	调入裂化尾油	274136
1#加裂柴油	359750	加裂柴油调白油	193336
2#加裂柴油	252572	库存	73569
合计	2342163	合计	2342163

裂化尾油产品来自1#加氢裂化装置、2#加氢裂化装置和柴油加氢装置，裂化尾油构成见表3-49。

表3-49 裂化尾油构成表 t

产出装置	产出量
1#加裂	146378
2#加裂	413573
加氢柴油	274136
合计	834087

4. 化工轻油

化工轻油包括轻石脑油和重石脑油，轻石脑油全部供出炼油厂作乙烯裂解料，其来源见表3-50。

表3-50 轻石脑油平衡 t

项目	物料	数量
产出	2#常减压	539700
	3#常减压	624791
	1#加裂	46742
	2#加裂	90331
	2#柴油	267434
	3#柴油	541963
	重整石脑油	27511
	渣加石脑油	34398
	转供外购轻石脑油	713560
	合计	2886430
消耗	供出炼油厂	2886430
	合计	2886430

重石脑油主要由常减压装置和加氢裂化装置生产，合计1878221t，其中1017018t送入催化重整装置，809123t送出炼油厂供入芳烃，52080t供出他用，其平衡见表3-51。

表 3-51 重石脑油平衡

t

项目	物料	数量	项目	物料	数量
产出	2#常减压	322051	消耗	催化重整	1017018
	3#常减压	914431		供入大芳烃	809123
	1#加裂	283864		外供	52080
	2#加裂	357875		合计	1878221
	合计	1878221			

由表 3-51 可知，该炼油厂合计供出轻石脑油和重石脑油量 = 2886430+809123+52080 = 3747633t，与产品统计量 3755961t 基本相符。

5. 干气/液化气平衡

该炼油厂各装置干气经脱硫后进入 C_2 回收装置生产富 C_2 气，液化气经气分得到丙烯、丙烷和丁烷，丁烷进入烷基化装置，其处理流程如图 3-19 所示。

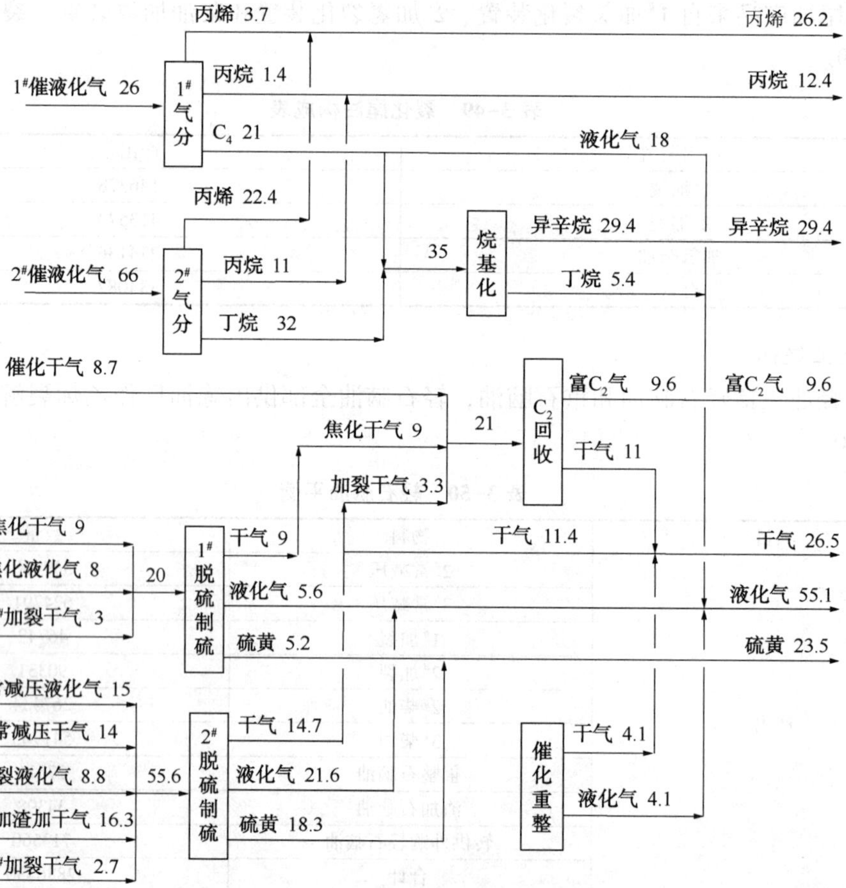

图 3-19 干气、液化气处理流程图(单位：万 t)

由图 3-19 可知，该炼油厂 2 套催化裂化装置的液化气进入气分装置分离得到丙烯，剩余 C_4 组分共计 210626+326180 = 536806t，其中 354218t 进入烷基化装置，剩余 536806-354218 = 182588t 调入液化气。焦化液化气、常减压液化气和加氢裂化液化气进入脱硫制硫装置共生产液化气=55821+216091=271912t，烷基化装置副产 C_4 组分 54460t，液化气平衡见表 3-52。

表 3-52　液化气平衡表

液化气组分	数量/t
气分 C_4	182588
脱硫制硫液化气	271912
烷基化 C_4	54460
催化重整液化气	40954
合计	549914

二、产品碳足迹

由工艺装置的能源消耗量可计算其碳排放量，结果见表 3-53。

表 3-53　工艺装置碳排放量　　$kgCO_2$

装置	碳排放量	装置	碳排放量
2#常减压	115643414	渣油加氢	181118648
3#常减压	209447498	蜡油加氢	31719586
2#催化	348573427	抽提	217739891
1#催化	247191999	连续重整	291711042
焦化	197134823	1#制氢	63698003
1#S Zorb	14182558	2#制氢	448144339
2#S Zorb	26543522	氢气提纯	18943901
2#柴加	71511996	PSA	12551374
3#柴加	71300543	气分	35892937
喷气燃料加氢	9959529	2#气分	103719118
1#加裂	133894675	烷基化	180731587
2#加裂	128793163	合计	3160147573

由物料平衡和工艺装置碳排放量，可以计算该炼油厂不同来源的柴油馏分、裂化尾油馏分、喷气燃料馏分、汽油馏分、石脑油馏分碳足迹数据，结果见表 3-54～表 3-58。

表 3-54　汽油馏分碳足迹

汽油组分	产量/t	碳足迹/($kgCO_2$/t)	碳排放量/$kgCO_2$
1#S Zorb	641441	325.54	208814703
2#S Zorb	1064184	347.33	369623029
重整汽油	322419	372.48	120094629
抽提重整汽油	185051	357.28	66115021
烷基化	293519	967.35	283935605
重整抽余油	221508	372.48	82507300
外购 MTBE	55225	967.35	53421904
外购抽余油	126935	372.48	47280749
加权碳足迹		423.25	
合计	2910282		1231792939

表 3-55　喷气燃料馏分碳足迹

喷气燃料构成	产量/t	碳足迹/($kgCO_2$/t)	碳排放量/$kgCO_2$
喷气燃料加氢	828853	68.40	56693545
1#加裂	294244	224.25	65984217
2#加裂	403144	183.27	73884201
加权碳足迹		128.79	0
合计	1526241	604.71	196561963

表 3-56　柴油馏分碳足迹

柴油构成	产量/t	碳足迹/($kgCO_2$/t)	碳排放量/$kgCO_2$
2#柴油加氢	1403114	179.88	252392146
3#柴油加氢	245365	162.47	39864452
1#加裂产柴油	359750	207.24	74554590
2#加裂产柴油	252572	207.24	52343021
加权碳足迹		185.40	
合计	2260801	942.23	419154209

表 3-57　轻石脑油碳足迹

产出	产量/t	碳足迹/($kgCO_2$/t)	碳排放量/$kgCO_2$
2#常减压	539700	23.27	12558819
3#常减压	624791	26.39	16458234
1#加裂	46742	224.25	10481894
2#加裂	90331	183.27	16554962
2#柴油	267434	179.88	48106028
3#柴油	541963	162.47	88052729
重整石脑油	27511	372.48	10247297
渣加石脑油	34398	199.00	6845202
转供外购轻石脑油	713560	372.48	265786829
加权碳足迹		164.60	
合计	2886430	1908.09	475121994

表 3-58　重石脑油碳足迹

产出	产量/t	碳足迹/($kgCO_2$/t)	碳排放量/$kgCO_2$
2#常减压	322051	23.27	7494127
3#常减压	914431	26.39	24131834
1#加裂	283864	224.25	63656502
2#加裂	357875	183.27	65587751
加权碳足迹		85.65	
小计	1878221	542.83	160870214

石脑油碳足迹可由轻、重石脑油两种产品加权得到，见表 3-59。

表 3-59　石脑油馏分碳足迹

石脑油构成	产量/t	碳足迹/($kgCO_2$/t)	碳排放量/$kgCO_2$
轻石脑油	2886430	164.60	475106378
重石脑油	861203	85.65	73762036.95

续表

石脑油构成	产量/t	碳足迹/($kgCO_2$/t)	碳排放量/$kgCO_2$
加权碳足迹		146.46	
合计	3747633	396.71	548868415

由表 3-48 可知，柴油馏分除生产柴油产品，还调入裂化尾油 27 万 t，生产白油 19 万 t，由于调入裂化尾油的柴油无法区分具体来源，则可认为其碳足迹值为加权碳足迹值，由此可汇总计算裂化尾油碳足迹，见表 3-60。

表 3-60　裂化尾油馏分碳足迹

产出装置	产量/t	碳足迹/($kgCO_2$/t)	碳排放量/$kgCO_2$
1#加裂	146378	224.25	32825267
2#加裂	413573	183.27	75795524
柴油调入裂化尾油	274136	185.40	50524814
加权碳足迹		191.16	
合计	834087	784.08	159445605

三、结果汇总与分析

由上述过程，可得到炼油厂主要产品碳足迹，结果见表 3-61，图 3-20 和图 3-21 表示了汽油产品、柴油产品和喷气燃料产品碳足迹。

表 3-61　炼油厂主要产品碳足迹

序号	产品	产量/t	碳足迹/($kgCO_2$/t)	碳排放/t
1	干气	287591	26.39	7589.44
2	商品液化气	563495	183.27	103274.27
3	汽油	2890255	423.25	1223310.33
4	煤油	1274788	128.79	164179.16
5	柴油	1801122	185.40	333925.96
6	炼油石脑油	3755961	146.46	550102.37
7	裂化尾油	834087	191.16	159447.10
8	AGO 油	118839	185.40	22032.61
9	白油	193336	185.40	35844.27
10	裂解料	21469	83.85	1800.18
11	异辛烷	13762	967.35	13312.65
12	C_{10}重芳烃	25762		
13	石油焦	802402	115.38	92577.98
14	沥青	81362	199.00	16191.05
15	硫黄	235159		
16	苯	350014	372.48	130373.19
17	混合二甲苯	174927	372.48	65156.79
18	甲苯	171670	372.48	63943.63
19	丙烯	262712	471.68	123915.66
20	丙烷	122178	471.68	57628.76
21	C_9 芳烃	11468	372.48	4271.60
22	商品燃料油	814		
23	合计	13993173		3168876.99

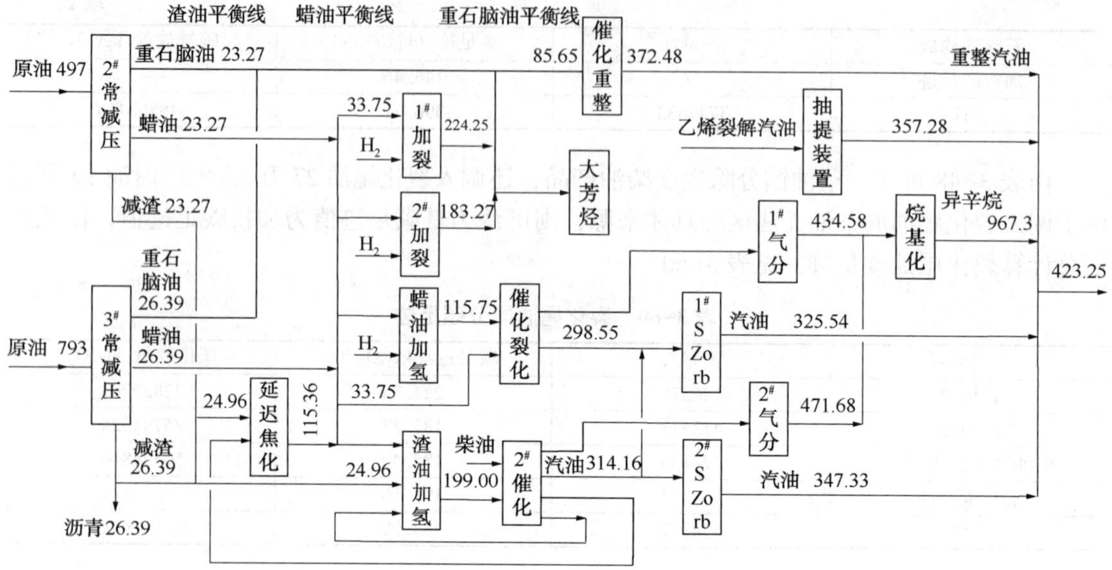

图 3-20 汽油产品碳足迹图(单位：$kgCO_2/t$)

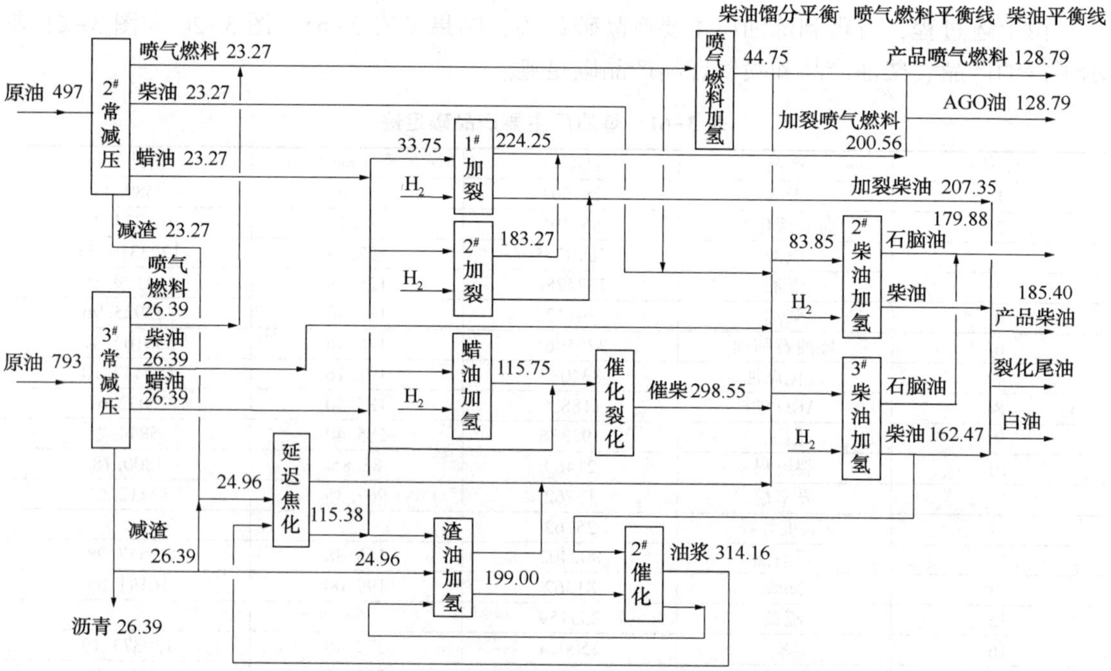

图 3-21 柴油产品和喷气燃料碳足迹图(单位：$kgCO_2/t$)

对比表 3-53 和表 3-61 可以发现，碳足迹计算过程涉及的工艺装置合计碳排放量 316.0 万 t，与由产品产量和产品碳足迹计算的排放总量 316.9 万 t 基本一致，说明上述核算过程的排放源已按照质量规则分配到各主要产品当中。需要说明的是，由于炼油厂工艺装置当中还包括硫黄回收、溶剂再生、酸性水汽提等，而上述计算仅针对炼油厂主要工艺产品，因此并未包括上述装置碳排放，相应也缺少硫黄等产品的碳足迹数据。

第三节　石化相关产业碳足迹

采用质量分配碳排放的评价方法，不仅适用于石化产品本身，对石化相关产业也具有借鉴意义。石化产业以原油、天然气为原料，其上游产业包括油气生产及原油的运输等环节，下游涵盖产业较多，其中成品油输送环节通常为石化产业运营控制，开展石化相关产业的碳足迹评价可以为石化产品碳足迹评价提供所需原料的碳足迹数据。

一、原油生产

1. 油气田开发与采油工艺

油气田的开发过程一般包括勘探、产能建设和油气开采等 3 个阶段。勘探和产能建设(包括石油工程和地面工程)属于固定资产的投资过程，且其碳排放量较小，通常在碳足迹评价中不予考虑；原油碳足迹主要涉及油气开采过程。根据油层能量补充和人工注入介质的不同，采油方式可分为一次、二次及三次。一次采油是仅依靠天然能量来开采原油，其采收率一般仅为 10%~20%；二次采油通过向油层中注水或注气(汽)，不断补充地层岩石和流体弹性能量，其采收率一般为 30%~40%；三次采油是通过注入流体或热量，改善油、气、水及岩石之间的性能，用这种物理、化学方法来驱替油层中的剩余油，其采收率一般为 50%~70%。原油注水开发包括注水、油藏和举升 3 个系统，油藏是注水开发过程的重要环节，关联着注水和举升系统。在油田开发过程中，原油中的含水量不断增大，需要投入较多的能量进行原油的脱水工艺，这个过程往往在联合站的集输系统完成，其过程如图 3-22所示。

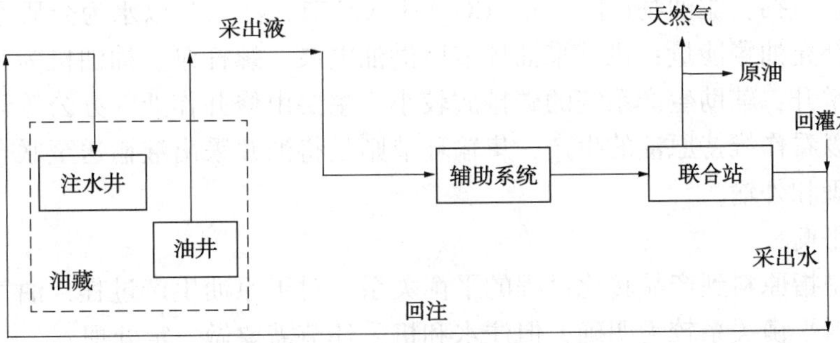

图 3-22　注水采油工艺示意图

1）注水是油田开发过程中向地层补充能量、提高油田采收率的重要手段之一，注水系统主要由电机、注水泵、管网、配水间、增注泵、配水阀组、注水井等构成，其中注水泵和管网导致的能量损失是注水环节碳排放的重要来源。应用采出水作为注水可以降低注水环节的水耗。对于稠油的开采通常需要注蒸汽进行热力开采，所用蒸汽多是利用油田伴生气生产，因此，注气环节也会产生碳排放。

2）机械采油是对不能自喷的油井，依靠人工从地面向井内补充能量，从而将原油举升到地面的采油方法。目前以游梁式抽油机深井泵的应用最为广泛，主要由抽油机、抽油杆和抽油泵组成。

3）油气集输主要在联合站内完成，联合站是油田原油集输和处理的中枢，通常设有输油、脱水、污水处理、化验、变电、锅炉等生产设施，承担原油脱水（净化油含水0.5%）、原油稳定、原油储存外运、污水处理、公用工程等功能，进行商品原油的外输。油井采出液输送到联合站的方式包括管道和汽车运输等，在单个油井采出液（单拉井）配置拉油点，主要承担尚未建成至联合站集输管线区域井场的拉油任务，采用罐车拉运；各拉油点由地面罐、加热炉、装车鹤管等构成。油田采出水输送至联合站经脱水处理，达标后回注地下。

4）辅助生产系统，包括修井作业、办公及供配电等环节。

油田企业的采油厂会设立管理矿区维护油井和注水井生产，设立油气集输管理中心负责采油厂联合站和油气集输生产，单个联合站通常会对多达几十口油井采出液进行集中处理，因此，由注水井、油井、集输管线和联合站构成的注入、机械采油和集输环节是原油开采与生产的基本单元流程，在该单元流程内不同碳排放源的生产功能具有一定组合性，而不同采油厂作为在不同区块进行油气生产的组织机构其功能具有相似性，因此按照不同功能的碳排放源进行碳足迹评价体现了产品获取过程的碳排放代价。

2. 碳足迹核算方法

碳足迹评价的对象是以获取单位功能产品所产生的碳排放量，对原油生产过程，其功能单位为生产单位重量原油，碳排放包括原料带入排放、能源消耗排放以及工艺排放，对于原油生产过程其碳足迹核算可按以下过程进行。

（1）构建单元流程

碳足迹评价以客户（销售至下游油库）获取的产品为追溯起点，建立原油的单元流程，包括注水、机械采油、油气集输、污水处理等过程。

其生产过程包括：驱油物（水、气、CO_2）注入环节，注水是以水为介质通过高压泵将水注入地层，补充油藏能量；机械采油环节以潜油电泵、螺杆泵、抽油机为举升设施完成地层油气水的举升；辅助生产系统的碳排放较小，主要由修井作业、办公等环节产生，其投入和产出可以看作维持原油的生产；集输环节则是将油井采出液输送至联合站并进行油气水分离、处理和外输。

（2）物料平衡

物料平衡是指原料到产品转化过程的平衡关系，对于原油生产过程，油气集输和油水分离过程的物料平衡关系较为明确，但注水和机采环节需要做一定处理。

油气生产作为资源开采行业虽然具有生产上的连续性，但与一般流程工业又存在较大差异。一是高含水油田生产过程存在大量采出水、注入水的循环，注水环节的原料投入为水（包括采出水、新鲜水等），该环节的产出则为注入地层的水，水作为注入环节的原料由地面经注水泵注入地下，即完成该环节的生产。这与流程工业中，所处理物料存在显著工艺变化有所不同，注入水的工艺变化是其次的，其主要的变化是实现地面到地层的空间转移。二是机械采油环节生产作用的对象是自然界的地层油藏，而产出物则是包含油气水混合物的采出液，机采环节将地层油气水混合物举升到地面，其投入的原料是地层的油气水混合物，其产出是地面井口的油气水混合物，机械采油过程实现油气水混合物由地层到地面的空间转移。三是驱油物注入环节所注入的驱油物与机采环节的原料并非完全平衡与对应。虽然油田生产过程会通过注水、注蒸汽、注聚合物、注 CO_2 等措施促进原油的开采，但实际注入的水和各种驱油物与地层水和油藏的关系极为复杂，注水环节的产出(即注入地层的各种驱油物与机采环节的原料投入)地层油气水混合物并未有明确的物料上的投入-产出连接关系，需要做一定处理。一方面，由于油田生产过程注入驱油物的作用是维持和补充地层压力，促进原油在地层的流动，其效果是实现压力由注水泵到油井的传递，因此注入水和地层水是机采环节的重要作用对象；另一方面，我国目前大部分油田的含水率超过 70%，部分达到 90%以上，虽然驱油物作为补充地层能量和改善油藏条件的介质并未构成产品的主体，但机采环节在举升地层油水混合物的能耗中，采出水所占比例较大。因此基于上述情况，将原油产量与注入水量作为机采环节的原料投入量，采出液作为机采环节的产出，由此构建不同生产环节的物料连接关系。

(3) 排放清单

原油生产过程的碳排放包括原料排放、辅助材料排放、能源消耗排放以及工艺排放，即：

原油碳足迹=原料排放+辅助材料排放+能源消耗排放+工艺排放

原料排放和辅助材料排放是指原料和辅助材料获取过程产生的碳排放，对原油生产而言，即为注入油井的各种驱油物获取过程的排放，对数量较小同时缺乏数据的聚合物等，可暂时忽略。目前，虽然有各种数据库公布了部分原料和辅助材料的碳排放因子，但这些数据多属于行业级数据，对企业而言依然无法获取具体材料的具体排放数据，应用行业平均数据计算具体企业数据，精细度和准确度并不完全匹配，因此现阶段进行组织盘查基础上的碳足迹评价是较为可行的方法。

能源消耗排放是指原油生产过程中采油泵的电耗、输油管线保温、输油泵电耗等产生的碳排放，可按照能源消耗量与能源介质的碳排放因子计算。

(4) 排放分配

碳足迹评价需要对单元过程的碳排放在共生产品之间分配，其中集输环节产出原油、伴生气和采出水，其碳排放为输油泵和处理设施消耗电力，可按照质量分配原则对碳排放量进行分配。

3. 应用案例

某油田某采油厂年生产原油 167.5 万 t，生产天然气 10231 万 m^3，年注水量 2665.7 万 m^3，能源消耗约合 6.83 万 tEC，油气生产过程包括驱油物注入、油气举升、油气集输、油气处理和污水处理，以该采油厂原油生产过程为例，计算其碳足迹。

(1) 构建单元流程

该采油厂下设 8 个管理区、1 个油气集输管理中心，共有 7 座联合站，生产运行油井 2.4 万口、注水井 1.1 万口，原油生产单元流程如图 3-22 所示。

图 3-22 将该厂所有注水井、油井、联合站归并为一个生产单元，其中联合站是该采油厂原油产品最终的流出环节，同时也是采出液的重要处理环节。

(2) 物料平衡

该采油厂各生产环节物料平衡数据可以由主要生产统计数据计算，见表 3-62。

表 3-62　原油生产环节物料平衡　　t

生产环节	入方		出方	
驱油物注入	采出水	26656790	注水量	26656790
	注蒸汽量	1001	注蒸汽量	1001
机采环节	采出水	25711327	采出液	27468051
	原油	1675200		
	天然气	81524		
辅助环节	采出液	27468051	采出液	27468051
集输环节	采出液	27468051	原油	1675200
			采出水	25792851
			天然气	81524

表 3-62 中，机采环节的采出水由该环节的采出液量与原油和天然气产量差值计算，机采环节原料包括原油、天然气和注水，注水排放因子由注水环节的碳排放计算，而原油和天然气作为油藏自然资源，其排放因子为 0。另外，对比机采环节采出水量和注水环节注水量，其相差 94.5 万 t 即为注入地层而未被采出的水。

（3）排放清单

该采油厂各生产环节碳排放量可以由能源消耗与相应排放因子计算，结果如表 3-63 所示。

表 3-63　原油生产环节碳排放

生产环节	能源介质	单位	耗能量	碳排放量/t
注汽系统	天然气	万 m^3	7.0	151.3
	合计	万 tEC	9.1	151.3
集输系统	天然气	万 m^3	707.42	15294.4
	电	万 kW · h	1368.0	7797.6
	合计	万 tEC	1.09	23092.0
机采系统	电	万 kW · h	26538.0	151266.6
注水系统	电	万 kW · h	15555.0	88663.5
作业、办公及辅助系统	柴油	万 t	0.0113	356.0
	汽油	万 t	0.0193	590.6
	天然气	万 m^3	184.43	3987.4
	电	万 kW · h	908.0	5175.6
	热力	万 tEC	0.16	559.9
	合计	万 tEC	0.56	10669.4
合计		万 tEC	6.83	273842.8

由表 3-63 可知，该采油厂该年份合计约消耗能源 6.83 万 tEC，碳排放量约为 27.38 万 t。

(4) 计算碳足迹

由上述碳排放和物料平衡数据可以计算原油生产过程碳足迹，见表 3-64。

表 3-64 原油生产过程碳足迹

生产环节	产品	产量/万 t	碳足迹/($kgCO_2$/t)
驱油物注入	注入水	2665. 78	3. 332
机采环节	采出液	2746. 81	8. 626
辅助系统环节	采出液	2746. 81	9. 014
集输环节	原油、天然气	175. 67	154. 090

由表 3-64 可以看出，驱油物注入环节、机采环节和辅助系统环节碳足迹均小于 10$kgCO_2$/t，主要原因在于这些生产环节的输出物——产品(完成工业生产)包含大量水，其产量大于 2000 万 t，因此碳足迹并不大，但在集输环节，采出液中的水被分离，产品仅包括原油和天然气，因此其碳足迹出现较大增加，达到 154. 090$kgCO_2$/t，其碳足迹结果如图 3-23 所示。

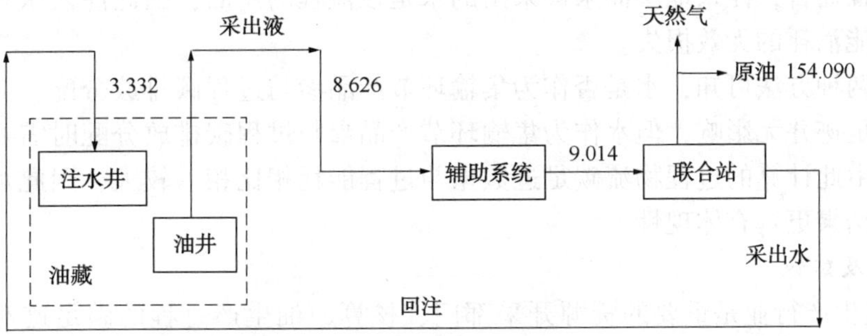

图 3-23 原油生产过程碳足迹结果图(水不作为集输环节产品，单位：$kgCO_2$/t)

由图 3-23 可知，在高含水油田的原油生产过程中，注入水会在注水井→油藏→油井→集输→采出水→注水井的过程中循环往复，对于联合站的油气水分离过程，如果考虑水作为该过程产品，则需要分配该过程的碳排放，并且该碳排放会作为注入环节的原料排放，由此方法计算的原油碳足迹需要对注入水和产出水进行迭代计算，其收敛的结果见表 3-65和图 3-24。

表 3-65 原油生产过程碳足迹

生产环节	产品	产量/万 t	碳足迹/($kgCO_2$/t)
驱油物注入	注入水	2665. 78	157. 422
机采环节	采出液	2746. 81	152. 861
辅助系统环节	采出液	2746. 81	153. 249
集输环节	原油、天然气	175. 67	154. 090

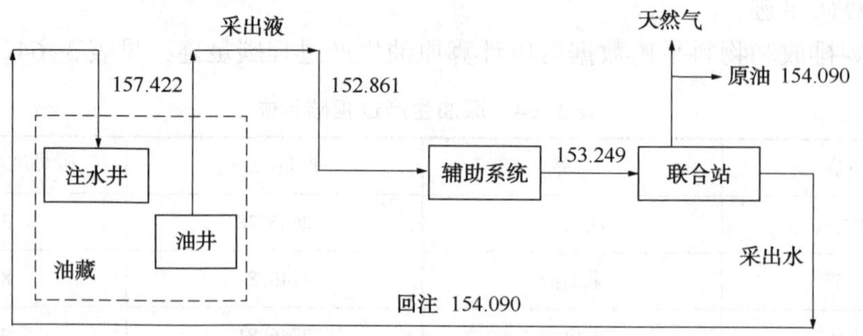

图 3-24　原油生产过程碳足迹结果图(水作为集输环节产品，单位：$kgCO_2/t$)

由图 3-24 可知，机采环节碳足迹要小于注水环节，这主要是由于考虑水作为注入环节输入物的碳足迹后，对于注入地层而未开采出来的水(合计 94.5 万 t)，存在原料损失，由此使得机采环节的采出液碳足迹降低，但该方法与集输环节水不分配碳排放是一致的，两种方法计算的原油产品碳足迹均为 154.090$kgCO_2/t$。但由该采油厂的碳排放量 273842.8t 与油气产量计算的单位油气碳排放强度为 155.885$kgCO_2/t$，与碳足迹略有所不同，这主要是由于注入水携带的碳足迹注入地层后未分配到原油产品，实际对原油生产的基本单元流程而言，注入地层而未被采出的水是该流程的产品，因此注入水未采出会导致注水环节电能消耗的无效损失。

由上述两种方法可知，水是否作为集输环节产品参与过程碳排放分配，对最终计算的油气产品碳足迹并无影响，但水作为集输环节产品参与过程碳排放分配时需要迭代计算碳足迹，同时由此计算的过程物流碳足迹数据与过程能耗相比相差较大，因此水不作为产品分配的评价结果更具有体现性。

4. 结论及建议

1）油气生产行业是重要的资源开采部门，核算原油生产过程的碳足迹对推动石化行业及其下游产业的碳足迹评价、完善全产业链碳足迹评价具有重要意义；同时，产品作为经济体系中连接生产侧和消费端的中间纽带，评价其碳足迹数据对于引导石油石化行业供、需两端的低碳转型具有重要作用。

2）对含水油田而言，由注水井、油井、集输管线和联合站构成的注入、机械采油和集输环节是原油开采与生产的基本单元流程，在该单元流程内不同碳排放源的生产功能具有组合性，以此进行碳足迹评价体现了产品获取过程的碳排放代价。

3）高含水油田生产过程存在大量采出水、注入水的循环，注水环节的原料投入为水(包括采出水、新鲜水等)，该环节的产出则为注入地层的水，水作为注入环节的原料由地面经注水泵注入地下，即完成该环节的生产；机械采油环节生产作用的对象是自然界的地层油藏，该环节将地层油气水混合物举升到地面，其投入的原料是地层的油气水混合物，其产出是地面井口的油气水混合物；虽然驱油物并未构成原油产品的主体，但机采环节在举升地层油水混合物的能耗中，采出水所占比例较大，因此可将原油与注入水作为机采环节的原料投入，采出液作为机采环节的产出，由此构建不同生产环节的物料连接关系。

4）计算某油田某采油厂碳足迹为 154.090 $kgCO_2/t$，对于集输环节水是否进行碳排放分配对该结果并无影响，但不同分配方法对应各生产环节碳足迹会有较大差别。

二、原油管道输送

原油输送是指将原油从生产地点运输到加工或消费地点的过程。根据不同的输送距离和输送方式，可将原油输送分为近距离和远距离输送、陆地和海上输送、管道和船舶输送等多种形式。管道输送主要适用于相对距离较短的连续输送，而船舶输送则适合远距离输送和经常变化的输送路径。

在管道输送中，原油经过一定压力和流量的控制，通过管道到达目的地，管道输送具有输送效率高、安全性高、成本低等优点，但线路较为固定。管道输送过程的碳足迹是原油输送企业为某炼油厂提供原油周转服务的这一“生产”过程的生命周期碳排放，原油管道输送企业的经营活动涉及原油产地和炼油厂的整个周转过程，作业环节较多，服务面较广；同时对于服务行业开展碳足迹的产品形态较为抽象，其评价过程包括建立原油周转路径、计算物料平衡、排放清单、排放分配等。

1. 评价方法

原油输送过程是将原油由港口或产地输送到原油加工企业的过程，原油输送企业提供的产品和服务是原油在输转地之间的周转服务，原油每经过不同的周转地点，即代表企业完成一定的“生产”或“服务”任务，原油由起始地经过不同地点转移，最终到达下游企业的过程即是完成产品或服务生产的全过程。原油输送过程的碳足迹以原油输送企业提供的、到炼厂的原油输送量为基准。

（1）建立原油周转路径图

开展原油输送企业碳足迹核算应首先界定企业的边界范围，识别企业拥有或控制的排放设施；原油管道是完成原油周转过程的主要设施，也是管道输送企业温室气体排放的主要来源，原油管道的起始点和终止点的位置代表原油的输送过程；按照多个原油管道的顺序连接关系可以建立原油周转路径，即原油由产地或起始点经过不同输油管道依次输送到下游企业的周转线路，如图 3-25 所示。

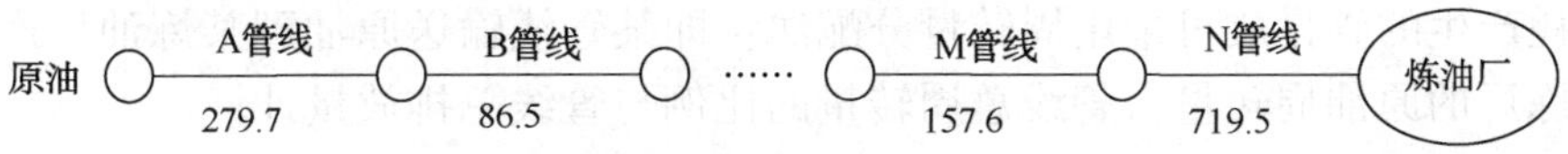

图 3-25　周转路径示意图(单位：km)

管道运输企业输送到某个炼油厂的原油可能包括多个来源，不同来源地的原油到炼油厂的输送路径可能不同，建立原油周转路径图应将某炼油厂所有经过该管道输送企业周转的原油均考虑在内，可以通过原油输送过程的物料平衡进行验证。

（2）物料平衡

原油输送过程的物料平衡是指进入管道输送企业的原油量与经过不同路径周转到下游炼油厂的原油量之间的进出平衡关系，尤其对某个炼油厂存在多个原油来源地，需要逐一列明不同路径的原油输送量。

（3）排放清单分析

原油输送过程的碳排放包括原料带入排放、辅助材料带入排放、能源消耗排放以及工艺排放。

原料带入排放是指原料获取阶段产生的碳排放，对某管段而言即为原油由上游管段输送到该管段起始点所产生的碳排放。

辅助材料带入排放指原油输送过程中所使用的辅助材料生产阶段产生的碳排放，例如添加的减阻剂、清管作业使用的胶球等，辅助材料排放可采用供应商提供的碳排放数据，当使用量相比其他排放量较小时可忽略。

能源消耗排放是指原油输送过程中输油泵站的电耗、管线保温的蒸汽、燃料等能耗工质消耗产生的碳排放，可按照能源消耗量与能源介质的排放因子计算，即：

$$E_{能耗} = \sum AD_i \times EF_i \tag{3-6}$$

式中 $E_{能耗}$——能耗产生的碳排放量，t；

AD_i——第 i 种能耗介质的使用量，t；

EF_i——第 i 种能耗介质的排放因子，tCO_2/t；

i——能耗介质的种类。

工艺排放是指原油输送的工艺过程产生的碳排放，由于工艺排放量较小，可忽略不计。

（4）排放分配

原油输送企业的下游炼油厂较多，一条输送管道可能会承担向多个炼厂输送原油的任务，即一条管线其下游可能存在多条分支管线（如图 3-26 所示），此时，需要对上游管线的碳排放量在不同输送企业之间进行分配。

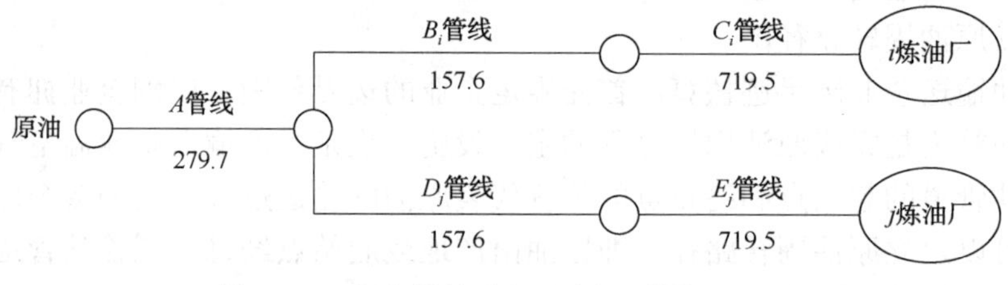

图 3-26 复合周转路径示意图（单位：km）

对能耗产生的碳排放可采用周转量分配法：即某管线输送原油到某炼油厂产生的碳排放量由该炼厂的原油周转量占管线总周转量的比例与管线总排放量计算。

$$E_i = \frac{T_i}{T} \cdot E \tag{3-7}$$

式中 E_i——管线输送到 i 炼油厂原油产生的碳排放量，t；

T_i——管线输送到 i 炼油厂原油的周转量，t；

E——管线的碳排放总量，tCO_2；

T——管线运行过程的总周转量，t。

经过排放分配后，对于含有向多个炼油厂输送原油管道的周转路径（即复合路径）可以分解为多条仅含有输送单一炼油厂的原油管道的简单路径，如图 3-27 所示。

（5）碳足迹计算

原油管道输送企业不同输油路径的碳足迹，可以由该路径上各管段的单位输油量碳排放累计计算。由此，可加权计算输送原油到某炼油厂过程的碳足迹，即为输送到该炼油厂的各输油路径的碳足迹加权值。

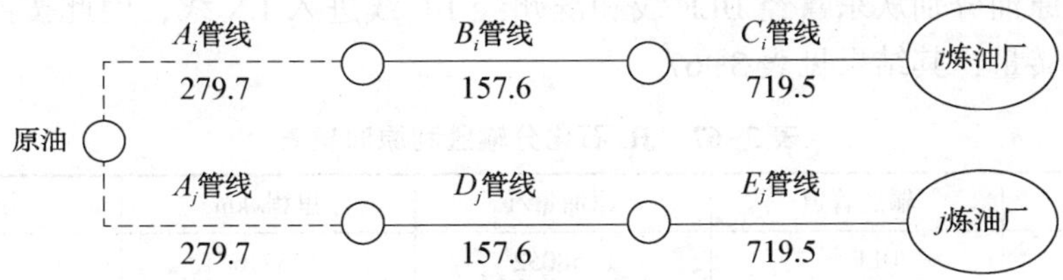

图 3-27 经分解后的简单周转路径示意图(单位：km)

2. 应用案例

采用上述碳足迹核算方法计算某管道公司 2018 年输送到某石化企业(JL 石化)原油碳足迹。JL 石化原油包括黄岛进口原油、胜利原油、代输进口原油和日照自购原油，其中，代输进口原油由 DXD 码头、CZD 码头、AS 码头进入输送管道，原油输送到 LS 输油站，经过 LS-BSW-CX 站到 JL 石化。

(1) 建立周转路径图

由上述各原油来源地和输油线路可以建立管道公司的周转路径，如图 3-28 所示。

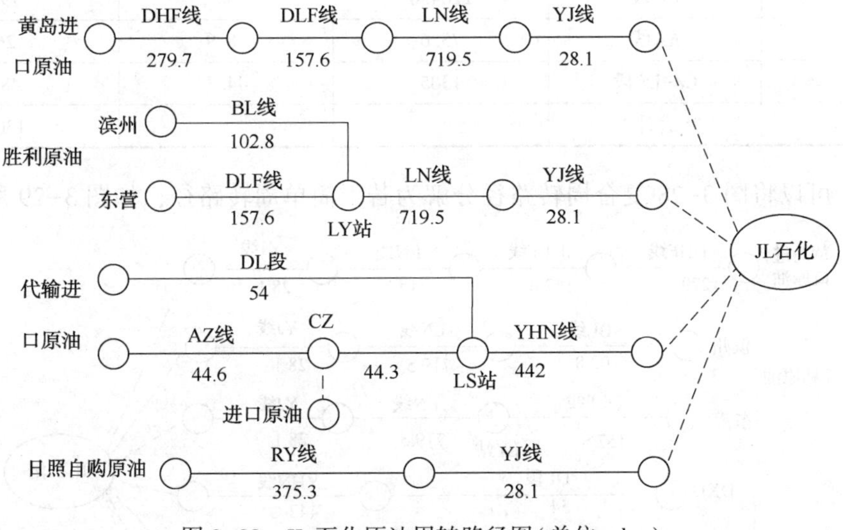

图 3-28 JL 石化原油周转路径图(单位：km)

(2) 物料平衡

2018 年，该管道公司输送到 JL 石化的原油物料平衡见表 3-66。

表 3-66 2018 年输送到 JL 石化的原油物料平衡

序号	原油	输油量/万 t
1	黄岛进口原油	30.27
2	胜利原油	167.23
3	代输进口原油	1300.39
4	日照自购原油	2.93
5	合计	1500.82

由于胜利原油分别从东营经 DLF 线和滨州经 BL 线进入 LN 线，因此按照原油输量分别计算各段周转量，其结果见表 3-67。

表 3-67　JL 石化分输胜利原油量表

序号	输送管道	原油量/t	里程/km	分摊量/万 t
1	DLF 线	8258052	157.6	149.7
2	BL 线	964614	102.8	17.5
3	合计			167.2

同时，YHN 管线由 AS-CZ 站-LS 站线（AZ 线）和 DXD-LS 站线（DL 段）构成，LS-JL 线输油量包括上述两条管线原油，因此可以按照输油量分配 AZ 线和 DL 段原油，结果见表 3-68。

表 3-68　JL 石化 YHN 线原油分输表

序号	输送管道	输油量/万 t	里程/km	LS-JL/万 t
1	DL 段	2264.6	54	792.2
2	AZ 线	75.6	88.9	26.5
3	CZ-LS 段	1305	44.3	481.8
4	合计			1300.5

由此，可以将图 3-28 复合周转路径分解为若干简单周转路径，如图 3-29 所示。

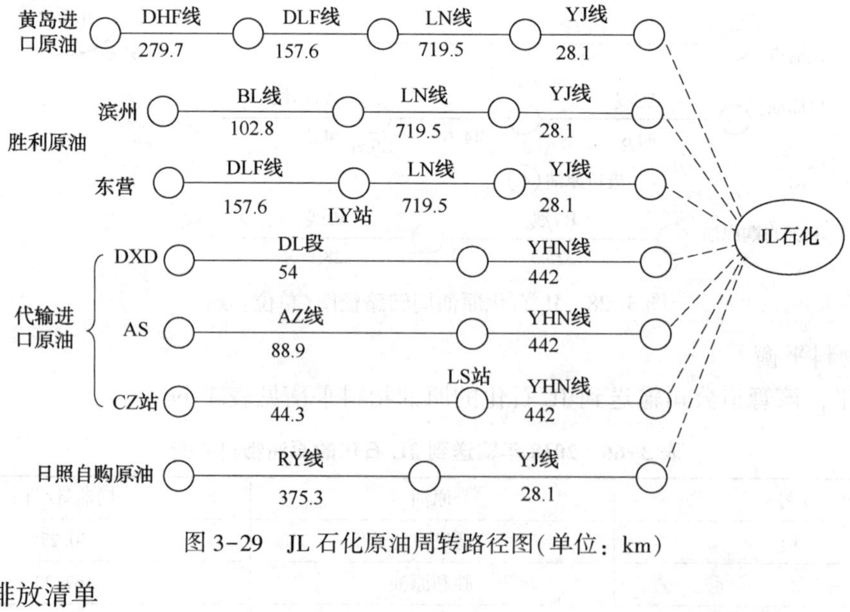

图 3-29　JL 石化原油周转路径图（单位：km）

（3）排放清单

2018 年，该管道公司的碳排放量可以由管道输油站的耗电量（输油泵站）与相应电网的排放因子计算，输送 JL 石化原油过程的碳排放量可由管道碳排放量与输送 JL 石化原油的周转量占比计算，其结果见表 3-69。

表 3-69 JL 石化原油输送过程碳排放量 $kgCO_2$

管线	黄岛进口原油	胜利原油	胜利原油	DXD 油	AS 油	CZ 油	日照自购原油
DHF 线	1615169	0	0	0	0	0	0
DLF 线	1715399	8483488	0	0	0	0	0
BL 线	0	0	646886	0	0	0	0
LN 线	4657141	23031847	2692434	0	0	0	0
RY 线	0	0	0	0	0	0	143677
CZ-LS 线	0	0	0	0	0	2928742	0
DL 段	0	0	0	5870015	0	0	0
AZ 线	0	0	0	0	645592	0	0
YHN 线	0	0	0	48047159	1607233	29221310	0
YJ 线	482945	2388398	279205	0	0	0	46747
合计	8470654	33903733	3618525	53917174	2252825	32150052	190424

(4) 碳足迹

2018 年，该管道公司输送到 JL 石化的原油碳足迹结果见表 3-70。

表 3-70 JL 石化原油输送过程碳足迹 $kgCO_2/t$

管线	黄岛进口原油	胜利原油	胜利原油	DXD 油	AS 油	CZ 油	自购日照原油
DHF 线	5. 336						
DLF 线	11. 003	5. 667					
BL 线			3. 696				
LN 线	26. 388	21. 052	19. 082				
RY 线							4. 904
CZ-LS 线						0. 608	
DL 段				0. 741			
AZ 线					2. 436		
YHN 线				6. 806	8. 501	6. 673	
YJ 线	27. 984	22. 648	20. 677				6. 499

综合上述各路径可知，JL 石化进厂原油碳足迹为 8. 940$kgCO_2/t$，其结果如图 3-30 所示。

3. 结果评价

由上述结果可以对比 JL 石化不同来源地原油输送过程的碳足迹及构成，如图 3-31 所示。

由图 3-31 可知，JL 石化不同来源地原油输送到炼油厂过程的碳足迹存在较大差异，其中黄岛进口原油碳足迹最高，达到 27. 984$kgCO_2/t$，这主要是由于其输送路径所经过的管道线路较长，例如 LN 管线长度达 719. 5km，明显长于其他管线；DX 油和 CZD 油的输送过程碳足迹较低，因此，管道企业应尽量选择周转路径短的路由输送原油，以此降低原油输送过程碳足迹。

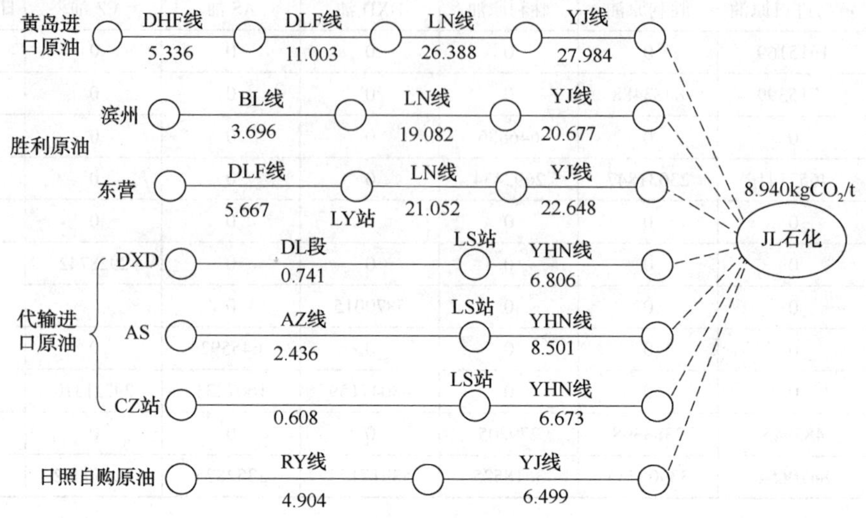

图 3-30　JL 石化原油输送过程碳足迹(单位：$kgCO_2/t$)

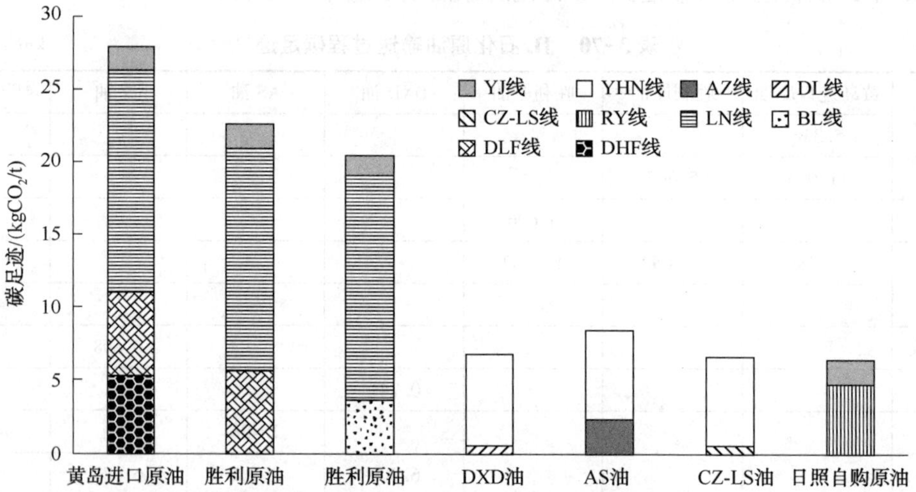

图 3-31　JL 石化不同来源地原油碳足迹对比

三、成品油输送

成品油输送企业的碳足迹核算形态较为抽象，需要确定碳足迹核算对象。成品油管道输送系统的收油点往往较多，包括炼油厂成品油、海运成品油、外采成品油等多种来源，同时成品油管道沿线存在下载输油站和下载油库，下载油库(或其石油销售公司)即为成品油输送企业的服务客户，因此，成品油输送系统具有多进多出、下游客户分散且分布广阔的特点；同时成品油管道系统沿线存在中间下载，使得各输油站之间的输油量相差较大。

随着油气管道输送技术的不断进步，成品油管道逐渐向长距离、大口径方向发展，管道沿线库站多、运输路线长、网络复杂，因而形成多分支管路系统。针对复杂成品油管路系统的碳足迹核算研究，需要在遵循国际相关标准的基础上，提出碳足迹核算方法。

成品油管道是连接资源与市场的桥梁，输送管道和输油站是输送过程产生排放的主要节点，碳足迹核算以各输油站的进出物料平衡为基准，将输油站的碳排放计算到成品油输送过程中，图 3-32 为输油站的进出物料平衡示意图。

图 3-32 中输油站物料出方包括成品油下载量和输送到下一输油站量。碳足迹核算的对象是客户获取单位功能产品所产生的碳排放量，针对成品油输送过程，其功能单位为输送单位质量的成品油产生的碳排放量，包括原料排放、辅助材料排放、能源消耗排放以及工艺排放。成品油输送业务的服务客户是各省石油销售公司及其下属油库，由于不同来源点的成品油到省石油公司所属油库的输送路径不同，因此，成品油输送行业的碳足迹核算，应以成品油到省石油公司油库的物料输送过程为核算对象。

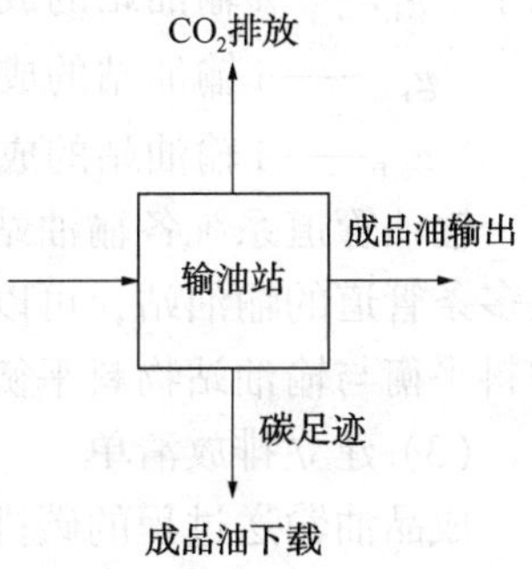

图 3-32 输油站的进出物料平衡示意图

1. *研究方法*

(1) 搭建输油管网结构

由于输油管道系统的连接结构和输油站的性质不同，因此，碳足迹核算以客户(销售公司下游客户是油库)得到的产品为追溯起点，建立企业边界内的油品周转路径，如图 3-33所示，包括成品油管道及首站、中间输油站、枢纽站、下载站、末站等。

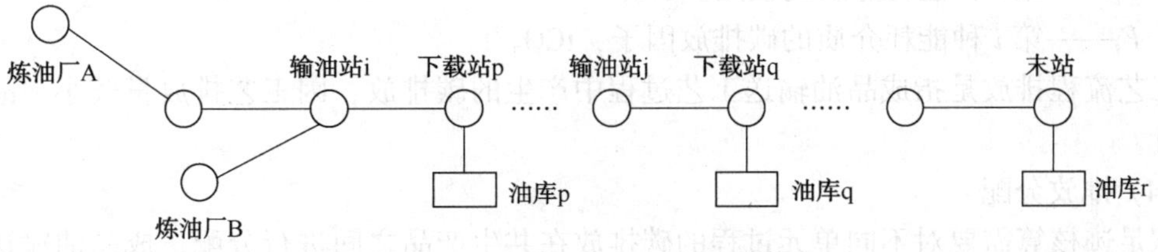

图 3-33 成品油管道系统输送路径示意图

(2) 物料平衡

碳足迹核算的物料平衡是指原材料转化为产品过程中的平衡关系，对于成品油输送过程，输油管道系统的物料进/出平衡是企业提供“服务”数量的反映，成品油管道系统的收油来源包括炼油厂提供成品油、港口船运成品油、外部资源购入成品油等，成品油管道系统油品的交油去向包括油库下载量和转输量，可以按照油库所属客户建立平衡关系，即：

$$\sum G_{p,\mathrm{R}} = \sum G_{q,\mathrm{D}} + \sum G_{r,\mathrm{T}} \tag{3-8}$$

式中 $G_{p,\mathrm{R}}$——输油管道系统 p 收油点的成品油输送量，万 t/a；

$G_{q,\mathrm{D}}$——输油管道系统客户所属的 q 油库的下载量，万 t/a；

$G_{r,\mathrm{T}}$——输油管道系统 r 输油站的转输量，万 t/a。

成品油管道系统各输油站会因为油库下载量及管网结构不同，导致输油站的输油量差异较大，因此需要建立各输油站物料平衡，即：

$$g_{i,I}=g_{i,O}+g_{i,D} \tag{3-9}$$

式中 $g_{i,I}$——i 输油站的成品油输入量，10^4t/a；

$g_{i,O}$——i 输油站的成品油输出量，10^4t/a；

$g_{i,D}$——i 输油站的成品油下载量，10^4t/a。

输油管道系统各输油站物料平衡可以按照输油站的连接关系逐次计算。同时，对于连接多条管道的输油站，可以通过物料平衡关系确定成品油在管道内的流向。输油管道系统物料平衡与输油站物料平衡存在加和关系。

(3) 建立排放清单

成品油输送过程的碳排放量为原料带入排放、辅助材料带入排放、能源消耗排放以及工艺流程排放的总和。原料带入排放是指原料获取阶段产生的碳排放，对某管段而言，即为成品油由上游管段输送到该管段起始点所产生的碳排放。辅助材料带入排放是指成品油输送过程中所使用的辅助材料在其生产阶段产生的碳排放，例如添加的减阻剂、降凝剂以及清管作业使用的胶球等，辅助材料排放可采用供应商提供的碳排放数据，当因使用量较小而带入排放量相比其他排放量较小时可以忽略不计。能源消耗排放是指成品油输送过程中输油泵站的电耗及管道保温的蒸汽、燃料等能耗工质消耗所产生的碳排放，可依据能源消耗量与能源介质的碳排放因子计算，即：

$$E_C = \sum C_i \times F_i \tag{3-10}$$

式中 E_C——能耗产生的碳排放量，t；

C_i——第 i 种能耗介质的使用量，t；

F_i——第 i 种能耗介质的碳排放因子，tCO_2/t。

工艺流程排放是指成品油输送工艺过程中产生的碳排放，因工艺排放量较小，故可忽略不计。

(4) 排放分配

碳足迹核算需要对不同单元过程的碳排放在共生产品之间进行分配，成品油输送过程的排放源为输油站泵组消耗电力，产生排放的原因来自完成两种“服务”和“生产”过程，一是给输出油品加压，二是将下载油品输送至油库，因此，可依据质量分配原则对碳排放量进行分配，即：

$$E_{i,D}=\frac{g_{i,D}}{g_{i,I}}\cdot E_i \tag{3-11}$$

式中 $E_{i,D}$——i 输油站在油品下载过程产生的碳排放量，t；

E_i——i 输油站的碳排放总量，t。

(5) 核算碳足迹

成品油输送管道系统的碳足迹，可以由油库下载站以上各输油站的累计碳排放计算求得，即：

$$CF_i = \sum_{j=1}^{j=i-1} CE_j \tag{3-12}$$

式中　CF_i——第 i 个油库的碳足迹，$kgCO_2/t$；

CE_j——第 i 个油库上游第 j 个输油站的碳足迹，$kgCO_2/t$。

需要指出的是，该模型是成品油管道系统稳态、正常运行工况下的碳足迹核算方法，未涉及管道维修和抢险过程中的排放及管道泄漏的影响。

2. 案例计算

某石化企业大区石油公司运营成品油管网包括西南管网、珠三角管网及海南管网，承担我国南方地区 5 个炼油厂、6 个省销售公司的成品油管道输送业务。以该公司为 GX 省销售公司管道输送成品油为例，计算碳足迹。

（1）输送管网结构的搭建

该大区公司主要通过西南管网北线和南线向 GX 省输送成品油，输油站包括玉林站、贵港站、黎塘站、柳州站、柳州库、桂林站、河池站、南丹站、南宁站、百色站等，其中带有下载油库的有 8 个，如图 3-34 所示，进入 GX 省管网的成品油主要包括化州站—玉林站段及北海站—南宁站段的来油，成品油输出包括本省油库下载以及百色站—富宁站段、南丹站—独山站段的输出量。

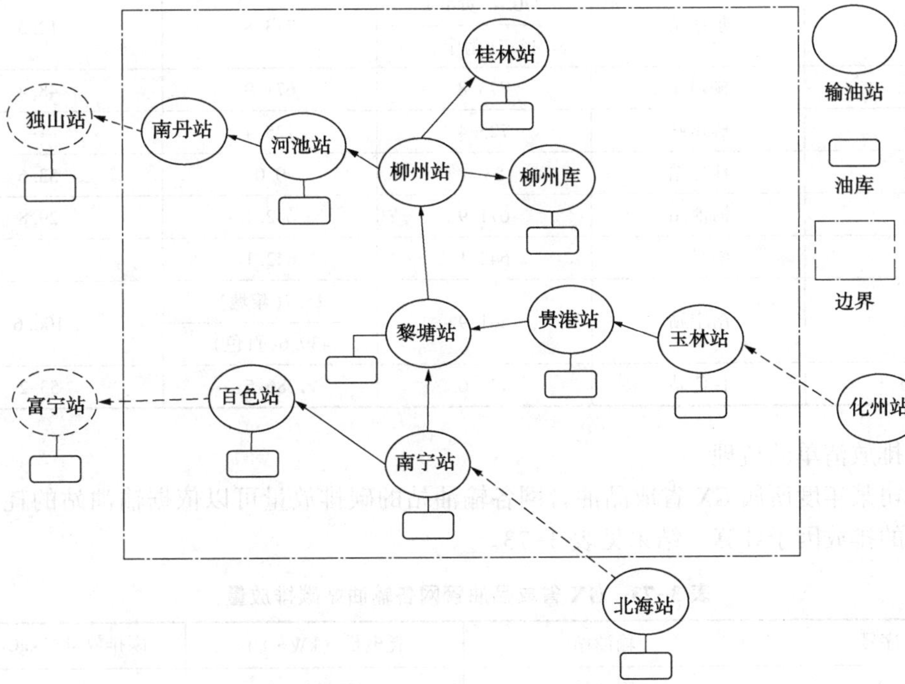

图 3-34　GX 省成品油管道输送路径示意图

（2）确定物料平衡

GX 省处于该大区公司西南管网的上游，收油线路为化州站—玉林站段及北海站—南宁站段，下游省份下载量即为该省管网的转输量（表 3-71）。根据 GX 省各油库成品油下载量（表 3-71，全省加权下载量为 373.3 万 t），可以计算各输油站的物料平衡关系，同时确定分支管路（如黎塘站、南宁站）的流向，结果见表 3-72。

表 3-71　GX 省成品油管网某年度物料平衡统计情况　　万 t

项目	输油线路	输送量	总输送量
收油	化州站—玉林站段	839.9	1401.5
	北海站—南宁站段	561.6	
交油	GX 省下载	373.3	1401.5
	A 省下载	363.9	
	B 省下载	586.6	
	M 市下载	24.9	
	C 省下载	52.8	

表 3-72　GX 省输油站某年度物料平衡统计情况　　万 t

序号	输油站	输入量	输出量	下载量
1	玉林站	839.9	801.5	38.4
2	贵港站	801.5	770.4	31.1
3	黎塘站	770.4(贵港) 15.7(南宁)	773.8	12.3
4	柳州库	773.8	671.9	48.4
5	柳州站	725.4	725.4	—
6	桂林站	53.6	0.0	53.6
7	河池站	671.9	642.1	29.8
8	南丹站	642.1	642.1	—
9	南宁站	561.9	15.7(黎塘) 439.6(百色)	106.6
10	百色站	439.6	386.5	53.2

（3）排放清单的梳理

该公司某年度所属 GX 省成品油管网各输油站的碳排放量可以依据输油站的耗电量与相应电网的排放因子计算，结果见表 3-73。

表 3-73　GX 省成品油管网各输油站碳排放量

序号	输油站	耗电量/(kW·h)	碳排放量/($kgCO_2$/t)
1	玉林站	23755290	21282364
2	贵港站	102731	92037
3	黎塘站	16832070	15079852
4	柳州站	18935700	16964494
5	柳州库	73677	66007
6	桂林站	83160	74503
7	河池站	18012760	16137632

续表

序号	输油站	耗电量/(kW·h)	碳排放量/($kgCO_2/t$)
8	南丹站	17037900	15264255
9	南宁站	13702000	12275622
10	百色站	13589631	12174951
11	合计	122124919	109411717

(4) 碳足迹的计算

该公司某年度管网输送成品油的碳足迹应计入管网上游所输入的成品油碳足迹(即上游产品碳足迹，为 1.132$kgCO_2/t$)，并按照油品流向逐一计算，结果见表 3-74，全省加权碳足迹为 6.532$kgCO_2/t$。

表 3-74　GX 省成品油管网某年度的碳足迹计算结果

序号	油库	碳足迹/($kgCO_2/t$)
1	玉林库	3.666
2	贵港库	3.678
3	黎塘库	5.596
4	柳州库	5.604
5	桂林库	8.082
6	河池库	10.345
7	南宁库	5.977
8	百色库	8.746

由上述结果可知，北海站—南宁站段成品油输送过程碳足迹为 5.977$kgCO_2/t$，化州站—玉林站段油品输送碳足迹为 3.666$kgCO_2/t$，两个管段的碳足迹差距较大。其原因是：①两者输送距离不同，前者输送距离为 228km，后者输送距离为 149km；②前者的南宁站地势较高，成品油输送高程每增加 100m，碳足迹就增加 0.24$kgCO_2/t$。此外，成品油输送过程中的流速、管道路由、减阻剂使用情况等都会对碳足迹产生影响。

3. 结论与建议

开展油气储运过程的碳足迹核算是油气储运企业碳资产管理的重要内容，目前关于碳足迹核算的相关标准大多具有通用性和一般指导意义，油气储运过程作为石油石化行业的重要运行环节，其产品形态抽象。成品油管道行业的碳足迹核算方法包括：搭建输送管网结构、建立物料平衡、梳理排放清单、调整排放分配、计算碳足迹等过程。

针对成品油管道输送的不确定性、时效性及市场化特点，从管道设计、生产计划、操作运行 3 个方面着手，提出降低成品油输送过程碳足迹的建议措施。

1) 优化输油管道路径设计、中间站位置及管道规格，减少弯头、阀门数量，以降低节流损失，提高输送效率。

2）优化成品油输送批次计划。在编制批次计划时，满足介质流态、混油控制及市场供应等条件的前提下，可通过控制全线流量降低能耗。同时，开发相应的应用软件和决策支持系统，根据下游用户需求制定各站输入计划和下载计划。

3）优化管道操作运行。成品油管道输送介质沿管道流动，需要消耗一定能量，包括用于克服地形高差所需的位能、克服油品沿管道流动因摩擦及撞击产生的摩阻损失。在满足用户对成品油数量需求的基础上，使各输油站具有平稳的输量，保证管道运行效率；同时采取定期清管，清除管壁上沉淀或附着的杂质，降低沿程摩阻；此外，在经济性较高的情况下，可向介质中添加减阻剂。

4）成品油输送企业可实施燃料替代、天然气回收利用等改造，并利用已实施的技术改造措施开发温室气体自愿减排项目，达到减排温室气体、降低碳足迹的目的。

第四章　能量平衡分配方法

依据产品的质量收率分配生产过程的碳排放，由此可以将式(2-2)计算过程大大简化，但质量分配也具有明显的缺陷，例如对工业副产氢过程，由于氢气的能量密度较高、质量较轻，采用质量分配不能反映这种高能量密度物质生产过程的碳排放。由于石化产品生产过程的碳排放大部分是由能源转化为能量过程产生，因此依据产品(或物料)在生产过程中的能量演化规律分配碳排放可以使碳足迹的结果更加科学、准确地反映获取产品造成的碳排放情况。但应用该方法进行石化产品碳足迹评价需要按照排放源逐一计算，对不同的单元过程需要进行相应的处理。本章依据能量平衡原理，研究提出了精馏过程、体积功过程、反应过程以及副产蒸汽过程的分配方法，为应用能量平衡开展碳足迹评价奠定了重要的理论基础。

第一节　能量平衡及形式

能量平衡作为自然界存在的客观规律适用于任何实际过程，但对不同核算体系而言，其体现形式有所不同，在石油化工生产过程中除了物料输入、输出，还有能量的交换，功和热是改变工艺物流能量状态的基本能量形式。

1. 能量衡算关系式

以热力学第一定律为依据对生产过程或设备的能量平衡进行定量的计算，称为能量衡算。能量是热能、电能、化学能、动能、辐射能的总称。化工生产中最常用的能量形式为热能，故一般把能量衡算称为热量衡算。

根据热力学第一定律，能量衡算方程式可写为：

$$\Delta E = Q + W \tag{4-1}$$

式中　ΔE——体系总能量变化，J；

$$\Delta E = \Delta E_k + \Delta E_p + \Delta U \tag{4-2}$$

式中　Q——体系从环境中吸收的能量，J；

W——环境对体系做的功，J。

如图4-1所示的研究体系，该体系进、出口高度相对于基准面为 Z_1、Z_2，过程参数包括温度 T、压力 P、单位质量体积 v、流体流速 u、单位质量内能 U、加入体系的热量为 q、环境对系统做功为 w。

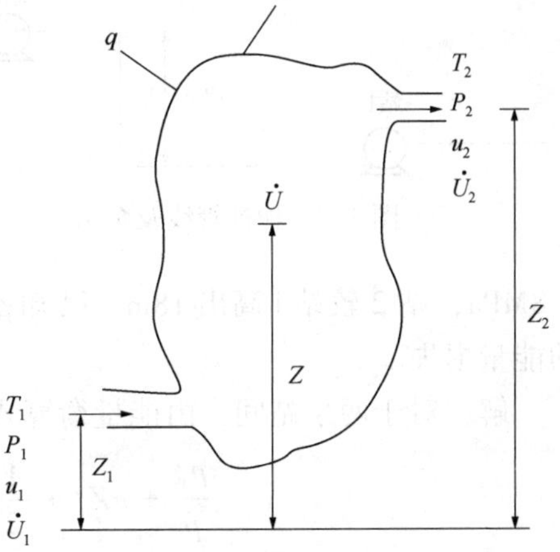

图4-1　能量衡算研究体系

因此，单位质量的能量衡算的一般式可写为：

能量输入速率-能量输出速率=能量积累速率

即：

$$\Delta\dot{U}+g\Delta Z+\frac{1}{2}\Delta u^2+\frac{\mathrm{d}}{\mathrm{d}t}[\dot{U}+gZ+\frac{1}{2}u^2]=q+w$$

对于稳态过程而言，$\frac{\mathrm{d}}{\mathrm{d}t}[\dot{U}+gZ+\frac{1}{2}u^2]=0$，

其能量衡算式为：

$$\Delta\dot{U}+g\Delta Z+\frac{1}{2}\Delta u^2=q+w \tag{4-3}$$

式中　系统总功为流动功和轴功之和，即：

$$W=W_f+f_s \tag{4-4}$$

W_f 为流动功，即作用于体系入口处流体的功减去作用于体系出口处流体的功，

$$W_f=\Delta(Pv)$$

在恒压体系中：

$$W_f=P\Delta v \tag{4-5}$$

W_f 为轴功，即体系内运动部件对过程体系所做的功。

应用焓的概念，即 $H=U+Pv$，能量衡算式可写为：

$$\Delta h+g\Delta Z+\frac{1}{2}\Delta u^2=q+w \tag{4-6}$$

式中　h——比焓，kJ/kg。

在石油化工生产中由于物流发生温度变化、相变化、物料混合、化学反应及热损失等，系统往往需要吸收或放出热量。对于常见的换热器、分离设备和干燥设备，流体的动能和位能变化与传递的热量比较一般可以忽略不计，而且在这些设备中，大都不做轴功；系统与环境间交换的能量形式大多情况下也是热量。因此，化工过程中的能量衡算主要表现为热量衡算。

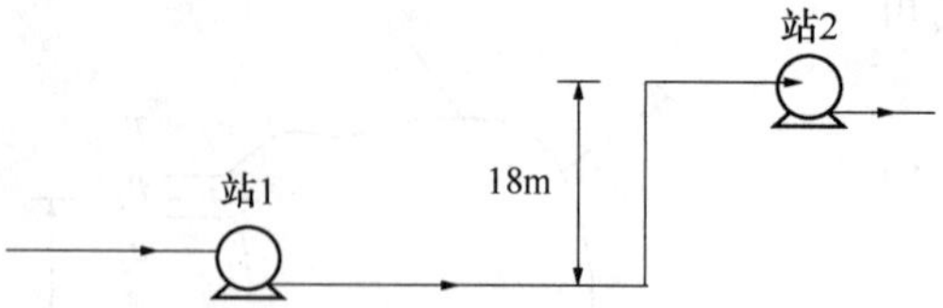

图 4-2　输油管线及泵站

2. 能量衡算关系式应用

(1) 流体流动

流体在流动过程中的能量衡算，常可采用伯努利方程。例如在如图 4-2 所示的输油管线中，以 800m^3/d 的流速输送油品。站 1 入口的压力为 1.8MPa，站 2 出口的压力为 0.8MPa，站 2 较站 1 高出 18m。已知 $\rho=769\text{kg/m}^3$，试计算由于油与管线间的摩擦所造成的能量损失。

解：对于两泵站间，由能量衡算式可得：

$$\frac{p_1}{p}+gZ_1+\frac{1}{2}u_1^2=\frac{p_2}{p}+gZ_2\frac{1}{2}u_2^2+\sum h_t$$

因截面积无改变，$u_1=u_2$

所以能量方程式简化为：

$$g\Delta Z + \frac{\Delta p}{\rho} + \sum h_t = 0$$

$$\sum h_t = - g\Delta Z - \frac{\Delta p}{\rho} = - 18 \times 9.81 - \frac{(0.8 - 1.8) \times 10^6}{769} = 1123.8 \text{J/kg}$$

管内流速为：

$$u = \frac{800\times769}{24\times3600} = 7.12 \text{kg/s}$$

故得：$\sum h_t = 1123.8\times7.12 = 8001.5 \text{J/g} = 8 \text{kW}$

(2) 精馏过程

炼化生产中，常依据均相液体混合物中各组分的挥发性不同采用精馏的方式进行物料的分离。在精馏分离过程中，首先将混合液部分汽化，气相中所含的轻组分将比液相中多，从而使原混合液得到一定程度的分离。精馏过程一般是在精馏塔内完成，图 4-3 为典型的板式精馏塔流程示意图，图 4-4 为塔中任意第 n 层塔板示意图。

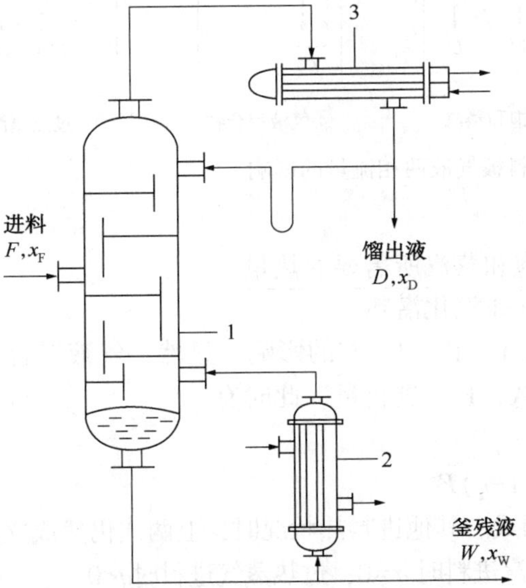

图 4-3　板式精馏塔流程示意图

1—精馏塔；2—再沸器；3—冷凝器

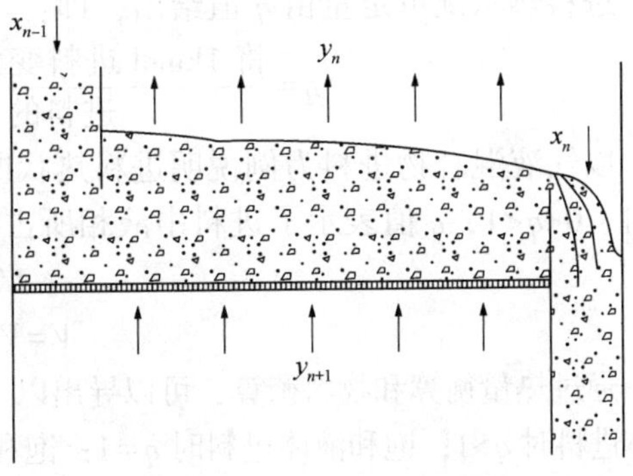

图 4-4　第 n 层塔板示意图

精馏塔板为开有许多小孔的筛板，由下一层塔板(n+1 层塔板)上升的蒸汽 V'通过塔板上的小孔上升，而上一层塔板(n-1 层塔板)的液体 L'通过溢流堰流到第 n 层塔板。在第 n 层塔板上气、液两相密切接触，进行传热、传质，总的结果是离开第 n 层塔板的液相 L'中轻组分的含量较进入该层塔板时减少，而离开第 n 层塔板的气相 V'中轻组分的含量较进入该层塔板时增加，即 $x_n<x_{n-1}$，$y_n>y_{n+1}$。精馏塔内的每层塔板上都进行着上述相似的过程，因此塔内只要有足够多的塔板，就可使原料液经精馏而达到所要求的分离程度。x_n 为第 n 层塔板上液相轻组分含量；y_n 为第 n 层塔板上气相轻组分含量。

为保证精馏过程连续、稳定进行，精馏塔还必须从塔底引入上升蒸汽和从塔顶引入下降液体，所以在精馏塔顶部安装有冷凝器及回流装置，底部安装有再沸器。塔顶的冷凝器将第一层塔板上升的蒸汽冷凝后，一部分作为塔顶产品(即馏出液)采出，另一部分则要重新回流进入塔内，此部分液体称为回流液。塔底的再沸器将来自最下面一层塔板的液体部分汽化，其中气相返回塔内进入最下面一层塔板，液相则作为塔底产品(即釜液)采出。

原料液由精馏塔中部适当某层塔板引入，该塔板称为加料板。在加料板以上的塔段，上升气相中重组分向液相中传递，轻组分含量不断增大，最终达到了上升蒸汽的精制，故称为精馏段。在加料板以下的塔段，完成了下降液体中轻组分的提出，提高了塔顶轻组分的回收，同时在塔底获得高含量的重组分，故称为提馏段(包括加料板)。

当原料的流量、组成一定时，其温度状况的不同将影响精馏塔的分离效果。生产中进料有 5 种热状况：①温度低于泡点的冷液体；②泡点温度下的饱和液体；③露点下的饱和蒸汽；④温度介于泡点和露点之间的气液混合物；⑤温度高于露点的过热蒸汽。

进料热状况不同，影响加料板上升蒸汽及下降液体的量，如图 4-5 所示。

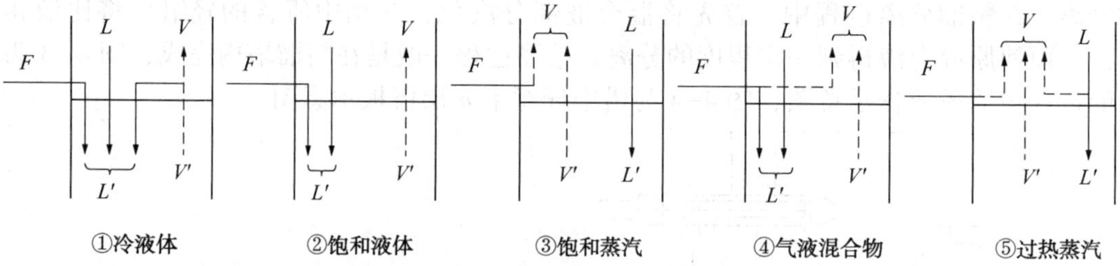

图 4-5　进料热状况对进料板气液两相流量的影响

进料热状况可定量由 q 值给出，即：

$$q=\frac{\text{将 1kmol 进料变为饱和蒸汽所需要的热量}}{\text{进料的 1kmol 汽化潜热}}$$

以气液混合物进料为例说明进料热状况对 V、V'、L、L'的影响。显然，气液混合物进料时，$0<q<1$，q 值表示了进料中液相所占分数，F 为进料量，此时有：

$$L'=L+qF$$

$$V=V'+(1-q)F$$

通过热量衡算和物料衡算，可以导出以上两式。其他进料热状况时，上两式仍然成立。冷液体进料时 $q>1$；饱和液体进料时 $q=1$；饱和蒸汽进料时 $q=0$；过热蒸气进料时$q<0$。

1）冷凝器的热负荷。

对图 4-6 所示精馏装置中的全凝器作热量衡算，以单位时间为基准，并忽略热损失，可得为使上升蒸汽全部在冷凝器中冷凝成液体所需除去的热量，即全凝器的热负荷：

$$Q_C=VH_D-(L+D)h_D$$

因为

$$V=L+D=(R+1)D$$

所以

$$Q_C=(R+1)D(H_D-h_D) \tag{4-7}$$

式中　Q_C——全凝器的热负荷，kJ/h；

H_D——塔顶上升蒸汽的焓，kJ/kmol；

h_D——馏出液的焓，kJ/kmol。

精馏塔冷凝器的特点是混合蒸汽冷凝。与纯蒸汽冷凝不同，混合蒸汽冷凝时，随着冷凝过程的进行，冷凝温度不断降低，即从蒸汽的露点开始冷凝到全部冷凝时的泡点。对于两组分物系的精馏，当馏出液的组成较高，即易挥发组分产品的纯度较高时，其露点与泡点接近，可按纯蒸汽冷凝进行计算；当馏出液的露点与泡点相差较大时，需按混合蒸汽冷凝计算，可参见有关文献资料。

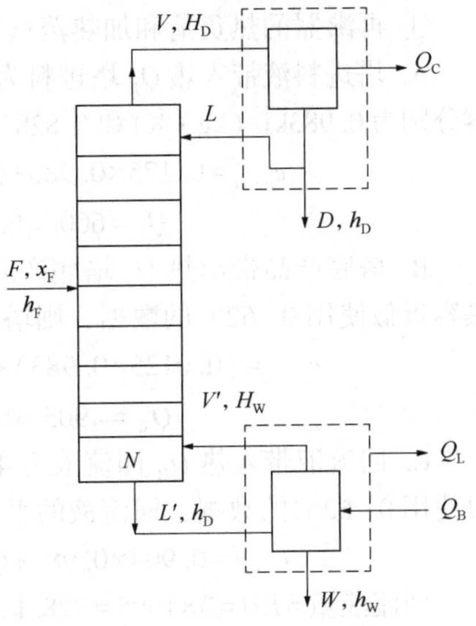

图 4-6 精馏装置的热量衡算

2）再沸器的热负荷。

对图 4-6 中的再沸器作热量衡算，可以得出产生要求的上升蒸汽量，再沸器中必须加入的热量，即再沸器的热负荷：

$$Q_B = V'H_W + Wh_W - L'h_n + Q_L \qquad (4-8)$$

式中 Q_B——再沸器的热负荷，kJ/h；

Q_L——再沸器的热损失，kJ/h；

H_W——再沸器上升蒸汽的焓，kJ/kmol；

h_W——釜残液的焓，kJ/kmol；

h_n——提馏段底流出液体的焓，kJ/kmol。

因为 $V' = L' - W$，若近似取 $h_n = h_W$，则得：

$$Q_B = V'(H_W - h_W) + Q_L$$

应该指出，再沸器的热负荷也可以通过全塔的热量衡算求出，此时可以直接看出，进料状态与回流比对再沸器热负荷的影响。

示例：用连续操作的常压精馏塔分离二硫化碳和四氯化碳的二元混合物，塔进料为62℃的饱和液体，含 A 组分 39%(摩尔分数，下同)，进料流量=6000kg/h，塔顶产品含 A 组分 95%，温度 40℃，流量 D=1095kg/h，塔底产品含 A 组分 2.5%，温度 75℃，流量为 4905kg/h，回流比 R=3，塔顶上升蒸汽温度 47℃，冷凝器用水作冷却剂，冷却水进口温度 18℃，出口温度 25℃，再沸器用 0.152MPa 的蒸汽加热，求：

① 再沸器热负荷和加热蒸汽用量；

② 塔顶冷凝器热负荷和冷却水用量。

解：查得 0～100℃的 A 组分和 B 组分液体平均比热容分别为 0.983kJ/(kg·K)和 0.828kJ/(kg·K)。A 组分的相对分子质量为 76，B 组分的相对分子质量为 154。

进料、塔顶产品、塔釜产品中 A 组分的质量分数分别为：

$$x_p = \frac{0.3\times76}{0.3\times76+0.7\times154} = 0.175$$

$$x_D = \frac{0.95\times76}{0.95\times76+0.05\times154} = 0.904$$

$$x_w = \frac{0.025\times76}{0.025\times76+0.975\times154} = 0.0125$$

① 再沸器的热负荷和加热蒸汽量基准：0℃液体。

A. 塔进料液带入热 Q_F 塔进料为 62℃的饱和液体，0~62℃A 组分和 B 组分的平均比热容分别为 0.983kJ/(kg·K)和 0.8284kJ/(kg·K)，故进料混合液在 0~62℃的平均比热容为：

$$\bar{c}_{p \cdot m}=0.175\times0.983+(1-0.175)\times0.8284=0.8555\text{kJ/(kg·K)}$$

$$Q_F=6000\times0.8555\times(62-0)=3.182\times10^5\text{kJ/h}$$

B. 塔底产品带出热 Q_w 塔底产品的温度为 75℃，A 组分和 B 组分在 0~75℃的平均比热容近似使用 0~62℃的数据，则塔底产品在 0~75℃的平均比热容为：

$$\bar{c}_{p \cdot m}=(0.0125\times0.983)+(1-0.0125)\times0.8284=0.8303\text{kJ/(kg·K)}$$

$$Q_W=4905\times0.8303\times(75-0)=3.054\times10^5\text{kJ/h}$$

C. 回流液带入热 Q_R 回流液为 40℃液体，A 组分和 B 组分在 0~40℃的平均比热容近似使用 0~62℃的数据，回流液的平均比热容为：

$$\bar{c}_{p \cdot m}=0.904\times0.983+(1-0.904)\times0.8284=0.9682\text{kJ/(kg·K)}$$

回流液量 $=RD=3\times1095=3285$kg/h

$$Q_R=3285\times0.9682\times(40-0)=1.272\times10^5\text{kJ/h}$$

D. 塔顶上升蒸汽带出热 Q_V 按照本题所取的基准，Q_V 等于 47℃的塔顶上升蒸汽与 0℃的同组成液体的始差 ΔH，为了方便，设计如图 4-7 所示的热力学途径计算 ΔH。

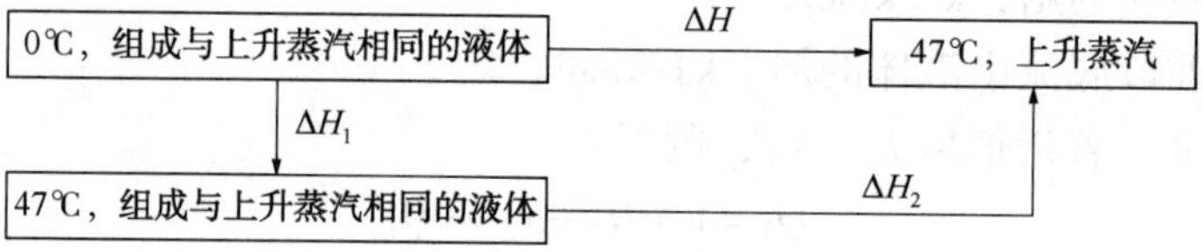

图 4-7 热力学途径

塔顶上升蒸汽与馏出液的组成相同，即 A 组分的质量分数为 0.904，查得 47℃，A 组分的汽化热为 351.5kJ/kg，B 组分的汽化热为 213.4kJ/kg，组成与上升蒸汽相同的液体的汽化热为：

$$\Delta H_V=0.904\times351.5+(1-0.904)\times213.4=338.24\text{kJ/kg}$$

组成与上升蒸汽相同的液体的平均比热容为：

$$\bar{c}_{p \cdot m}=0.904\times0.983+(1-0.904)\times0.8284=0.9682\text{kJ/(kg·K)}$$

塔顶上升蒸汽量 $=(R+1)D=(3+1)\times1095=4380$kg/h

$$Q_V=\Delta H=\Delta H_1+\Delta H_2=4380\times0.9682\times(47-0)+4380\times338.24=1.681\times10^6\text{kJ/h}$$

E. 忽略热损失，$Q_1=0$。

F. 再沸器热负荷 Q_R 把各项热量数值代入再沸器热量计量公式，得：

$$3.180\times10^5+Q_B+1.272\times10^5=3.054\times10^5+1.682\times10^6+0$$

解得：$Q_R=1.542\times10^6$kJ/h。

G. 求再沸器加热蒸汽用量，0.152MPa 蒸汽的汽化热为 2226.3kJ/kg。

$$\text{加热蒸汽量}=\frac{1.542\times10^6}{2226.3}=692.6\text{kg/h}$$

② 冷凝器热负荷 Q_C 和冷却水用量计算塔顶产品的组成和温度与回流液相同，其定压

比热容已计算出来，$c_p = 0.9682\text{kJ/(kg}\cdot\text{K)}$。

塔顶产品量为 1095kg/h。

$$Q_D = 1095\times0.9682\times(40-0) = 4.241\times10^4\text{kJ/h}$$

$$Q_C = Q_R + Q_D - Q_V = 1.272\times10^5 + 4.241\times10^4 - 1.682\times10^6 = -1.512\times10^6\text{kJ/h}$$

冷却水用量：

$$G_{H_2O} = \frac{1.512\times10^6}{4.184\times(25-18)} = 51625\text{kg/h}$$

即塔顶冷凝器的热负荷为 1.512×106kJ/h，冷却水量 51.625t/h。

3. 能量衡算一般方法

为了提高能量衡算的运算效率，与物料衡算一样，在计算中除要采用一定的策略外，还必须按一定的步骤进行运算。

1）正确绘制系统示意图，标明题干给的已知条件及物料状态：固体、液体或气体。

2）确定各组分的热力学数据，如比热容、相变热等，可以由手册查阅或估算法确定。

3）选择计算基准，如与物料衡算一起进行计算，可选用物料衡算所取的基准作为能量衡算的基准，同时还要选取热力学函数的基准态。

4）列出能量衡算方程式，进行求解。

4. 系统热量衡算

设备是构成石油化工生产装置的基础，能量平衡计算通常是从设备开始的，对一个工段、一个车间或全厂进行热量计算，称之为系统热量平衡计算。对一个系统进行热量平衡计算的基本原理是能量守恒定律，即进入系统的热量等于离开系统的热量和热量损失之和，即：

$$\sum Q_{系统入} = \sum Q_{系统出} + \sum Q_{系统损}$$

但是，应用热力学第一定律对石油化工过程进行能量平衡分析，需要作一定的变换，这是因为以下几点。

1）对于在连续稳定的流动条件下运行的工艺体系，往往进出其中物流不止一股；体系同外界的功和热交换也不是一个。

2）体系物料的进出体现的是从原料到产品的变化。而能量的进出存在着能量的转化和利用。体系的功和热及物流的能量(焓差)难以表示为体系同外界关系的总结果，因此，一般将其作为入方和出方分别加以表示。

3）由于工程和经济上的原因，工艺过程对能量的使用，一般是不能“到底”的，离开体系的物流或热量大多在高于环境的温度、压力下，携出一定能量。

因此，对于一般工艺过程体系的能量平衡模式如图 4-8 所示。

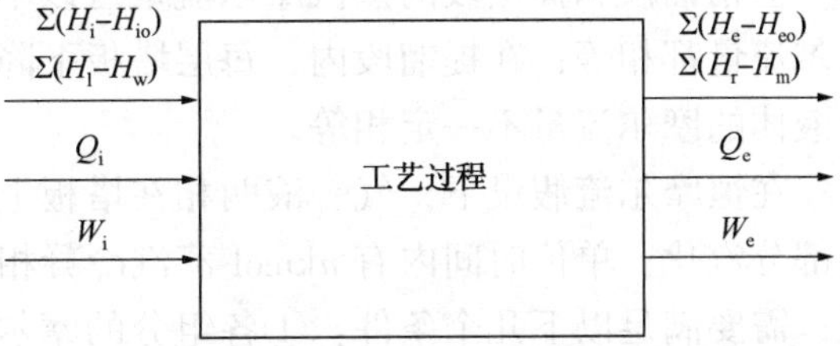

图 4-8 工艺过程体系能量平衡示意图

对于图 4-8 所示的能量平衡关系，显然有：

$$\sum (H_i - H_{io}) + Q_i + W_i = \sum (H_e - H_m) + Q_e + W_e$$

$H-H_o$ 即为物流的能量，用 E_t 表示

$$\sum E_i + Q_i + W_i = \sum E_e + Q_e + W_e \tag{4-9}$$

式中，下标 i 表示输入物流，下标 e 表示输出物流。

上式表明，进入工艺过程的全部物流所携带的能量与外界供入的功和热的总和，等于离开这个工艺过程的全部物流携走的能量与过程排出及输出的功和热量的总和，体现了能量守恒。

系统热量平衡计算的结果是依据各个设备的水、电、气、燃料用量的平衡汇总，计算1t 产品的能量消耗，同时计算每小时、每昼夜的最大用量，以及全年的消耗量。

第二节　能量平衡分配

在石化产品生产过程中，为了满足工艺条件，往往需要物料不断地改变其热力学状态(温度、压力)，其能量状态也随之改变。物料能量状态的改变需要通过生产设备供入或取出能量实现，即能量交换。因此，能量交换导致的物料状态改变(温度、压力、焓)是生产过程产生碳排放的重要原因，应用能量平衡分配过程碳排放可以揭示产品碳足迹与过程碳排放的直接关系，对指导企业降低碳足迹具有重要意义。本节提出了应用能量平衡对精馏过程、体积功过程、反应过程进行碳排放分配的方法。

一、精馏过程分配方法

1. 概述

精馏过程具有典型的投入一种原料产出多个产品特点，同时精馏过程涉及传热、传质的影响因素很多，对于精馏过程采用能量平衡进行塔顶产品和塔底产品的碳排放分配，通常需要作如下假设。

1）理论板的概念。若气、液两相在塔板上接触时间足够长，使得离开该塔板的气、液两相互呈平衡，即 x_n 与 y_n 平衡，则称该塔板为理论板。实际上由于塔板上气、液接触时间有限，x_n 与 y_n 难以达到平衡，因此理论板是理想模型。

2）恒摩尔流假设。通常假定精馏操作时，塔内为恒摩尔流动，即：①在精馏段内，每层塔板上升蒸汽的摩尔流量都相等；在提馏段内，每层塔板上升蒸汽的摩尔流量也都相等。但精馏段和提馏段的蒸汽摩尔流量可以不相等。②在精馏段内，每层塔板下降液体的摩尔流量都相等；在提馏段内，每层塔板下降液体的摩尔流量也都相等。但精馏段和提馏段液体的摩尔流量不一定相等。

在恒摩尔流假设下，气、液两相在塔板上接触时，气相要进行部分冷凝，而液相则进行部分汽化，单位时间内有 $n$kmol 蒸汽冷凝相应就应有 $n$kmol 液体汽化。而要达到这种情况，需要满足以下几个条件：①各组分的摩尔汽化热相等；②精馏塔无散热损失，塔内蒸汽由塔底再沸器供给，回流液由塔顶冷凝器供给。

精馏过程的碳排放主要是塔底再沸器消耗热量(一般使用蒸汽、加热炉，有时采用热媒介质)、塔顶空冷水冷耗电等导致，这些耗能过程可以按照能量值折算碳排放量，在对

精馏过程进行碳足迹评价时，需要将能量折算的碳排放量分配到塔顶和塔底产品当中。

2. 分配方法

应用能量平衡对精馏过程碳排放进行分配，包括以下过程。

（1）计算精馏过程碳排放量

根据进料的碳足迹、塔底再沸器碳排放量、塔顶冷凝冷却过程碳排放量，确定所述精馏过程碳排放量。

对于再沸器碳排放量，可按照能源消耗量与对应碳排放因子计算，如下式：

$$E_b = Q_R \cdot E \tag{4-10}$$

式中 E_b——塔底再沸器的碳排放量，$kgCO_2$；

Q_R——再沸器消耗能量，MJ；

E——再沸器消耗能量的碳排放因子，$kgCO_2/MJ$。

（2）确定塔顶产品和塔底产品碳足迹之间的关联关系

精馏塔在运行过程，塔底液相与塔底产品组成、热状态非常接近，因此可以认为塔底产品的碳足迹 C_W $kgCO_2/t$，即为精馏塔底液相 C_n的碳足迹 C_{L_n} $kgCO_2/t$。

由于塔底再沸器消耗能源产生了碳排放，因此塔底液相经再沸器加热汽化产生的气相 V_{n+1}，其碳足迹相比塔底液相碳足迹有所增加，可由能量平衡计算塔底上升气相的碳足迹，如下式：

$$C_{V_{n+1}} = C_{L_n} + \frac{E_b}{V_{n+1}} \tag{4-11}$$

式中 $C_{V_{n+1}}$——再沸器（第 $n+1$ 块塔板）气相碳足迹，$kgCO_2/t$；

C_{L_n}——精馏塔底产品（塔底液相）碳足迹，$kgCO_2/t$；

V_{n+1}——精馏塔再沸器（相当于 $n+1$ 板）汽化的气相量，即塔底气相负荷，t。

其中，塔底再沸器汽化的气相量 V_{n+1}可以由塔底物料的汽化热和再沸器热量计算。当精馏塔存在进料时，进料以下为提馏段，进料以上为精馏段，精馏段和提馏段的气、液相负荷会因为进料及其热状态不同出现变化，应分别计算碳足迹。

在提馏段内，气相沿塔上升，温度不断降低，由于塔内运行符合恒摩尔流假设，进料板下层塔板的气相碳足迹可由再沸器上升气相 V_{n+1}碳足迹和塔板气相之间的焓差计算，如下式：

$$C_{V_{j+1}} = C_{V_{n+1}} - \frac{(H_{V_{n+1}} - H_{V_{j+1}}) \times E}{V_{n+1}} \tag{4-12}$$

式中 $C_{V_{j+1}}$——进料板下层塔板（第 $j+1$ 块塔板）气相碳足迹，$kgCO_2/t$；

j——进料板的塔板编号；

$H_{V_{n+1}}$——塔底再沸器汽化的气相物料焓值，MJ/kg；

$H_{V_{j+1}}$——进料板下层塔板的气相焓值，MJ/kg；

E——精馏过程单位热量的碳排放因子，$kgCO_2/MJ$。

对于精馏塔进料而言，其热状态会影响精馏塔各段的气、液相负荷，精馏塔的进料包括 5 种热状况：①温度低于泡点的冷液体进料；②泡点下的饱和液体进料；③温度介于泡点和露点之间的气、液两相进料；④露点下的饱和气相进料；⑤温度高于露点的过热气相进料，进料中液相所占分率可用 q 表示。

由于进料及其热状况不同，会使进料板气、液相负荷与下层塔板气、液相出现变化，图 4-9 表示了进料热状态对气、液相负荷的影响。

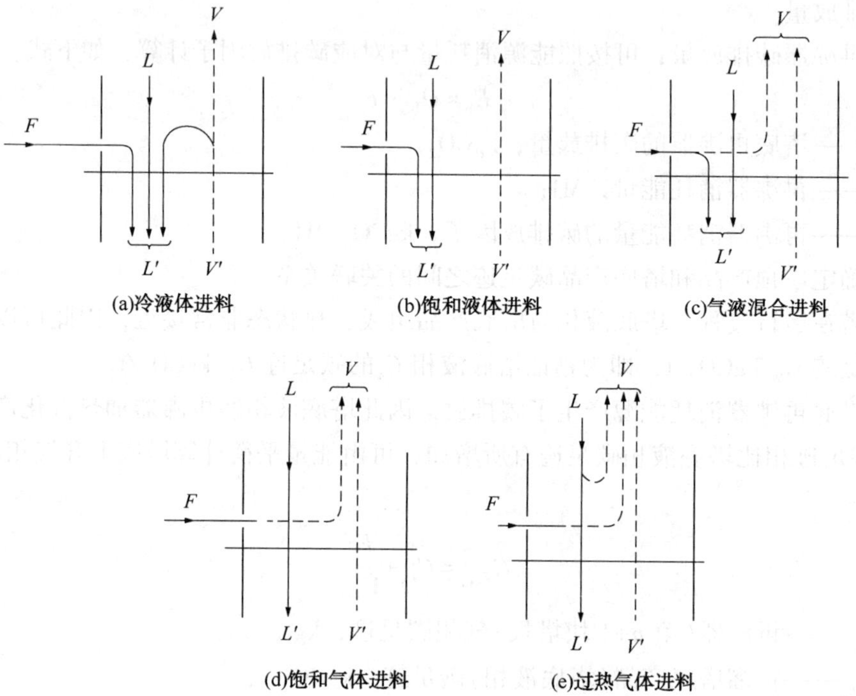

图 4-9 进料热状态对气、液相负荷的影响

进料 F 中有 qF 的液相和 $(1-q)F$ 的气相，则经过进料板后，进料板的气相 V_j 碳足迹可由进料中 $(1-q)F$ 气相与下层塔板气相 V_{j+1} 及其碳足迹进行加权计算，如下式：

$$C_{V_j}=\frac{C_{V_{j+1}}\cdot V_{j+1}+C_F\cdot(1-q)F}{V_{j+1}+(1-q)F} \tag{4-13}$$

式中 C_{V_j}——进料板（第 j 层塔板）的气相碳足迹，$kgCO_2/t$；

V_{j+1}——进料板下层塔板（j+1 层板）的气相负荷，t；

q——进料中液相的占比，%；

F——进料量，kg。

上式表达了精馏段气相碳足迹与提馏段气相碳足迹及进料碳足迹的关系。

由进料板的气相碳足迹 C_{V_j} 及进料板气相与塔顶气相的焓差可计算塔顶气相的碳足迹，如下式：

$$C_{V_1}=C_{V_j}+\frac{(H_{V_j}-H_{V_1})\cdot E}{V_{j+1}+(1-q)F} \tag{4-14}$$

式中 C_{V_1}——塔顶（第 1 层塔板）气相碳足迹，$kgCO_2/t$；

H_{V_j}——进料板(第j层塔板)气相的焓值，MJ/kg；

H_{V_1}——塔顶气相焓值，MJ/kg。

塔顶气相与塔顶产品的组成相同，但由于塔顶气相被塔顶空冷器、水冷器冷凝液化并冷却，而冷凝器使用的电、循环水会产生碳排放，因此塔顶产品碳足迹可以由该部分碳排放及塔顶气相碳足迹计算，如下式：

$$C_{D}=C_{V_1}+\frac{E_{t}}{D} \tag{4-15}$$

式中 C_D——塔顶产品碳足迹，$kgCO_2/t$；

E_t——塔顶气相冷凝冷却过程碳排放量，$kgCO_2$；

D——塔顶产品产量，t。

由此可以建立塔底产品与塔顶产品碳足迹之间的关联关系，上述过程可用图4-10所示的过程表示。

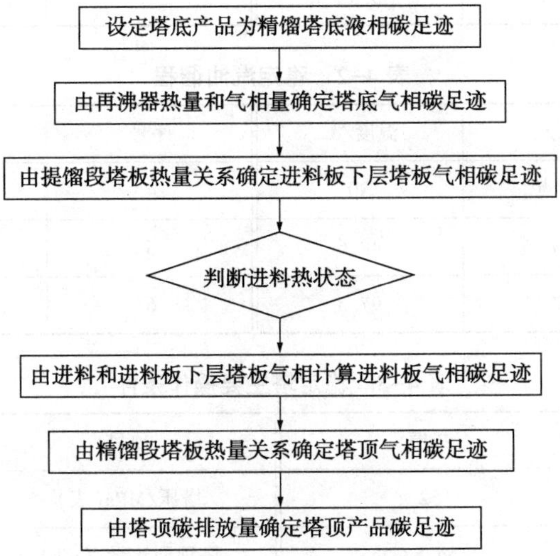

图4-10 精馏过程碳足迹评价过程图

(3) 由碳平衡关系计算碳足迹

对精馏过程而言，塔底产品和塔顶产品的碳足迹满足下式：

$$C_{F}\cdot F+E_{b}+E_{t}=D\cdot C_{D}+W\cdot C_{W} \tag{4-16}$$

式中 C_F——进料碳足迹，$kgCO_2/t$；

F——进料量，t；

E_t——塔顶冷凝冷却过程的碳排放量，$kgCO_2$；

D——塔顶产品产量，t；

W——塔底产品产量，t；

C_D——塔顶产品碳足迹，$kgCO_2/t$；

C_W——塔底产品碳足迹，$kgCO_2/t$。

上式表示了产品碳足迹、进料碳足迹与过程碳排放之间的关系。基于该平衡关系及塔顶产品和塔底产品碳足迹间的关联关系，可以求解塔顶产品和塔底产品碳足迹。

3. 实施案例

(1) 汽油稳定塔

某汽油稳定塔的产品为表4-1所示的液化气和表4-2所示的稳定汽油，该稳定塔的塔底采用某分馏塔第一中段循环取热为再沸器热源，主要操作条件见表4-3。

表4-1 液化气组成

序号	组分	含量/%	序号	组分	含量/%
1	C_3H_8	14.95	6	nC_4H_8	5.24
2	C_3H_6	43	7	iC_4H_8	6.06
3	iC_4H_{10}	15.25	8	cC_4H_8	4.09
4	nC_4H_{10}	5.48	9	合计	100
5	tC_4H_8	5.93			

表4-2 稳定汽油馏程

序号	组分	温度/℃	序号	组分	温度/℃
1	初馏点	30	4	90%	174.9
2	10%	48.6	5	95%	187.3
3	50%	97.5	6	终馏点	200

表4-3 稳定塔主要操作条件

项目	数值	项目	数值
塔板数	52	塔压/MPa(表)	1.1
塔顶温度/℃	54.83	塔顶回流量/(t/h)	115.5
塔底温度/℃	166.73	塔顶液化气/(t/h)	51.5
进料量/(t/h)	324.9	塔底稳定汽油/(t/h)	273.4
进料温度/℃	121	进料板	26

该稳定塔塔底耗热量为82.95GJ/h，本案例将其折算为1.0MPa蒸汽，蒸汽焓值为2.6GJ/t，1.0MPa蒸汽的碳排放因子取226.82kgCO_2/t，则再沸器的碳排放量为7236.43kgCO_2。塔顶无热输出，塔顶空冷水冷消耗电量为60(kW·h)/h，对应的碳排放量为58kgCO_2。

由塔底产品组成及再沸器热量，计算再沸器气相量，经模拟可知，塔底物料汽化潜热为0.3856GJ/t，则塔底气相负荷=82.95÷0.3856=215.1t/h，塔底气相碳足迹为(C_{L_n}+7236.43÷215.1)=(C_{L_n}+33.64)kgCO_2/t，其中C_{L_n}为塔底产品碳足迹。

塔底气相的返塔温度为179℃，进料板温度为115.06℃，由模拟可知，塔内气相的焓值变化为 0.1326GJ/t（气相组成按进料组成计），则进料板下层塔板的气相碳足迹为（C_{L_n}+33.64）-0.1326×78.79=（C_{L_n}+23.20）$kgCO_2/t$。

该分馏塔的进料对塔内的气、液相负荷有一定影响。通过模拟结果可知精馏段液相负荷 L=1868kmol/h（第 24 块板），提馏段液相负荷 L'=5677kmol/h（第 34 块板），进料量 F=3998kmol/h，因此进料中的液相流率=5677-1868=3809kmol/h，q=3809÷3998=0.95，进料碳足迹暂定为 0。

由于进料为气、液两相进料，因此进料中气相会与进料板下层塔板的气相一同进入进料板，根据 $C_{V_j}=\dfrac{C_{V_{j+1}}\cdot V_{j+1}+C_F\cdot(1-q)F}{V_{j+1}+(1-q)F}$，可计算进料板的气相碳足迹 $=\dfrac{(C_{L_n}+23.20)\times215.1}{215.1+324.9\times(1-0.95)}=$（$0.93C_{L_n}$+21.57）$kgCO_2/t$。

进料板温度为 115℃，塔顶温度为 54.83℃，则进料板至塔顶气相的焓值变化为 0.1716GJ/t。则塔顶气相碳足迹为（$0.93C_{L_n}$+21.57）-0.1716×78.79≈（$0.93C_{L_n}$+8.05）$kgCO_2/t$。

由于塔顶气相流出分馏塔后进入冷凝器，因此可由冷凝冷却过程碳排放计算塔顶产品碳足迹，C_D=（$0.93C_{L_n}$+8.05）+58÷51.5≈（$0.93C_{L_n}$+9.17）$kgCO_2/t$。

由上述塔顶产品碳足迹 C_D 和塔底产品碳足迹 C_{L_n} 的关联关系，结合过程碳排放平衡，即：7236.43 + 58 = 51.5×（$0.93C_{L_n}$+9.17）+273.4×C_{L_n}，可计算塔底产品碳足迹 C_{L_n} = 21.23$kgCO_2/t$，塔顶产品碳足迹为 0.93×21.23+9.17=28.91$kgCO_2/t$。

由上述结果可知，对于汽油稳定塔而言，塔顶产品碳足迹要高于塔底产品，这主要是由于塔顶产品以气相形态流出分馏塔，带出大量潜热能量，该能量又经塔顶冷凝冷却，消耗较多循环水、空冷风机电等能耗介质。在分馏塔运行过程，塔底再沸器供入能量通过塔内的气相负荷不断转移传递到塔顶，最终由塔顶气相带走，因此塔顶产品消耗的能量比塔底产品高，其碳足迹大。

（2）脱丙烷塔

某脱丙烷塔的进料组成见表 4-4，该塔将进料中的 C_3 和 C_4 进行分离，塔底采用 1.0MPa 蒸汽作为再沸器热源，主要操作条件见表 4-5。

表 4-4　脱丙烷塔进料组成

序号	组分	含量/%	序号	组分	含量/%
1	C_3H_8	10.16	6	nC_4H_8	6.75
2	C_3H_6	27.46	7	iC_4H_8	5.73
3	iC_4H_{10}	24.64	8	cC_4H_8	5.66
4	nC_4H_{10}	11.15	9	iC_5H_{12}	0.22
5	tC_4H_8	8.01	10	$>C_5$	0.21

表 4-5 脱丙烷塔主要操作条件

项目	数值	项目	数值
塔板数	65	进料温度/℃	73.99
塔顶温度/℃	46.6	塔压/MPa	2
塔底温度/℃	103	塔顶产品量/(t/h)	18.75
进料量/(t/h)	54.27	塔底产品量/(t/h)	35.52

脱丙烷塔底再沸器消耗 1.0MPa 蒸汽 10.9t/h，1.0MPa 蒸汽焓值 2.6GJ/t，则塔底再沸器消耗热量 28.4GJ/h，蒸汽碳排放因子 226.82kgCO_2/t，则再沸器的碳排放量为 2477.57kgCO_2。塔顶无热输出，空冷、水冷消耗电量 30(kW·h)/h，碳排放量 29kgCO_2。

由进料的组成可计算其泡点温度为 73.99℃，实际进料温度为 68.46℃，因此进料状态为过冷进料。分离塔进料由 68.46℃升高至泡点 73.99℃所需要的热量为 0.928GJ，又由模拟计算可知进料的汽化潜热为 0.351GJ/t，因此进料由 68.46℃升高至泡点可冷凝的气相量=0.928÷0.351=2643.87kg，由进料量 54.27t 可知，进料状态 $q=-2643.87\div54270=-0.049$。进料碳足迹按 0 计。

由塔底产品碳足迹 C_{L_n} 可计算塔底气相的碳足迹。根据模拟可知，塔底物料的汽化潜热为 0.2426GJ/t，则气相负荷=28.4÷0.2426=117.07t/h，塔底上升气相的碳足迹=$(C_{L_n}+2477.57\div117.08)\approx(C_{L_n}+21.16)kgCO_2$/t。

脱丙烷塔的塔底温度为 103℃，进料板温度为 68.4℃，则由模拟可知，提馏段气相的焓值变化为 0.0685GJ/t，则进料板下层塔板的气相碳足迹为$(C_{L_n}+21.16)-0.0685\times78.79\approx(C_{L_n}+15.76)kgCO_2$/t。

由于进料为过冷进料，因此进料板下层塔板的气相上升到进料板时会有部分液化，放出热量即为进料加热至泡点所需热量。但是该例中进料温度高于进料板温度，即进料热状态为过冷，但进料温度高于进料板温度，当两者温度比较接近时，可认为进料板下方气相经进料板后碳足迹不发生变化，仍为$(C_{L_n}+15.76)$kgCO_2/t。

进料板温度为 68.4℃，塔顶温度为 46.6℃，则可由模拟计算进料板至塔顶气相的焓值变化为 0.0257GJ/t，则塔顶气相碳足迹=$(C_{L_n}+15.76)-0.0257\times78.79\approx(C_{L_n}+13.74)kgCO_2$/t。

由塔顶回流量及塔顶产品产量计算，塔顶气相流量=18.75+67.43=86.18t/h，空冷水冷电耗折算碳排放为 29kgCO_2，则塔顶产品碳足迹=$(C_{L_n}+13.74)+29\div18.75\approx(C_{L_n}+15.29)kgCO_2$/t。

由该精馏过程的碳排放平衡关系式：

$2477.57+29=18.75\times(C_{L_n}+15.29)+35.52\times C_{L_n}$

可计算塔底产品碳足迹 $C_{L_n}=40.90$kgCO_2/t；

则，塔顶产品碳足迹为 40.90+15.29=56.19kgCO_2/t。

由上述计算可知，塔顶产品碳足迹高于塔底产品碳足迹，也即获得塔顶产品的碳排放要大，因此，当同一设备在分离两种不同组成进料时，轻组分含量越低，该过程的能耗越低，其碳排放越少。

二、体积功过程的分配

1. 常减压抽真空流程

常减压装置是炼油加工行业的龙头，其能源消耗和温室气体排放量较大。典型的常减压装置由电脱盐、换热网络、常压蒸馏、减压蒸馏、加热炉及其烟气余热回收等组成。原油在常压塔内被分割成石脑油和侧线煤油、柴油等馏分，塔底为常压重油，沸点一般高于350℃。为了防止常底油结焦和分解，需要将常压重油在减压真空条件下进行蒸馏，减压塔就是进一步从常压重油中分离出重质油料的蒸馏设备，通过减压蒸馏可以从常压重油中蒸馏出沸点约550℃以前的馏分油。

减压塔的抽真空系统是保持减压塔呈真空状态的重要设施，可以采用蒸汽喷射器(也称蒸汽喷射泵或抽空器)或机械真空泵，图4-11是典型的减压抽真空系统流程图。

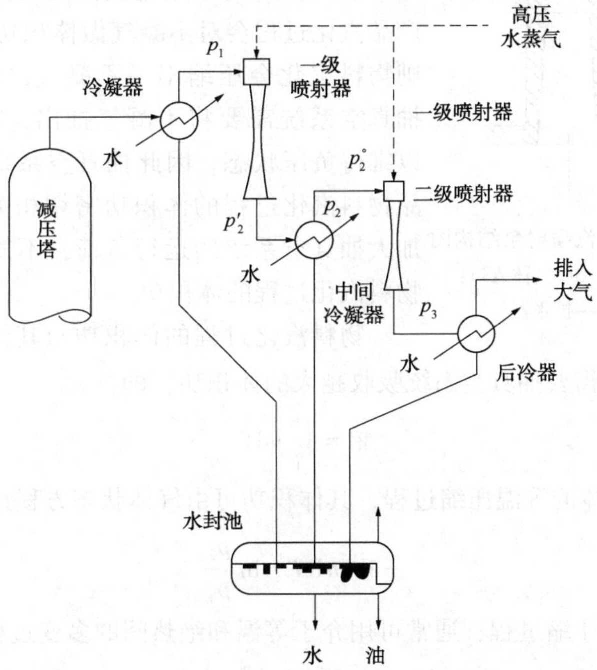

图4-11 常减压装置抽真空系统流程图

图4-11中，减压塔顶的不凝气、水蒸气和少量油气首先进入冷凝器，水蒸气和油气被冷凝后排入水封池，不凝气则由一级喷射器抽出从而在冷凝器中形成真空，由一级喷射器抽出来的不凝气再排入中间冷凝器，将一级喷射器排出的水蒸气冷凝，不凝气再由二级喷射器抽走而排入大气。蒸汽喷射器由喷嘴、扩张器和混合室构成，具体结构如图4-12所示。

图4-12中，高压蒸汽由蒸汽入口进入喷射器，先经收缩喷嘴将压力能变成动能，在喷嘴出口处可以达到极高的速度(1000~1400m/s)，从而形成高真空度。蒸汽喷射器的能量利用效率较低，仅2%左右，其中末级蒸汽喷射器的效率最低，机械真空泵的能量利用效率一般比蒸汽喷射器高8~10倍。

对减压塔进行碳足迹评价时，需要将上述蒸汽产生的碳排放量分配到减压塔各个侧线产品当中。

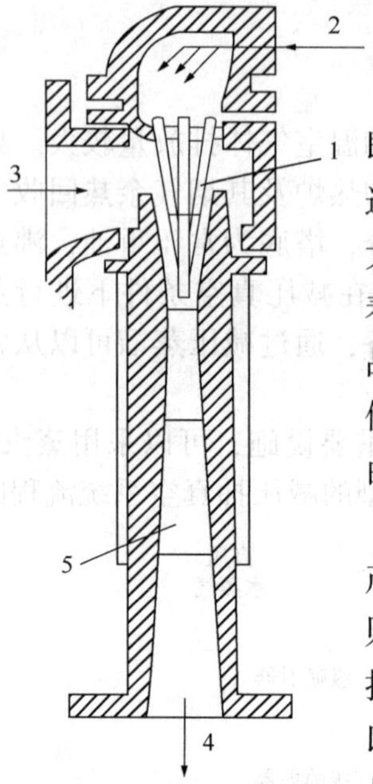

图 4-12　常减压装置蒸汽喷射泵结构图
1—喷管；2—蒸汽入口；3—气体入口；
4—混合气出口；5—扩张器

2. 抽真空系统碳排放分配

减压塔的真空环境可以促进塔内气相物料的生成，即有利于各侧线产品的拔出。减压塔产品在减压塔的进料段呈气相状态，各侧线产品在塔底气相中的分压大小代表了物料拔出（汽化）的难易程度，分压大意味着其更易拔出。原料进入减压塔后，不凝气和侧线产品组分会在进料段汽化，该过程会对塔内的负压环境做体积功。抽真空系统需要将不凝气体抽至塔外，即由负压压缩至常压环境，以维持塔内与环境的压差。

抽真空系统虽然直接抽走的是不凝气体，但侧线产品汽化过程会对不凝气做体积功。若无抽真空系统，则物料汽化会压缩不了不凝气，导致塔内压力升高，抽真空系统需要将不凝气抽出，吸收此部分体积功，以维持负压状态。因此抽真空系统能耗与塔内侧线产品物料汽化过程的体积功密切相关，物料汽化过程会加大抽真空系统的运行负荷，不凝气仅是传递了产品物料汽化过程的体积功。

物料汽化过程的体积功与其体积直接相关，即产品汽化后体积越大，需要抽真空系统吸收越大的体积功，即：

$$W = \int_{V_1}^{V_2} p\mathrm{d}V$$

对 n mol 理想气体的等温压缩过程，其体积功可由气体状态方程计算，如下式：

$$-W = n\mathrm{R}T \cdot \ln \frac{p_2}{p_1}$$

对于实际气体的压缩过程，通常可用介于等温和绝热间的多变过程表示，如下式，

$$p_1 V_1^m = p_2 V_2^m \tag{4-17}$$

式中，m 为多变指数；V_1 和 V_2 分别为压缩前后体积，m^3；p_1 和 p_2 分别为压缩前后压力，Pa。

则对于 n mol 气体压缩过程的体积功如下式：

$$W = \frac{n}{m-1} \mathrm{R}[T_1 - T_2] \tag{4-18}$$

当 $m=1$ 时，即为等温压缩，当 $m=k$ 时，即为绝热压缩。因此对于多个组分的气体混合物，由初态 T_1 压缩至 T_2，各组分所消耗体积功与其摩尔流率成正比。

因此按照体积分成（或分压或摩尔流率）分配抽真空过程的碳排放可以体现生产不同产品所消耗的能量多少，该能量消耗是产生碳排放量的主要原因，由此评价的产品碳足迹结果更加符合抽真空系统客观实际。

3. 分配过程

实际计算中，可根据抽真空系统的能耗数据，确定减压塔各侧线产品生产过程中的碳排放量，排放源包含消耗蒸汽、电力产生排放，如下式：

$$E_s=C_s\cdot f_s+C_p\cdot f_p \tag{4-19}$$

式中　E_s——抽真空系统的碳排放量；

C_s——常减压装置抽真空系统的蒸汽消耗量；

C_p——常减压装置抽真空系统的电消耗量；

f_s——常减压装置抽真空系统的蒸汽排放因子；

f_p——常减压装置抽真空系统的电力排放因子。

根据减压塔侧线产品的恩氏蒸馏曲线、相对密度、S 含量等，计算减压塔侧线产品的平均相对摩尔质量，其计算过程如图 4-13 所示。

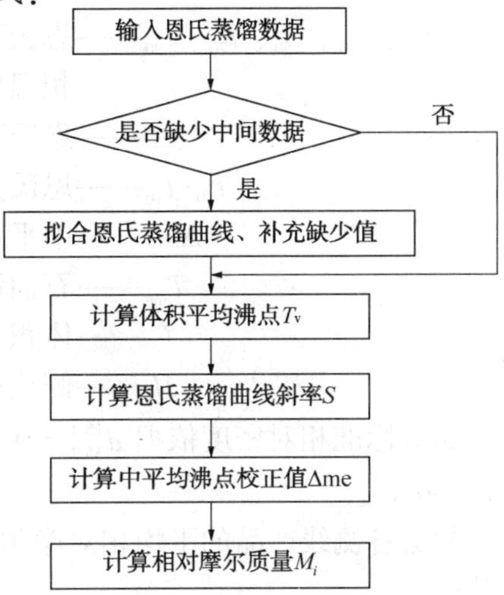

图 4-13　侧线产品相对摩尔质量计算过程图

当恩氏蒸馏数据中缺少部分馏出体积沸点时，可按照以下公式拟合恩氏蒸馏曲线，并补充计算 10%、30%、50%、70%、90%馏出体积的气相温度 t：

$$t=t_0+a\cdot\left[-\ln\left(1-\frac{V}{101}\right)\right]^b \tag{4-20}$$

根据恩氏蒸馏曲线馏出体积 10%、30%、50%、70%、90%的气相温度 t_{10}、t_{30}、t_{50}、t_{70}、t_{90}，计算体积平均沸点 T_V，公式如下：

$$T_V=\frac{t_{10}+t_{30}+t_{50}+t_{70}+t_{90}}{5}+273.15℃ \tag{4-21}$$

根据恩氏蒸馏曲线馏出体积 10%到 90%之间的沸点值，计算恩氏蒸馏曲线斜率 S，公式如下：

$$S=\frac{t_{90}-t_{10}}{80} \tag{4-22}$$

根据所述体积平均沸点 T_V 和所述恩氏蒸馏曲线斜率 S，计算各侧线产品中平均沸点校正值 Δme，公式如下：

$$\Delta me=\exp(-0.23697-0.012557\cdot T_V^{0.6667}+3.794295\cdot S-1.99733\cdot S^2+0.581655\cdot S^3-0.063981\cdot S^4) \tag{4-23}$$

根据体积平均沸点 T_V 与平均沸点校正值 Δme，得到各侧线产品的中平均沸点 T_{me}，公式如下：

$$T_{me}=T_V-\Delta me \tag{4-24}$$

根据减压塔各侧线产品的物性数据，计算平均相对摩尔质量，公式如下：

$$M_i=0.654494\times10^{-4}\cdot T_{me}^{2.3489}\cdot d_4^{20-1.07276} \tag{4-25}$$

式(4-20)～式(4-25)中　t——不同馏出体积 V 时的气相温度,℃；

t_0——初馏点温度,℃;

V——馏出体积,%;

a、b——恩氏蒸馏曲线参数;

t_{10}、t_{30}、t_{50}、t_{70}、t_{90}——恩氏蒸馏曲线馏出体积10%、30%、50%、70%、90%的气相温度,℃;

S——恩氏蒸馏曲线斜率,℃/%;

$t_{90}-t_{10}$——恩氏蒸馏曲线斜率中10%~90%之间部分蒸馏数据;

Δme——中平均沸点校正值,℃;

T_{me}——石油馏分中平均沸点，K;

T_V——体积平均沸点，K;

M_i——侧线产品i的平均相对摩尔质量，kg/kmol。

20℃标准相对密度依据 $d_{15.6}^{15.6}=0.994267\cdot d_4^{20}+0.009142$ 国际标准相对密度转换得到，单位 kg/m^3。

根据各侧线产品的平均相对摩尔质量和抽真空系统的碳排放量，计算各侧线产品的碳排放量。

根据减压塔各侧线产品的平均相对摩尔质量 M_i 和侧线产品的质量流量 m_iF_i，计算各侧线产品 m_i 的摩尔流量 F_i，公式如下：

$$F_i=\frac{m_i}{M_i} \tag{4-26}$$

根据减压塔抽真空系统的碳排放量 E_s 和各种侧线产品的摩尔流量 F_i，计算各侧线产品碳排放量 ΔCE_i，公式如下：

$$\Delta CE_i=\frac{E_s}{\sum_i F_i}\cdot F_i \tag{4-27}$$

式中 ΔCE_i——减压塔侧线产品i的碳排放量，$kgCO_2$;

$\sum_i F_i$——所有侧线产品的摩尔流量，kmol/h;

F_i——侧线产品i的摩尔流量，kmol/h。

根据减压塔各侧线产品的碳排放量 ΔCE_i 和侧线产品的质流量 m_i，计算减压塔各侧线产品碳足迹 ΔCF_i，公式如下：

$$\Delta CF_i=\frac{\Delta CE_i}{m_i} \tag{4-28}$$

式中 ΔCF_i——侧线产品i在抽真空生产过程中的碳排放足迹，$kgCO_2/t$;

m_i——侧线产品i的质量流量，t/h。

4. 应用案例

某1000万t/a常减压装置减压塔的物料平衡和减压塔各侧线产品的物性数据见表4-6和表4-7，上述常减压装置的减压塔顶采用二级蒸汽抽真空系统，消耗1.0MPa，消耗量为13t/h。

表 4-6 减压塔物料平衡数据

物料项目		流量/(t/h)	收率(对减压塔)/%(质)
原料	常压塔底油	695.4	100.0
	合计	695.4	100.0
产品	减压塔顶油气	4.4	0.7
	减一线	48	6.9
	减二线	214	30.8
	减三线	107	15.4
	减四线	39	5.6
	减压渣油	283	40.7
	合计	695.4	100.1

表 4-7 减压塔各侧线产品的物性数据

标定项目		减压塔顶油气	减一线	减二线	减三线	减四线	减压渣油
流量/(t/h)		4.4	48	214	107	39	283
出塔温度/℃		66	116	233	346	384	357
馏程/℃	初馏点	60.0	235.0	288.0	393.0	401	422.0
	10%	118.0	253.0	340.0	473.0	482	527.0
	20%	137.0	264.0	353.0	490.0		
	50%	170.0	282.0	413.0	528.0	522	
	90%	233.0	307.0	477.0	565.0	562	
	95%	258.0		492.0	574.0	589	
	98%	270.0	318.0	502.0	598.0	610	
密度 d_4^{20}/(kg/m³)		777.3	857.3	912.5	949.8	966.6	1053.6

根据抽真空系统的蒸汽消耗量 C_s 和蒸汽排放因子 f_s，计算抽真空系统在生产运行过程中的碳排放量 E_s：

$$E_s = 226.82 \times 13 = 2948.66\text{kg}CO_2/\text{h}$$

根据上述减压塔各侧线产品物性数据，计算减压塔各侧线产品的平均相对摩尔质量，以减一线为例，由 $t_0 = 235℃$，$t_{10} = 253℃$，$t_{50} = 282℃$，求得蒸馏曲线模型参数 $a = 57.09$，$b = 0.51051$，利用蒸馏曲线模型求得恩氏蒸馏数据中缺少的部分馏出体积的气相温度 $t_{30} = 268.5℃$，$t_{70} = 297.2℃$。

根据恩氏蒸馏曲线计算体积平均沸点：

$$T_V = \frac{t_{10}+t_{30}+t_{50}+t_{70}+t_{90}}{5} + 273.15 = \frac{253+268.5+282+297.2+307}{5} + 273.15 = 554.69\text{K} = 281.54℃$$

根据恩氏蒸馏曲线馏出体积 10%到 90%之间的沸点值，计算恩氏蒸馏曲线斜率 S：

$$S = \frac{t_{90}-t_{10}}{80} = \frac{307-253}{80} = 0.675℃/\%$$

根据体积平均沸点 T_V 和恩氏蒸馏曲线斜率 S，计算减一线馏分中平均沸点校正值 Δme：

$\Delta me = \exp(-0.236097 - 0.012557 \cdot T_V^{0.6667} + 3.794295 \cdot S - 1.99733 \cdot S^2 + 0.581655 \cdot S^3 - 0.063981 \cdot S^4)$

$= \exp(-0.236097 - 0.012557 \cdot 281.54^{0.6667} + 3.794295 \cdot 0.675 - 1.99733 \cdot 0.675^2 + 0.581655 \cdot 0.675^3 - 0.063981 \cdot 0.675^4) = 2.83K$

根据体积平均沸点 T_V 与平均沸点校正值 Δme，计算减一线馏分的中平均沸点 T_{me}：

$$T_{me} = T_V - \Delta me = 554.69 - 2.83 = 551.86K$$

根据减一线馏分中平均沸点 T_{me}，计算减一线馏分的平均摩尔质量 M_i：

$M_i = 0.654494 \times 10^{-4} \cdot T_{me}^{2.3489} \cdot d_4^{20-1.07276} = 0.654494 \times 10^{-4} \cdot 551.86^{2.3489} \cdot 0.8573^{-1.07276} = 212.77kg/kmol$

同理可计算其他侧线产品的平均摩尔质量 M_i，计算结果见表 4-8。

表 4-8　减压塔各侧线产品平均摩尔质量计算结果

项目	减压塔顶油气	减一线	减二线	减三线	减四线
蒸馏曲线模型参数 a	125.23	57.09	149.30	150.10	131.25
蒸馏曲线模型参数 b	0.34044	0.51051	0.46652	0.27832	0.21348
体积平均沸点 T_V/℃	172.27	281.53	411.83	524.30	521.81
蒸馏曲线斜率 S/(℃/%)	1.438	0.675	1.713	1.150	1.000
中平均沸点校正值 Δme/℃	8.64	2.83	8.00	4.23	3.54
中平均沸点 T_{me}/K	436.77	551.85	676.98	793.22	791.42
平均摩尔质量 M_i/(kg/kmol)	136.5	212.8	321.6	447.0	436.3

根据抽真空系统的碳排放量 E_s 和减压塔各侧线产品的摩尔流量 F_i，计算减压塔各侧线产品的碳排放量 ΔCE_i，例如减一线产品碳排放量为：

$$\Delta CE_i = \frac{E_s}{\sum_i F_i} \cdot F_i = \frac{2948.66}{1252.07} \times 225.60 \approx 531.3kgCO_2/h$$

则，减一线产品的碳足迹：

$$\Delta CF_i = \frac{\Delta CE_i}{m_i} = \frac{531.3}{48} \approx 11.069kgCO_2/t$$

同理可计算其他侧线产品碳排放量和碳足迹，结果见表 4-9。

表 4-9　减压塔侧线产品的碳足迹分配结果

项目	减压塔顶油气	减一线	减二线	减三线	减四线
平均相对摩尔质量 M_i/(kg/kmol)	136.45	212.77	321.59	446.98	436.31
摩尔流量 F_i/(kmol/h)	32.25	225.60	665.45	239.38	89.39
碳排放 ΔCE_i/($kgCO_2$/h)	75.94	531.30	1567.16	563.76	210.51
碳足迹 ΔCF_i/($kgCO_2$/t)	17.259	11.069	7.323	5.269	5.398

由表4-9可知，减压塔各侧线产品越重，抽真空过程的碳足迹越低，这主要是由于产品越重，其平均相对摩尔质量 M 较大，使得其体积较小，因此抽真空系统对其做的体积功也较小，尤其降低减压系统不凝气含量，对减少抽真空能耗具有重要作用。

三、反应过程碳足迹

1. 背景

石化生产中存在大量物料在反应器内的化学反应过程，在化学反应中，反应物分子、原子间的化学键重新组合，完成从反应物到产物的转化，在反应物化学键的破坏和产物化学键形成的过程中，会发生化学能的变化，产生热效应。石化生产过程通常需要消耗燃料或其他能源提供反应所需热量，或者通过取出反应热保证生产的正常进行，此时会产生碳排放或抵扣。碳足迹评价中需要将反应过程的碳排放分配到产物当中，化学反应的热效应越大，分配方法对评价结果的科学性越重要，研究以化学反应热及能量平衡为基础的分配方法对于科学评价反应过程碳足迹具有重要意义。

氢气作为石化生产过程重要的副产物广泛存在，副产氢过程是石化生产中热效应较大的反应之一，例如丙烷脱氢制丙烯、乙苯脱氢制苯乙烯、重整副产氢、蒸汽裂解副产氢、氯碱副产氢等。在计算氢气产品碳足迹时，采用质量分配法，即按照产物的质量占比分配共生过程的碳排放会产生较大偏差。一方面，氢气的能量含量(单位质量热值)较高，见表4-10，氢气燃烧热值接近汽油的3倍，因此生成氢气这种高能量含量的产物时，需要生产过程提供较多的能量供入，集中体现在脱氢反应是强吸热反应，制氢(或工业副产氢)过程消耗的加热炉燃料(或其他能量形式)较多，并伴随大量碳排放，因此带有脱氢反应和副产氢的工艺装置通常能耗会较高、碳排放量较大。另一方面，由于氢气密度较低，氢气(或工业副产氢)在反应产物中的质量占比较小，按产物质量分配的碳排放较少，由此计算的氢气碳足迹结果不能体现生产过程的能量转移规律。

表4-10 几种燃料的燃烧热值 10^4kJ/kg

序号	能源种类	燃烧热值	序号	能源种类	燃烧热值
1	柴油	4.56	5	氢气	12.0
2	汽油	4.64	6	焦炭	3.0
3	煤油	4.61	7	甲醇	1.97
4	丙烷	4.96			

石化生产中的副产氢不同于以氢气为主要产品的煤制氢过程。煤制氢过程以煤和水为反应物，通过煤气化提供反应热将反应物——水分解，进而得到氢气，该过程产生的碳排放既是由于提供汽化反应热量导致，也是由气化反应生成二氧化碳所导致。而石化副产氢过程往往需要消耗加热炉燃料提供脱氢反应热，而且热量需通过生产设施供入反应体系之中，加之反应过程存在多个产物，因此碳排放的分配具有较大难度。

2. 分配基准

由于石化副产氢过程的碳排放大部分是由能量消耗导致的，因此开展石化副产氢过程的碳足迹评价需要以该过程的能量转化规律和产品在生产过程的能量演化路径为基础，这样才能客观反映产品获取过程的能量消耗和碳排放量。

以丙烷脱氢反应为例，该过程为吸热反应，生产中需要加热炉消耗燃料供入能量并产生大量碳排放，分析化学反应热的去向是研究反应过程能量转化转移的重要基础。化学反应热的计算方法有 3 种：①采用反应物和产物的标准摩尔生产焓计算；②由反应物和产物的标准摩尔燃烧焓计算；③由化学键键焓计算。丙烷脱氢反应相关标准摩尔生产焓和标准摩尔燃烧焓数据见表 4-11。

表 4-11　丙烷脱氢反应相关数据　kJ/mol

序号	物质	标准摩尔生成焓	标准摩尔燃烧焓
1	丙烷	-103.85	2219.9
2	丙烯	20.42	2058.52
3	氢气	0	285.83

采用标准摩尔生成焓法，丙烷脱氢制备丙烯反应热：

$$\Delta_r H = 20.41 - (-103.85) = 124.26\text{kJ/mol}$$

采用标准摩尔燃烧焓法，丙烷脱氢制备丙烯反应热：

$$\Delta_r H = 2058.52 + 285.83 - 2219.9 = 124.45\text{kJ/mol}$$

采用键焓法估算化学反应热相关数据见表 4-12。

表 4-12　常用化学键键焓

序号	键	键焓/(kJ/mol)	序号	键	键焓/(kJ/mol)
1	C—H	412	3	C ═C	612
2	C—C	348	4	H—H	436

$$\Delta_r H = 8\times412 + 2\times348 - (6\times412 + 612 + 348 + 436) = 124\text{kJ/mol}$$

键焓法以化学反应是原子或原子团的重新排列为依据，以反应过程化学键的断裂数和生成数为基础计算反应热。在丙烷脱氢制丙烯过程中，丙烷分子中的两个 C—H 键断裂，吸收 2×412 = 824kJ/mol 热量；之后两个 C·(碳自由基)形成 C ═C，释放 612 - 348 = 264kJ/mol 热量，两个 H·(氢自由基)形成 H_2，释放 436kJ/mol 热量。从反应的整体过程看，由于化学键断裂的吸热量大于化学键形成所放出的热量，因此需要外界补入热量 824-(436+264)= 124kJ/mol，该热量即为反应热。

上述 3 种计算化学反应热的方法看似不同，但其实质均是以人为选取的基准态为基础，按照过程热量与状态焓的对应关系，将反应热从与状态变化过程有关的过程量转化为与物质状态有关的状态量，即标准摩尔生成焓、标准摩尔燃烧焓、键焓，由这些状态量的变化计算化学反应过程的反应热。

标准摩尔生成焓的基准态是最稳定的单质合成反应物和产物之间的化学焓变，如图 4-14所示。

标准摩尔燃烧焓的基准态是反应物和产物完全氧化为同温度下 CO_2 和 H_2O 的化学焓变，如图 4-15 所示。

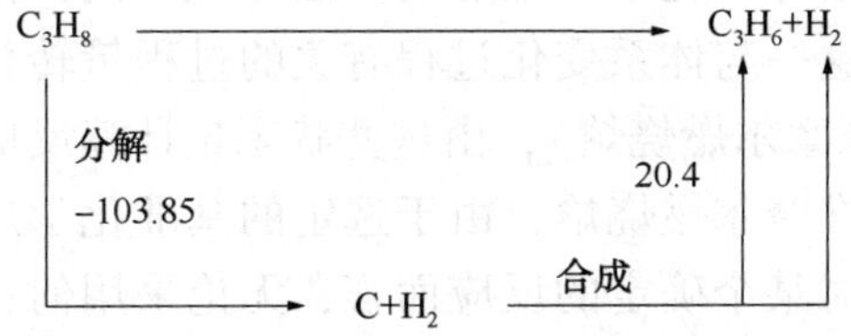

图 4-14 丙烷脱氢反应过程图
(摩尔生成焓法，单位：kJ/mol)

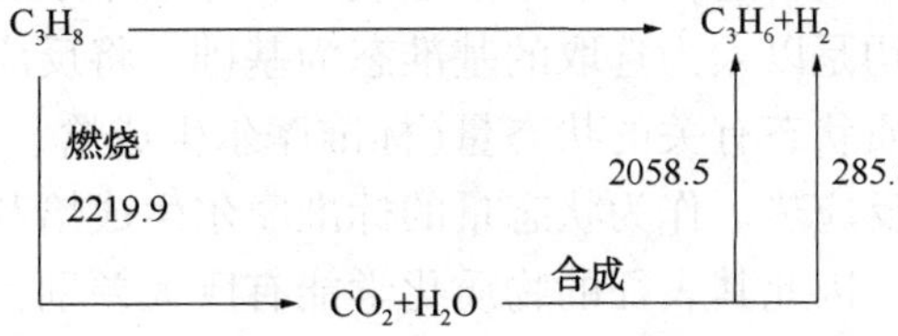

图 4-15 丙烷脱氢反应过程图
(摩尔燃烧焓法，单位：kJ/mol)

化学键焓的基准态是反应物和产物解离为反应过渡态物质的焓变，如图 4-16 所示。

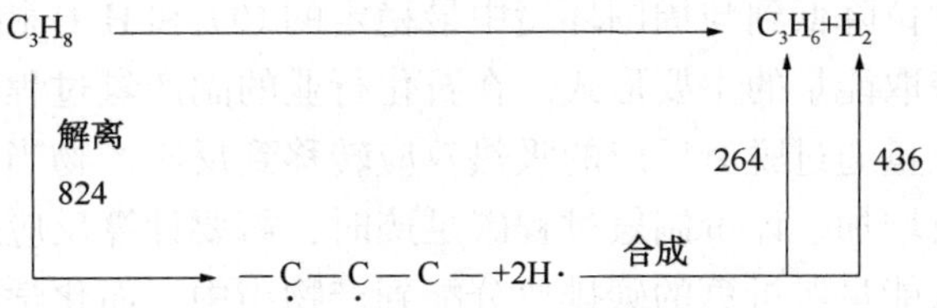

图 4-16 丙烷脱氢反应过程图
(化学键焓法，单位：kJ/mol)

在上述 3 种不同的基准态体系下，化学反应的过程都是反应物释放(或吸收)一定热量达到基准态，同时外界供入热量推动基准态物质转化为产物，如何将反应热合理地分配到产物当中，是科学分配碳排放的重要基础，而这对碳足迹评价的科学性至关重要。

由于脱氢反应过程是吸热反应，因此石化副产氢过程需要供入能量作为反应热，而反应热是化学反应的产物和反应物在热力学状态上有所差别的重要体现，是工业过程燃烧燃料产生碳排放的重要根源和能量的主要去向。如何将供入反应中的热量在产物之间进行分配，是打通能量平衡用于副产氢碳足迹评价逻辑链条的重要一环。

1）物质是能量的载体。能量是推动物质产生运动变化的根本和源泉，是体系与环境之间交换功和热的度量，物质运动的变化往往通过能量转化为作用于体系的外力得以实现，因此，能量(动能、势能、内能、化学能)是可以推动物质从一种状态变化到另一种状态的能力，在变化过程中能量总量是守恒的，但会从一个物质(或形式)转移(或转换)到另一个物质(或形式)当中，因此物质是能量存在的载体和作用的对象。

2）化学能与特定化学反应相对应，吸热反应的产物化学能比反应物有所增加。化学能是以化学反应过程的热效应为能量来源的能量形式，它是化学反应中化学键断裂和形成过程发生的能量变化，因此化学能不仅是存在于反应物当中，还与反应物发生何种反应过程相对应，因此评价物质化学能的大小必须以其发生的化学反应为前提。目前由标准摩尔生成焓和标准摩尔燃烧焓计算化学反应热的方法，也是以某种基准化学反应为化学能的形式之一。以丙烷脱氢制备丙烯并副产氢气为例，其反应式如下：

$$C_3H_8 \longrightarrow C_3H_6+H_2$$

标准摩尔生成焓和标准摩尔燃烧焓作为化学能的两种形式对应不同的基准态物质和基准反应，其数据见表 4-11。

如前所述，标准摩尔生成焓和标准摩尔燃烧焓计算化学反应热的方法看似不同，但其实质均是以人为选取的基准态为基础，将反应热这一与体系变化过程有关的过程量转化为与物质状态有关的状态量(标准摩尔生成焓、标准摩尔燃烧焓)，由这些状态量计算反应过程的反应热。作为状态量的标准摩尔生成焓和标准摩尔燃烧焓，由于选定的基准化学反应不同，因此其表征的物质化学能有巨大差别，但对某个确定的反应而言，无论采用何种形式的化学能作为基准，其计算的反应热数值是一定的。当化学反应为吸热反应时，由于外界供入体系能量，因此反应产物的化学能相比反应物会有所增加，反之会减小。

3) 以燃烧热作为碳足迹评价中化学能的表征基准。目前，化石能源通过燃烧(以其化学位降低到与周围环境中最稳定的 CO_2 和 H_2O 相同为限)释放氧化反应热(燃烧热)是人类获取能量的主要形式。在石化行业的副产氢过程中，加热炉消耗燃料释放燃烧反应热，该热量通过脱氢反应的吸热效应转移到反应产物当中，因此反应产物的化学能相比反应物有所增加。评价制氢过程碳足迹时，需要计算反应过程中物质化学能的增加值，并以此将供入能量所折算的碳排放分配到产物当中，而化学能的选择基准(对应的反应过程)对碳足迹评价的科学性至关重要。

氢气可发生的化学反应较多，例如 H_2 与 O_2 生成水，H_2 与 CO 发生费托反应生产烃类，H_2 与 Cl_2 生成 HCl，H_2 还原 CuO 等。以 H_2 与 O_2 生成水的反应作为评价氢气碳足迹的化学能基准反应具有重要意义，此即为燃烧热基准。

一是该基准与热量获取过程的化学反应一致。如前所述，脱氢过程是吸热反应，反应产物的化学能相比反应物有所增加，该部分增加的化学能来自燃料燃烧所放出的热量并伴随碳排放，燃料燃烧的最终产物是 CO_2 和 H_2O。因此以石化副产氢反应前后的燃烧热增加量折算碳排放相比于产物生成热增加量可以更加准确地反映该过程化学能增加的来源及其产生的碳排放，其计算的基准是统一的，体现了制氢过程的热量获取、热量转移、反应热转化和化学能增加等过程路径的一致性，其对比过程如图 4-17 所示。

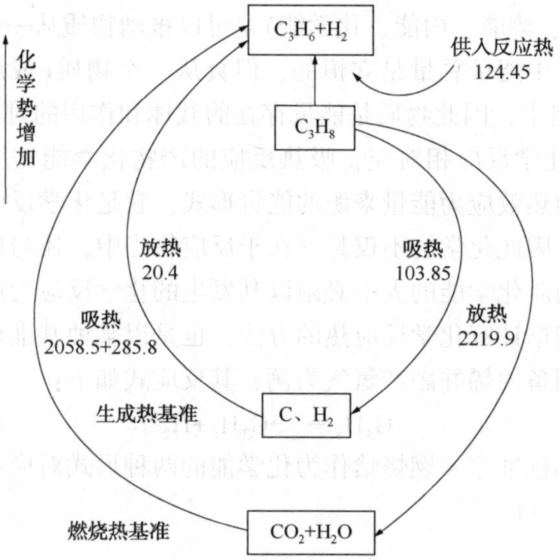

图 4-17 不同基准态表征的化学能对比(单位：kJ/mol)

图 4-17 物质的上下关系顺序表示了化学势大小，其中 CO_2 和 H_2O 的化学势最低，单质态 C 和 H_2 其次，C_3H_8 再次之，$C_3H_6+H_2$ 的化学势最高。生成热的基准态物质和燃烧热的基准态物质化学势不同。由于供给脱氢过程反应热的能量是由燃料燃烧为 CO_2 和 H_2O 的过程提供，其基准态是与燃烧热相同的。

二是燃烧热基准更加符合现实条件的应用实际。氢气作为活泼元素，在人类生产生活环境当中极少以游离态氢气存在，因此应用摩尔生成焓作为表征化学能变化的现实基础不充实，而氢气最主要的存在形式是水，是人类利用氢气最重要和最终的物质形态，氢气与氧气生成水的反应符合氢气存在形式的客观实际，评价的适用面更加广泛。

三是大量可燃物质的燃烧热数据较丰富，可以为碳足迹评价提供支撑。

四是基于燃烧热数据的化学能需要较高的数据精确度，因为燃烧热数值相比一般反应热(例如丙烷脱氢)要大很多，通过几个较大数据的加减计算一个较小数据，会使得较大数据的精确度对计算结果的影响显著，输入数据的细微波动就会造成结果的剧烈变化，因此燃烧热数据的准确性至关重要。

3. 分配方法

建立以燃烧热为物质化学能的基准方法后，燃烧热的转移、转化过程将符合守恒定律，即燃烧热既不能凭空产生，也不会消亡，只能由一种物质转移到另一种物质当中。因此，对于由燃料燃烧热提供脱氢反应热的过程，燃料燃烧热通过脱氢反应的吸热效应转移到产物之中，由此可以建立以燃烧热为能量形式的平衡关系，并计算产物的碳足迹。

按照产物燃烧热值分配反应热具有一定的实践意义。以丙烷脱氢制丙烯而言，该反应所生成的氢气，其燃烧热为 286kJ/mol，丙烷中氢元素的燃烧热需由丙烷部分氧化制丙烯计算，反应如下式：

$$2C_3H_8+O_2 \longrightarrow 2C_3H_6+2H_2O(g)$$

该反应吸热量为 235kJ/mol，由 C—H 键和 H—O 键的键能可校核计算该反应热，见表 4-13 和表 4-14。

表 4-13　常用化学键键焓

序号	键	键焓/(kJ/mol)	序号	键	键焓/(kJ/mol)
1	C—H	412	5	C═O	750
2	C—C	348	6	H—O	463
3	C═C	612	7	O═O	498
4	H—H	436			

表 4-14　丙烷氧化脱氢反应热

反应物			产物		
化学键	个数	键能/(kJ/mol)	化学键	个数	键能/(kJ/mol)
C—H	16	6592	C═C	2	1224
C—C	4	1392	C—C	2	696

续表

反应物			产物		
化学键	个数	键能/(kJ/mol)	化学键	个数	键能
O═O	1	498	C—H	12	4944
合计		8482	H—O	4	1852
			合计		8716

由表 4-14 可知，该反应 1mol 计量的键能增加 8716-8482=234kJ，与文献值接近。上述反应产物水为气相，25℃条件下水蒸气汽化热 44.0kJ/mol，燃烧热体系下水的基准态为液态，则对应丙烷部分氧化反应的反应热(即氢元素燃烧热)为 235+44.0×2=323kJ/mol，而该反应 1mol 计量对应 2mol H_2，所以对应氢元素的燃烧热为 162kJ/mol。

图 4-18 表示了丙烷脱氢反应、丙烷部分氧化反应和燃烧热基准反应体系的反应路径。

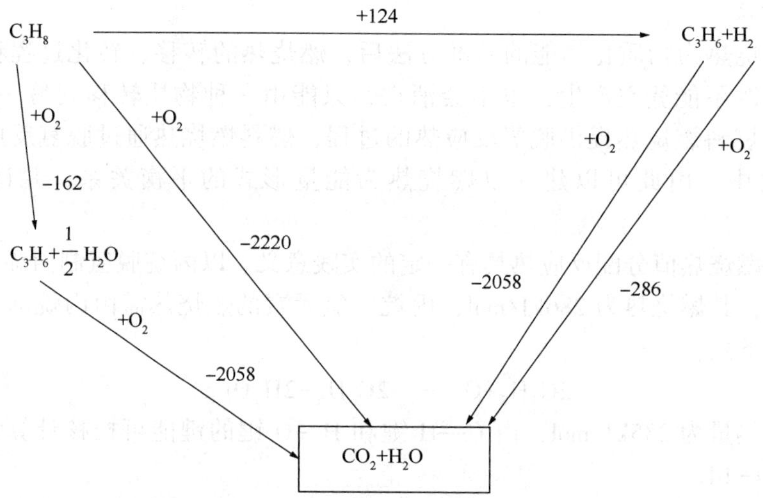

图 4-18　反应路径设计示意图(单位：kJ/mol)

在图 4-18 反应路径当中，丙烷完全燃烧的反应热为 2220kJ/mol，丙烷部分氧化为丙烯的反应热为 162kJ/mol，丙烯完全氧化的反应热为 2058kJ/mol，丙烷部分氧化与丙烯完全氧化两个反应的反应热之和与丙烷完全燃烧的反应热相等，即符合盖斯定律。实际上，丙烷中氢元素的燃烧热，可由丙烷与丙烯燃烧热的差值计算。

丙烷脱氢反应所生成氢气的燃烧热为 286kJ/mol，对比丙烷中氢元素燃烧为 162kJ/mol，则该反应前后氢元素生成氢气的燃烧热增加 286-162=124kJ/mol，该热量与脱氢反应的反应热相等。同时，对比该过程的主反应物丙烷与丙烯的燃烧热可知，反应前后其燃烧热是降低的(丙烷 2220kJ/mol、丙烯 2058kJ/mol)，即化学能减少(162kJ/mol)，其降低的燃烧热会随着反应过程转移到氢气的燃烧热当中。由此可以看出，脱氢反应所生成氢气的燃烧热由两部分构成：一部分由外界供入 124kJ/mol 反应热提供，另一部分由丙烷与丙烯燃烧热的差值部分(162kJ/mol)提供。

由于反应物和主产物燃烧热的变化会转移到副产氢气当中，因此可以抵扣部分过程碳排放，其所抵扣的碳排放应按照该过程外界提供热量的碳排放因子计算，其碳足迹如下式：

$$\Delta CF_i = \frac{(H_{cp,i} - H_{cr}) \cdot E}{m_{p,i}} \tag{4-29}$$

式中　ΔCF_i——反应产物 i 的碳足迹，$kgCO_2/t$；

$H_{cp,i}$——反应产物 i 的燃烧热，kJ/kg；

H_{cr}——反应物的燃烧热，kJ/kg；

$m_{p,i}$——反应产物 i 的产量，t；

E——消耗外部供入能量的碳排放因子，tCO_2/GJ。

氢气碳足迹可由下式计算：

$$\Delta CF_h = \frac{[(H_{cr} - \sum H_{cp,i}) + \Delta_r H] \cdot E}{m_h} \tag{4-30}$$

式中　ΔCF_h——氢气产品的碳足迹，$kgCO_2/t$；

$\Delta_r H$——脱氢反应过程的反应热，kJ/mol；

m_h——氢气产量，t。

其中氢气燃烧热由反应热和产物与反应物燃烧热差值两部分构成，即：

$$\Delta CH = \left(H_{cr} - \sum H_{cp,i}\right) + \Delta_r H \tag{4-31}$$

因此，对于由燃料燃烧热供入能量的氢气生产过程，氢气的燃烧热，即热值是由燃料的热值转化而来，即燃料燃烧反应的化学能(热值)转化到氢气燃烧反应的化学能(热值)之中。

除此之外，在该反应过程中，虽然由丙烷生成丙烯前后的燃烧热是降低的，但该过程并未释放或吸收二氧化碳，该燃烧热差值仅仅是能量衡算中构成了氢气燃烧热的一部分，而氢气的燃烧热是由此差值和加热炉提供热量两部分构成。该部分燃烧热并不能降低加热炉的燃料消耗，因此由此差值折算的碳足迹并不能真实反映氢气获取过程的碳排放抵扣。因此，考虑到丙烷在反应中虽然有燃烧热降低，但并未有实际的碳排放或抵扣产生，可认为其碳足迹是没有变化的，由此可以将该反应过程的碳排放完全计入副产氢气当中，如下式：

$$\Delta CF_h = \frac{\Delta_r H \cdot E}{m_h} \tag{4-32}$$

4. 实施案例——丙烷脱氢

某 60 万 t/a 丙烷脱氢装置由预处理、反应、催化剂再生和分离 4 个工艺单元以及配套的公用工程部分组成，其物料平衡见表 4-15。

表 4-15　某 60 万 t/a 丙烷脱氢装置物料平衡

原料			产物		
原料	数量/(万 t/a)	收率/%(质)	产物	数量/(万 t/a)	收率/%(质)
FCC 丙烷	15.20	21.28	丙烯	60.00	84.00
乙烯循环丙烷	4.80	6.72	含氢气体	4.94	6.91

续表

原料			产物		
DCC 丙烷	20.80	29.12	富乙烷气	3.93	5.50
进口丙烷	30.09	42.12	C_{4+}组分	2.56	3.59
PSA 氢气	0.55	0.76			
合计	71.44	100.00	合计	71.43	100.00

表 4-15 中，原料中 PSA 氢气主要用于原料预处理过程加氢及产物中炔烃的加氢，产物中 C_{4+}组分是在预处理单元的丙烷塔底分离得到，并未参与脱氢反应过程。各原料和产物组成可见表 4-16 和表 4-17。

表 4-16　原料组成表　　%(摩尔)

组分	FCC 丙烷	乙烯循环丙烷	DCC 丙烷	进口丙烷
乙烷	—	—	—	1.50
丙烷	96.00	97.50	97.00	95.0
丙烯	1.90	0.50	2.97	—
丙二烯	—	1.50	—	—
丙炔	—	0.50	—	—
C_{4+}组分	2.10	—	—	—
异丁烷	—	—	0.01	2.80
正丁烷	—	—	0.02	0.70
合计	100.00	100.00	100.00	100.00

表 4-17　产物组成表　　%(摩尔)

组分	丙烯	含氢气体	富乙烷气	C_{4+}组分
氢气	—	93.81	5.01	—
甲烷	—	5.93	19.67	—
乙烷	—	0.18	71.22	—
乙烯	—	0.04	3.82	—
丙烷	0.4	0.02	0.07	11.35
丙烯	99.6	0.02	0.20	—
正丁烷	—	—	—	22.02
异丁烷	—	—	—	47.97
C_4 烯烃	—	—	—	1.98
对二乙基苯	—	—	—	16.68
合计	100.00	100.00	99.99	100.00

丙烷脱氢反应过程的副反应包括丙烷裂解和乙烯加氢反应，如下式：

$$C_3H_8 \longrightarrow CH_4+C_2H_4 \quad \Delta_r H_{298K}=81kJ/mol$$

$$C_2H_4+H_2 \longrightarrow C_2H_6 \quad \Delta_r H_{298K}=-137kJ/mol$$

若忽略反应体系中 C_4 以上组分的反应，可由进料和产物数量及构成计算反应过程物料平衡，见表 4-18。

表 4-18 反应进料和产物组成表

组分	进料/万 t	产物/万 t	标准摩尔燃烧热/(kJ/mol)	高位热值/(MJ/kg)
氢气	0	3.20	286	143.0
甲烷	0	2.09	890	55.6
乙烷	0.31	3.35	1560	52.0
乙烯	0	0.18	1411	50.4
丙烷	67.80	0.56	2220	50.5
丙烯	0.89	59.78	2058	49.0
合计	69.00	69.16		

该体系发生的反应主要包括以下 3 个反应。

$$C_3H_8 \longrightarrow CH_4+C_2H_4 \quad (1)$$

$$C_2H_4+H_2 \longrightarrow C_2H_6 \quad (2)$$

$$C_3H_8 \longrightarrow C_3H_6+H_2 \quad (3)$$

该反应体系中，甲烷相对稳定，因此由甲烷产量 2.09 万 t，可知反应(1)的反应计量为 1306Mmol，需消耗丙烷 5.75 万 t，生产乙烯 3.66 万 t。

由产物中乙烷 3.35 万 t 和进料中乙烷 0.31 万 t，可知反应生成乙烷 3.04 万 t，反应计量为 1013Mmol，需消耗乙烯 2.84 万 t，消耗氢气 0.19 万 t。

丙烯产量 59.78 万 t，需消耗丙烷 61.69 万 t，反应(3)的计量为 14020Mmol，可副产氢气 2.85 万 t。

由上述反应计量可计算反应热，见表 4-19。

表 4-19 丙烷脱氢反应计量、反应热计算表

反应	反应计量/Mmol	反应热/GJ	消耗丙烷量/万 t
(1)	1306	105786	5.75
(2)	1013	-138781	
(3)	14020	1738480	61.69
合计		1705485	

由表 4-19 可知，该体系的总反应热为 1705485GJ/a，约合 59.22MW。该装置 4 台反应加热炉的设计热负荷分别为 24.16MW、29.72MW、21.79MW、16.27MW，合计 91.94MW，加热炉共消耗燃料气 9.58t/h，碳排放量 20.91 万 t/a。4 台加热炉回收高温余热产 4.2MPa 过热蒸汽 36.7t/h，约合 30.58MW，则加热炉实际热负荷为 30.58+59.22=89.8MW。加热炉提供反应热产生的碳排放=59.22÷89.8×20.91=13.8 万 t/a。

则该反应过程副产氢气碳足迹 = 13.8×(1738480÷1705485)÷1738480×(286×14020×1000)÷2.85 = 6.448tCO_2/t。其中 13.8×(1738480÷1705485)÷1738480 = 0.0809tCO_2/GJ 为单位反应热的碳排放因子。

由上述过程可以看出，由能量平衡计算的副产氢碳足迹为 6.448tCO_2/t，相比于第三章第一节中的 1.253tCO_2/tH_2，该结果体现了副产氢生产过程碳排放产生的根本，该过程的任何节能或降碳效果会准确反映到产品碳足迹结果的变动当中，保证了其碳足迹评价过程的科学性。

第三节　蒸汽排放因子

能量平衡不仅可以用于精馏、体积功和反应等过程中共生产品碳排放的分配，同时对于公用工程介质的生产过程，也可以采用能量平衡计算耗能介质的排放因子。

一、炼化企业蒸汽平衡

炼油工艺过程许多环节需要使用不同压力等级的蒸汽，同时也会利用自身余热产生各种蒸汽，不同来源蒸汽及平衡对蒸汽碳排放因子具有重要影响。

1. 蒸汽系统

炼油厂一般设置压力等级为 3.5MPa、1.0MPa、0.3MPa 的蒸汽管网和凝结水回收管网，3.5MPa 中压蒸汽管网的压力波动范围为上下 0.2MPa，温度为 380~350℃；1.0MPa 蒸汽管网的压力范围为 0.9~1.3MPa，温度为 230~300℃；0.3MPa 的蒸汽管网的压力范围为 0.3~0.4MPa。蒸汽管网系统如图 4-19 所示。

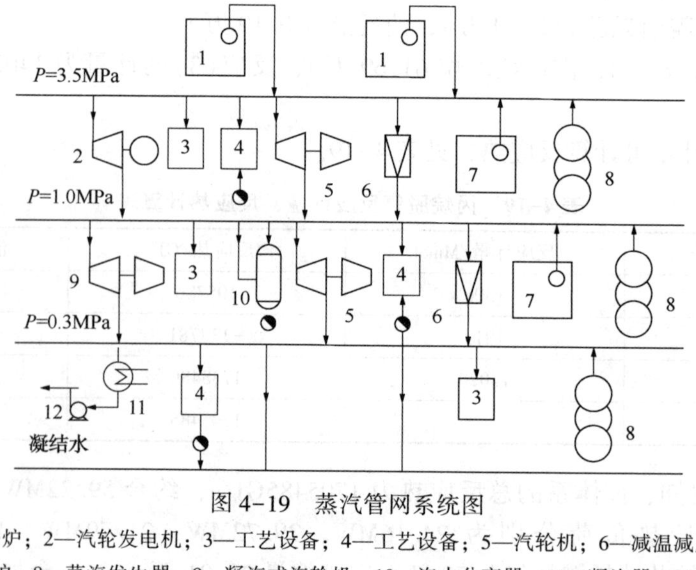

图 4-19　蒸汽管网系统图

1—锅炉；2—汽轮发电机；3—工艺设备；4—工艺设备；5—汽轮机；6—减温减压器；7—余热锅炉；8—蒸汽发生器；9—凝汽式汽轮机；10—汽水分离器；11—凝汽器；12—凝结水泵

石化生产过程的蒸汽来源包括以下几类。

(1) 回收装置余热

在石化生产的冷却过程中，有部分物料的余热可用来生产蒸汽，温度在270℃以上的热量可用来生产3.5MPa的饱和蒸汽，温度在200℃以上的热量可用来生产1.0MPa的饱和蒸汽，温度在150℃以上的热量可用来生产0.3MPa的饱和蒸汽。

石化装置有的配有回收烟气余热的余热锅炉或回收油品余热的蒸汽发生器，由于蒸汽发生器和取热器所产生的是饱和蒸汽，可在余热锅炉中过热。因为产汽量大，为了合理利用热量，一般设计成发生中压蒸汽，中压蒸汽通过背压汽轮机回收机械能后进入低压蒸汽管网供装置和全厂使用，催化裂化装置的余热回收系统如图4-20所示。

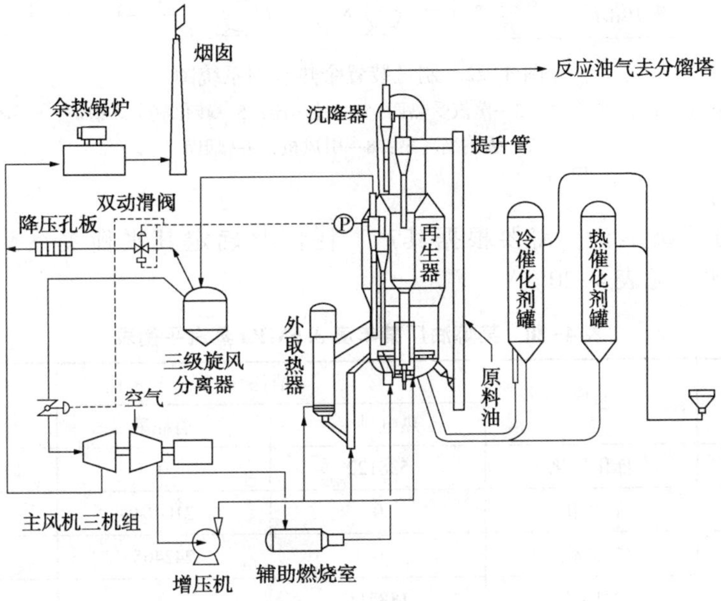

图4-20 渣油催化裂化装置余热回收系统图

余热锅炉用来回收烟气的余热，余热锅炉由过热器、省煤器和蒸发受热面组成，如图4-21所示。

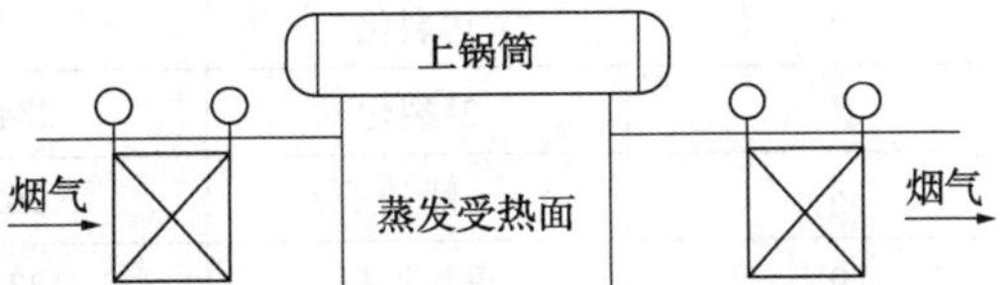

图4-21 余热锅炉简图

(2) 催化裂化装置的余热回收

催化裂化装置生产过程中生焦率高，在催化剂烧焦过程中产生大量余热，可为再生器加设内取热器或外取热器，生产饱和蒸汽或过热蒸汽，这部分蒸汽量较大。

(3) 制氢装置的余热

蒸汽转化制氢的反应温度约为800℃，因此转化炉出口烟气温度很高，需设置余热锅炉以发生蒸汽，反应后的转化气温度也很高，需设置转化气余热锅炉，这两种余热锅炉发生的蒸汽可作为转化蒸汽参加反应，多余部分并入蒸汽管网。

制氢装置的余热锅炉一般根据制氢转化压力而定，多采用3.5MPa，其余热回收的流程如图4-22所示。

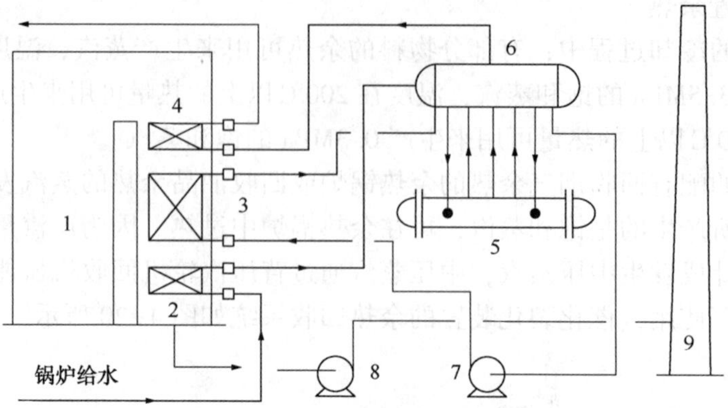

图 4-22　制氢装置余热利用系统图

1—转化炉；2—省煤器；3—蒸汽受热面；4—过热器；5—转化气余热锅炉；6—汽包；7—强制循环泵；8—引风机；9—烟囱

2. 蒸汽平衡

对不同压力等级蒸汽，需要根据其产、耗情况确定其平衡关系，例如某炼油厂 3. 5MPa 蒸汽的平衡见表 4-20。

表 4-20　某炼油厂某年度 3. 5MPa 蒸汽平衡表　　t

序号	装置	消耗		产汽量
		热电供入	消耗量	
1	催化裂化	538122	0	209430
2	1#焦化	0	210464	0
3	2#焦化	0	242465	0
4	2#柴油	188211	0	0
5	3#柴油	0	217246	0
6	1#裂化	0	184482	0
7	2#裂化	234413	0	0
8	蜡油	96279	0	0
9	重整抽提	1331967	0	0
10	制氢	0	0	295960
11	2#硫黄	0	0	501516
12	其他	516216	152249	0
13	合计	2905208	1006906	1006906

由表 4-20 可知，该炼厂消耗 3. 5MPa 蒸汽总量为 391. 2 万 t，其中由热电部供入 290. 52 万 t，工艺装置自产 3. 5MPa 蒸汽 100. 7 万 t，其中自产 3. 5MPa 蒸汽的装置包括催化裂化、制氢、硫黄回收等。

该炼油厂 1. 0MPa 蒸汽平衡见表 4-21。

表 4-21　某炼油厂某年度 1.0MPa 蒸汽平衡表　　t

序号	炼油部	消耗		自产
		热电供入	自产汽	
1	2#常减压	0	51859	0
2	3#常减压	0	195844	0
3	催化裂化	0	0	240500
4	1#焦化	0	0	197034
5	2#焦化	0	92795	0
6	S Zorb	0	3137	0
7	1#柴油	0	30606	0
8	2#柴油	0	0	210170
9	3#柴油	0	0	183981
10	1#喷气燃料	0	1210	0
11	1#裂化	0	0	108086
12	2#裂化	0	0	51642
13	蜡油	0	0	34307
14	重整抽提	0	96417	625788
15	制氢	0	18074	0
16	1#硫黄	0	25920	0
17	2#硫黄	0	2325	0
18	烷基化	288694	0	0
19	其他	0	976880	0
20	供水务	0	18562	0
21	供化工	0	101971	0
22	供聚醚	0	35908	0
23	合计	288694	1651508	1651508

由表 4-21 可知，该炼油厂消耗 1.0MPa 蒸汽总计约 194.0 万 t，其中，由自备电站供入 28.9 万 t，工艺装置自产 1.0MPa 蒸汽 165.15 万 t，其中催化裂化、重整抽提、2#柴油加氢自产 1.0MPa 蒸汽均在 20 万 t 以上，自备电站蒸汽主要供给烷基化装置。

该炼油厂消耗 0.35MPa 蒸汽 91.4 万 t，该等级蒸汽完全由工艺装置自产，其平衡见表 4-22。

表 4-22　某炼油厂某年度 0.35MPa 蒸汽平衡表

t

序号	装置	消耗	自产
1	3#常减压	5077	0
2	2#焦化	0	333751
3	2#加裂	0	234413
4	蜡油	0	100756
5	重整抽提	0	48036
6	2#硫黄	0	197535
7	其他	729558	0
8	供水务	179856	0
9	合计	914491	914491

该炼油厂蒸汽平衡情况如图 4-23 所示。

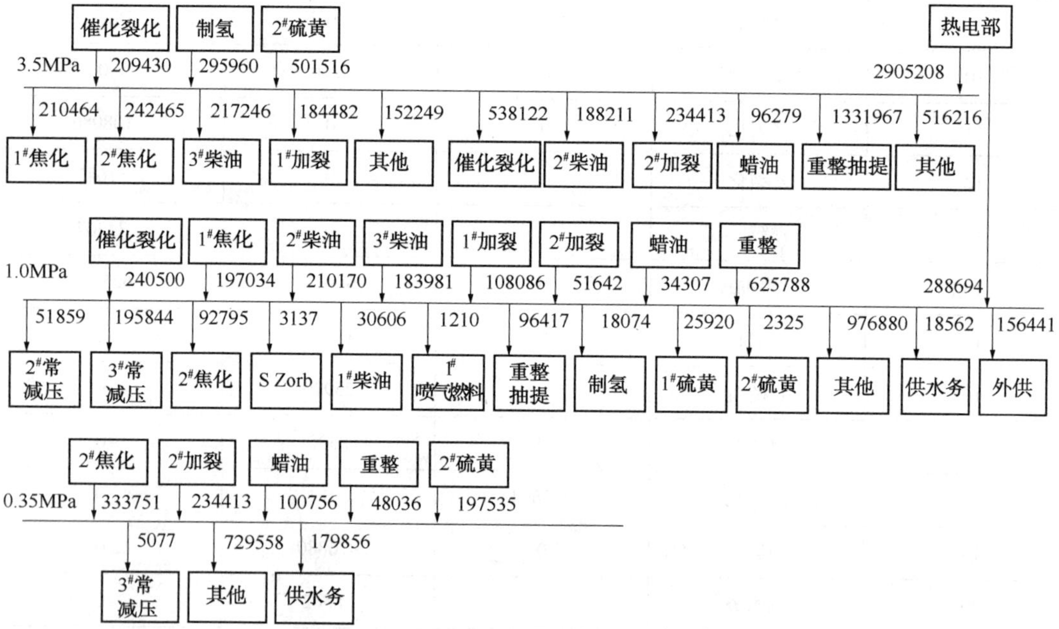

图 4-23　炼油部蒸汽平衡图(单位：t)

二、自备电站蒸汽排放因子

由图 4-23 可知，石化企业蒸汽的较大来源包括热电部(即自备电站)和催化裂化装置，研究其蒸汽排放因子对构建碳足迹体系具有重要意义。

1. 自备电站

炼化企业自备电站是将原煤、石油焦、干气等一次能源转化为蒸汽、电力等二次能源，进而满足炼化工艺装置生产需要的过程环节，自备电站在将能源转化为蒸汽、电力的同时会产生碳排放，其功能如图 4-24 所示。

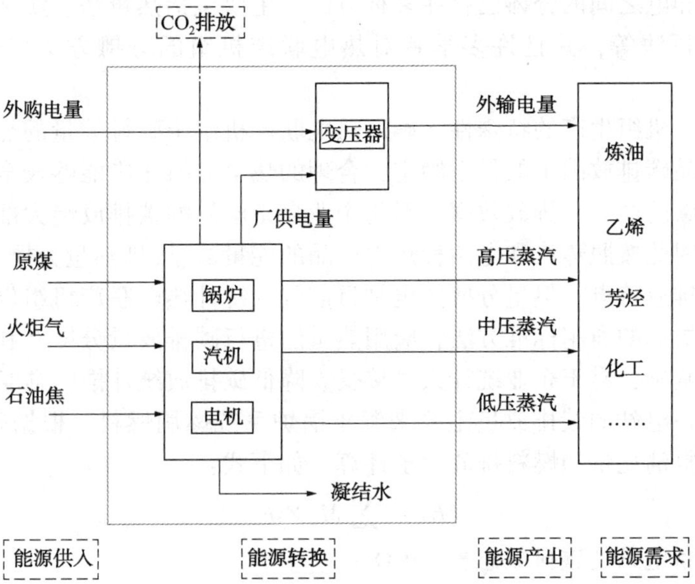

图 4-24 自备电站能源转化过程示意图

石化企业的自备电站与常规电厂流程相同，如图 4-25 所示，但其运行首先要满足工艺装置的蒸汽需求，蒸汽需求确定后汽轮机的中间抽汽量随之确定，机组的发电量则由汽轮机内部的蒸汽流量决定，企业不足或多余电力可以通过与外电网进行调节，即“以用定产、以汽定电”。因此相比于以发电为主的燃煤电厂，炼化企业自备电站的热电联产机组供热抽汽量往往较大(例如，某石化企业热电装置的汽轮机抽汽量占到进汽量的 50%左右)，而且随着工艺装置用汽需求的变化汽轮机的中间抽汽量经常出现大范围波动。不同热电联产机组的中间抽汽量不同，其中间抽汽的碳排放因子也会出现较大差异，合理确定热电联产机组蒸汽的排放因子对企业实施低碳运行至关重要。

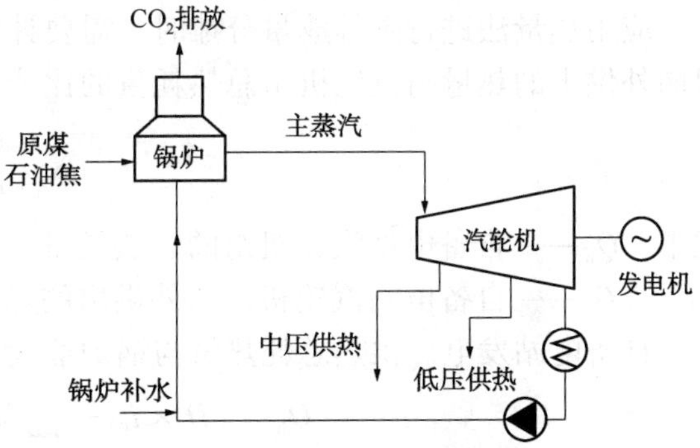

图 4-25 热电联产过程示意图

2014 年国家发改委发布《中国石油化工生产企业温室气体核算方法与报告指南》(发改办气候〔2014〕2920 号)，对炼化企业购入热力的碳排放因子规定“热力供应的 CO_2 排放因子应优先采用供热单位提供的 CO_2 排放因子，不能提供则按 0.11t CO_2/GJ 计”。由于炼化企业自备电站的热电联产机组供热抽汽量经常出现大范围波动，采用默认的固定排放因子计算炼化企业能源间接排放会带来较大误差。

自备电站的碳排放量与电站运行中使用的原煤量、石油焦等能源数量密切相关，而自备电站生产过程则会同时产生蒸汽和电力两种不同形式的能源品种，因此需要将自备电站的碳排放总量在两种能源品种之间进行合理分摊。目前，关于热电联产机组生产成本和能源消耗量在蒸汽和电之间的分摊已存在多种方法，主要包括热量法、实际焓降法、热折扣法、加权法、分析法等，并且许多学者对热电联产机组的分摊方法仍在进行着广泛的研究。

由于热电联产机组生产的特殊性，确定热电联产机组中碳排放量的热电分摊比，将直接影响到热力产品碳排放因子的科学制定，合理的热电分摊比应能够较全面地反映热电联产过程中二氧化碳的产生、排放效率。石化企业自备电站的碳排放绝大部分是由于使用能源过程造成的，因此按照蒸汽和电两种热力产品的能量数量(即热量分摊原则)进行碳排放分摊可以反映碳排放特点。热量分摊法也是目前我国统计热电联产机组供电标煤耗、发电成本等技术经济指标的通用标准方法，应用热量法进行碳排放量分摊有利于结合目前热电联产机组的统计基础，易于企业统计人员接受、降低碳排放统计推广难度。

炼化企业自备电站的碳排放量主要来源于锅炉系统燃用燃料，根据碳排放计算标准，其碳排放量由燃料消耗量和燃料排放因子计算，如下式：

$$E_T = \sum M_i \times F_i \tag{4-33}$$

式中 E_T——自备电站的碳排放总量，tCO_2；

M_i——自备电站消耗的 i 燃料的数量，t；

F_i——i 种燃料的碳排放因子，tCO_2/t。

应用热量法进行碳排放量分摊时，需要计算热电机组的供热比(α_r)，其含义为汽轮机组向外供出的热量与汽轮机组总热耗量的比值，即：

$$\alpha_r = \frac{Q_r}{Q_h} \tag{4-34}$$

式中 Q_h——自备电站汽轮机组的总热耗量，GJ；

Q_r——自备电站汽轮机组向外供出的热量，GJ。

自备电站发电、供热总耗热量与锅炉蒸发量和锅炉给水焓值相关，即：

$$Q_h = (D \times i_0 - \sum W_g \times i_g) + \sum Q_{zh} \tag{4-35}$$

自备电站的供热耗热量与供出蒸汽数量和蒸汽品质相关，即：

$$Q_r = (\sum D_r \times i_r - \sum W_h \times i_h) + \sum Q_{zh} \tag{4-36}$$

自备电站发电碳排放因子是机组每发 1kW · h 电产生的碳排放量，其计算式如下：

$$E_p = \frac{E_T \times (1 - \alpha_r)}{W_f} \tag{4-37}$$

自备电站供热碳排放因子是机组对外每供热 1t 蒸汽所产生的碳排放量，其计算式如下：

$$E_S = \frac{E_T \times \alpha_r}{\sum Q_r} \tag{4-38}$$

供热碳排放量：

$$E_s = E_T \cdot \alpha_r \tag{4-39}$$

发电碳排放量：

$$E_p = E_T - E_s \tag{4-40}$$

2. 应用案例

某石化企业热电站具有1#装置和2#装置，1#装置包括4台煤粉锅炉和4台抽凝式汽轮机，2#装置有3台CFB锅炉和2台双抽汽轮机，下面以该自备电站某月份数据为基础，应用热量分摊法计算蒸汽、电力碳排放因子。

自备电站能源消耗量计算碳排放量，见表4-23。

表4-23 某石化企业自备电站能源消耗量碳排放量计算

装置	能源	消耗量/t	热值/(MJ/t)	排放因子/(tCO_2/t)	排放量/tCO_2	折标煤量/t
1#	原煤	137310	21240	2.004	275235	99510.9
	柴油	105	41868	3.161	332	150.0
	合计	—	—	—	275567	99660.9
2#	原煤	39692	21240	2.004	79562	28765.5
	石油焦	14068	31397	3.072	43210	15070.7
	合计	—	—	—	122772	43836.2
总计	—	—	—	—	398339	143497.1

由表4-23可以看出，该热电站该月份消耗能源折标煤14.35万t，碳排放量合计39.83万t。其中1#装置该月消耗能源折标煤9.97万t，碳排放共27.56万t，平均碳排放因子2.76tCO_2/t标煤；2#装置该月消耗能源折标煤4.38万t，碳排放共12.28万t，平均碳排放因子2.80tCO_2/t标煤，因此由于能源结构的差异导致2套热电装置单位能量的碳排放量出现一定差异。

应用热量分摊法计算蒸汽、电力碳排放因子，相关计算见表4-24，其中1#装置汽机进热量为256.16万GJ，2#装置汽机进热量为114.46万GJ。

表4-24 某石化企业自备电站蒸汽电力碳排放因子计算

项目	供热介质	蒸汽量/t	供热量/GJ	折标煤量/t	排放量/tCO_2	排放因子/(tCO_2/GJ)
1#装置	供中压汽	95729	301144	10278	32396	0.1076
	供低压汽	416537	1260972	43037	135649	0.1076
	合计	512266	1562116	53315	168045	—
2#装置	供中压汽	77434	243592	8314	26129	0.1073
	供低压汽	74394	225211	7686	24158	0.1073
	合计	151828	468803	16000	50287	—
总计		664094	2030919	69315	218332	—

注：中压汽和低压汽包括汽轮机中间抽汽和减温减压供汽。

由表4-24可知，该自备电站合计供热203.09万GJ，供热产生的碳排放量合计21.83万t。其中，1#装置合计供热156.21万GJ，供热碳排放量为16.80万t，1#装置蒸汽的碳排放因子为0.1076tCO_2/GJ；2#装置合计供热为46.88万GJ，供热碳排放量为5.03万t，2#装置蒸汽的碳排放因子为0.1073tCO_2/GJ。该结果与《中国石油化工生产企业温室气体核算方法与报告指南》(发改办气候〔2014〕2920 号)所规定的蒸汽排放因子 0.11tCO_2/GJ 接近，相差不超过 2%，因此热量分摊法计算热电联产机组的蒸汽排放因子可行，尤其当燃料结构有较大差异时，应用热量分摊法计算相比默认数据更接近实际情况。

由热量分摊法计算该自备电站发电碳排放因子，见表 4-25。

表 4-25 某石化企业自备电站发电碳排放因子计算

项目	发电量/（万 kW·h）	排放量/（tCO_2）	排放因子/［tCO_2/(MW·h)］
1#装置	12732	107522	0.8445
2#装置	7805	72486	0.9287
合计	20537	180008	0.8765(加权)
外购	12351	100195	0.8112
总计	32888	280203	0.8520

表 4-25 中，该自备电站合计发电量 20537 万 kW·h，发电合计碳排放共 18.00 万 t，加权平均发电碳排放因子为 0.8765tCO_2/MW·h，其中 1#装置的发电碳排放因子为 0.8445tCO_2/MW·h，2#装置的发电碳排放因子为 0.9287tCO_2/MW·h。同时由于该自备电站外购 12351 万 kW·h 电网电力，导致其能源间接碳排放量 10.02 万 t，电网电力的碳排放因子为 0.8112tCO_2/MW·h，略小于自发电。

需要指出的是，表 4-26 中发电折合碳排放量合计 18.00 万 t，该电站当月厂用电 3526.54 万 kW·h，折合碳排放量 3.09 万 t。

3. 应用分析

计算热电联产机组蒸汽和电的碳排放因子可以应用热量法对机组的碳排放量进行分摊，通过分摊并结合机组的生产运行数据可以计算热力产品的碳排放因子。在计算蒸汽、电力排放因子中，热量分摊法会将自备电站的直接碳排放完全分配到蒸汽和电力产品当中，自备电站通过对炼化工艺装置供热、供电，将自身的碳排放转移到炼化生产过程，体现了自备电站在炼化企业生产中的能源转化特点。通过计算蒸汽、电力的碳排放因子不仅可以对比热电联产机组碳排放效率水平，而且可以为炼化工艺装置的能源间接排放提供计算依据，避免碳排放量的重复计算。

热量分摊法是目前热电联产机组分配生产成本、能源消耗等通用标准方法，用来对碳排放量进行分摊可以利用现有的供热比计算结果、降低计算碳排放因子的工作量。

自备电站的一次能源构成和能源利用效率对自产蒸汽和电力的碳排放因子影响较大，高碳能源的排放因子较高，产生的碳排放量较大，相应产出的蒸汽、电力的碳排放因子会较高。自备电站能源利用效率的高低不仅取决于一次能源转化为蒸汽、电力的热力循环过程(如供热比、进汽参数等)，同时自备电站的用电设备(锅炉鼓风机、引风机、给水泵、循环冷却泵)能效水平、管道机组的保温等生产运行因素也至关重要，这些因素可以通过电站的厂用电量和厂用电率反映，该指标集中体现了燃料—蒸汽—电转化过程的能耗因素。因此用热量法进行碳排放量分摊时，应以发电量为分摊基准，自备电站对外供电量会抵扣电站的直接碳排放量，中间相差部分即为厂用电、厂用热等产生的碳排放量，即“2.

应用案例”的 3.09 万 tCO_2排放。

4. 结论

1）炼化企业自备电站将原煤、石油焦等一次能源转化为蒸汽、电力的过程会产生大量碳排放，蒸汽和电力在热电联产机组中联合生产，因此计算这两种不同品质能源的碳排放因子需要对自备电站的碳排放量进行合理分摊。

2）应用热量法对炼化企业自备电站的碳排放进行分摊，即按照蒸汽和电两种产品的能量数量进行分摊，可以计算蒸汽、电力的碳排放因子，不仅可以对比热电联产机组碳排放效率水平，而且可以为炼化工艺装置的能源间接排放提供计算依据，避免碳排放量的重复计算。

3）热量分摊法是目前我国统计热电联产机组供电标煤耗、发电成本等技术经济指标的通用方法，应用热量法进行碳排放量分摊有利于结合目前热电联产机组的统计基础，利于碳排放统计的推广。

三、催化裂化蒸汽排放因子

石化企业中催化裂化装置生产过程会副产大量蒸汽，建立催化裂化装置所产的蒸汽碳排放因子计算方法，对完善碳足迹评价具有重要作用。

1. 催化裂化装置副产蒸汽及碳排放

催化裂化装置是石化企业的重要二次加工装置，其主要任务是将减压蜡油、减压渣油、常压渣油等馏分进行裂化生产汽油、液化气等轻组分。催化裂化装置催化剂再生过程会产生大量碳排放，同时由于烧焦释放热量较多，也会副产大量蒸汽，研究该过程副产蒸汽的碳排放因子意义重大，该过程的主要流程如图 4-26 所示。

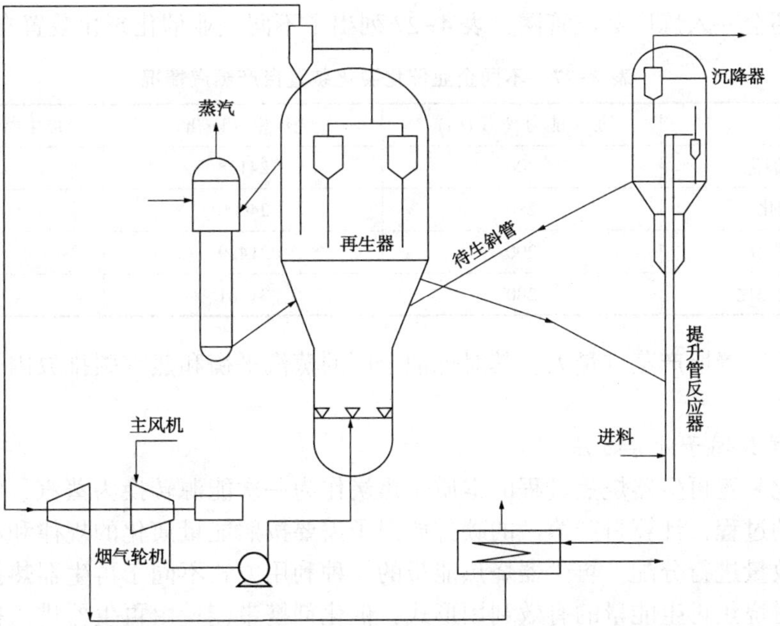

图 4-26 催化裂化装置反应-再生系统工艺流程

在图 4-26 中，待生催化剂由提升管反应器出口的沉降器进入再生器，再生器内通过主风机通入空气使催化剂上的焦炭燃烧，使其恢复活性，再生后催化剂通过待生斜管进入提升管反应器，再生烟气中含有 12%左右的 CO_2，烟气进入烟气轮机做功并经余热锅炉回收热量后排入大气。某催化裂化装置烧焦热量平衡情况见表 4-26。

表 4-26　典型催化裂化装置再生热量平衡　　MW

入方		出方	
项目	热量	项目	热量
碳燃烧成 CO_2	638.66	烟气显热及潜热	254.51
碳燃烧成 CO	1.47	干烟气	227.24
氢燃烧成 H_2O	187.12	水蒸气	27.27
焦炭显热	10.00	发生蒸汽取热	272.21
主风显热	64.23	冷却水和蒸汽取热	14.62
		热损失	54.10
		供给反应器热量	306.02
合计	901.48	合计	901.46

由表 4-26 可以看出，焦炭燃烧释放的热量一般包括 3 个去向：一是用以加热烧焦过程的空气，并随着烧焦过程变为烟气，最终带出再生器；二是烧焦热量用以加热循环催化剂，并通过催化剂在反应器和再生器之间的物质循环，完成再生器向反应器的供能；三是对于再生器剩余的过剩热量通过取热器取出后发生蒸汽。再生器热损失和注入蒸汽升温热量所占的比例较小。

随着催化裂化装置规模的不断扩大，催化裂化装置自产蒸汽量不断增加，除满足自身蒸汽需求，还会并入炼厂蒸汽管网，表 4-27 列出了不同企业催化裂化装置自产蒸汽情况。

表 4-27　不同企业催化裂化装置自产蒸汽情况

装置	加工能力/(万 t/a)	烧焦量/(kg/h)	再生器发汽量/(t/h)
燕山 3# 催化	200	24128	171
长岭催化	280	24000	100
扬子 2# 催化	200	21429	109
海南催化裂化	280	31081	160

催化裂化装置所产蒸汽量大，其对炼油全厂的蒸汽平衡和蒸汽碳排放因子的确定具有重要影响。

2. 蒸汽排放因子计算方法

催化裂化装置再生器烧焦过程的本质是焦炭作为一次能源转换为蒸汽、电力和热量并产生碳排放的过程，计算自产蒸汽的碳排放因子需要按照能量演化的规律和利用效能对再生器的碳排放量进行分配。再生器烧焦能量的 3 种利用方式不同于再生器热损失和蒸汽升温热，均为对烧焦再生能量的有效利用形式，催化剂携带能量由再生器进入提升管反应器后，用以完成原料汽化和为裂化反应供热；烧焦烟气携带能量经烟气轮机做功后驱动主风机或发电；外取热器取出的热量直接以产蒸汽形式进行回收。因此，应按照三大能量去向的平衡对再生过程的碳排放量进行分配并据此计算蒸汽的碳排放因子，其过程如图 4-27 所示。

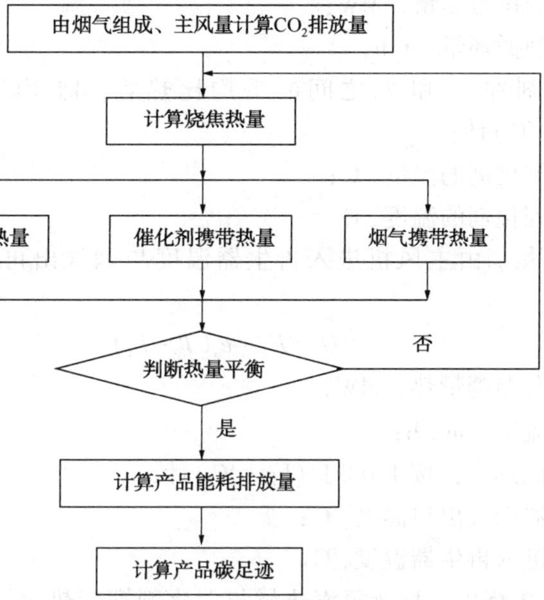

图 4-27 催化裂化再生器蒸汽碳排放因子计算流程

(1) 再生过程碳排放量

在再生器内烧掉的焦炭并非 100% 的碳元素，而是高度贫氢的烃类物质和沉降器未汽提的重质烃的混合物，一般按含碳量为 91%～94% 计，《中国石油化工企业温室气体排放核算方法与报告指南(试行)》阐述了催化裂化装置烧焦过程的碳排放量计算公式如下：

$$E_{CO_2}=MC_j \cdot CF_j \cdot OF_j \cdot \frac{44}{12} \tag{4-41}$$

式中 E_{CO_2}——催化裂化装置烧焦产生的碳排放量，t；

MC_j——催化裂化装置的烧焦量，t；

CF_j——催化裂化装置焦炭的平均含碳量，一般取 92%；

OF_j——烧焦过程的碳氧化率，一般取 98%。

(2) 再生器能量平衡

1) 烧焦热量。烧焦热量一般由焦炭燃烧热计算，焦炭燃烧所放出的热量一般按照构成焦炭各元素的燃烧热加和计算，这种方法实际忽略了 C—H、S—H 等键的结合能，尤其该数值很小，做一般计算时其误差可以接受。当以焦炭含碳 92%、含氢 8% 计时，可计算焦炭燃烧热为 39.76MJ/kg。

2) 产蒸汽热量。可以由再生过程的产蒸汽量、蒸汽汽化焓值计算取热量，公式如下：

$$Q_q=F_s \cdot \Delta H_s \tag{4-42}$$

式中 Q_q——发生蒸汽热量，MW；

F_s——取热器产蒸汽量，t/h；

ΔH_s——所产蒸汽的汽化焓值，kJ/t。

3）催化剂携带热量：由循环催化剂进、出再生器的温度变化计算，公式如下：

$$Q_c = G_C \cdot c_p \cdot (T_1 - T_2) \tag{4-43}$$

式中 Q_c——催化剂携带热量，MW；

G_C——催化剂循环量，t/h；

c_p——催化剂在 T_1 和 T_2 之间的平均比热容，kJ/(kg·℃)，一般按 1.097kJ/(kg·℃)计；

T_1——再生催化剂的温度，℃；

T_2——待生催化剂的温度，℃。

4）烟气带走热量。由主风机进入再生器温度与烟气出再生器温度变化计算，公式如下：

$$Q_a = F_a \cdot c_a (T_3 - T_4) \tag{4-44}$$

式中 Q_a——烟气升温携带热，MW；

F_a——主风流量，m^3/h；

c_a——空气比热容，按 1.08kJ/(kg·℃)计；

T_3——再生器烟气出口温度，℃；

T_4——主风进入再生器温度，℃。

5）产汽比。再生烧焦过程产蒸汽热量与催化剂携带热量、烟气带走热量、产蒸汽热量三者之和的比值：

$$\alpha_r = \frac{Q_q}{Q_q + Q_c + Q_a} \tag{4-45}$$

（3）烧焦产蒸汽排放因子

催化裂化烧焦再生过程产蒸汽的碳排放因子由烧焦再生过程的碳排放量、产汽比和产蒸汽量计算，公式如下：

$$E_S = \frac{E_{CO_2} \times \alpha_r}{F_s} \tag{4-46}$$

3. 计算案例

按照上述提出的催化裂化装置催化剂再生过程蒸汽碳排放因子计算方法，以企业实际运行数据为基础进行计算，计算数据见表 4-28，计算结果见表 4-29。

表 4-28 催化裂化装置能量平衡数据

序号	运行数据	燕山 3#催化	长岭催化	扬子 2#催化	海南催化裂化
1	加工能力/(万 t/a)	200	280	200	280
2	烧焦量/(kg/h)	24128	24000	21429	31081
3	主风流量/(m^3/h)	246106	280300	259567	291420
4	主风入再生器温度/℃	150	210	214	230
5	再生器烟气出口温度/℃	700	702	725	680
6	沉降器出口温度/℃	500	502	504	500

续表

序号	运行数据	燕山3#催化	长岭催化	扬子2#催化	海南催化裂化
7	再生器密相床层温度/℃	700	690	697	670
8	催化剂循环量/(t/h)	1840	1993	1900	2300
9	产蒸汽量/(kg/h)	171000	140000	109000	160000

表4-29 催化裂化装置蒸汽碳排放因子计算结果

序号	运行数据	燕山3#催化	长岭催化	扬子2#催化	海南催化裂化
1	碳排放量/(kg/h)	79764.0	79340.8	70841.4	102750.0
2	烧焦热量/(MW/h)	266.5	265.1	236.7	343.3
3	催化剂携带热量/(MW/h)	112.1	114.2	112.0	119.1
4	烟气带走热量/(MW/h)	52.4	53.4	51.3	50.8
5	产蒸汽热量/(MW/h)	107.2	87.8	68.3	96.3
6	产汽比/%	37.02	26.42	28.66	36.17
7	CO_2排放因子/(t/GJ)	0.078	0.095	0.085	0.106

由表4-29可知，催化裂化装置再生烧焦过程的热量有25%~40%用以产汽，接近50%热量由催化剂带入反应器，剩余热量由再生烟气带走。烧焦产生的热量与其3个去向之间差值大部分为热损失，同时烧焦产生热量计算方法与热量利用的计算方法并不完全相吻合，其误差较小，在一般计算要求的误差范围内。

催化裂化装置实际操作中，再生器产蒸汽是再生器热量平衡的重要调节手段：烧焦再生的热量首先要满足催化剂携带热量以满足反应器热平衡，而再生烟气带走的热量则主要取决于主风流量和烧焦温度，通常不作为调节手段，因此再生器产蒸汽可以实现再生器热量平衡的目的，当催化剂携带热量和再生烟气带走热量一定情况下，再生器烧焦热量的波动会同产蒸汽量调节实现平衡。

再生催化剂携带的热量，主要由反应器的操作和热量平衡决定，尤其反应进料的温度和剂油比是决定催化剂携带热量的重要因素，对副产蒸汽会有一定影响，图4-28是上述4套催化裂化装置的催化剂循环量对蒸汽碳排放因子的影响。

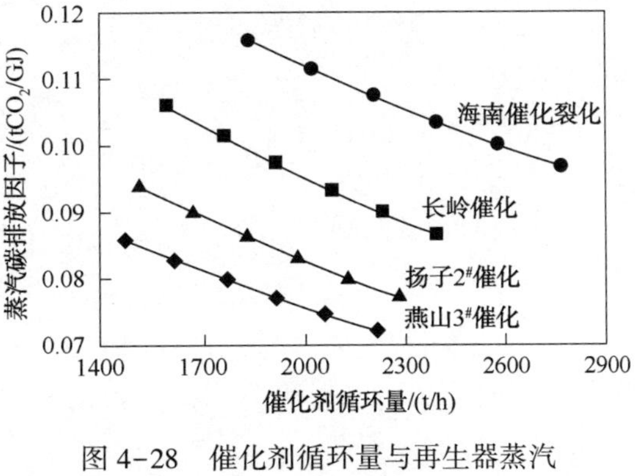

图4-28 催化剂循环量与再生器蒸汽碳排放因子关系

由图4-28可知，对上述4套催化裂化装置，随着催化剂的循环量增加，再生器副产蒸汽的碳排放因子均降低，例如燕山3#催化，催化剂循环量由2208t/h降低到1472t/h，此时再生器副产蒸汽的碳排放因子由0.072tCO_2/GJ增加到0.086tCO_2/GJ，此时催化剂携带热量增加，再生器用于产蒸汽的热量减少，因此增加再生器向反应器的热量输送，有利于提高能量利用过程的碳排放效率，即降低副产蒸汽的碳排放因子。

4. 结论

1）催化裂化装置的再生器烧焦能量存在 3 种利用方式：①催化剂携带能量由再生器进入提升管反应器后，用以完成原料汽化和为裂化反应供热；②烧焦烟气携带能量经烟气轮机做功后驱动主风机或发电；③外取热器取出的热量直接以产蒸汽形式进行回收。

2）计算催化裂化装置反应-再生过程副产蒸汽排放因子对炼油全厂蒸汽产-用过程的碳排放效率有重要意义，按照再生器能量的有效利用方式和催化裂化烧焦过程碳排放量可以计算副产蒸汽排放因子。

3）催化裂化装置反应-再生系统的催化剂循环量增加，会增大再生器向反应器提供热量，再生器副产蒸汽的排放因子均降低，有利于提高能量利用过程的碳排放效能。

第五章　炼油装置碳足迹评价

能量平衡法用于碳足迹评价中共生产品的碳排放分配，可以更加客观地反映产品生产过程的碳排放，前文介绍了能量平衡在石化产品生产的单元过程中碳排放分配的应用。对于由众多单元过程构成的工艺装置而言，应用能量平衡进行碳足迹评价需要依据装置的工艺特点进行。本章介绍了常减压装置、催化重整装置和加氢裂化装置碳足迹评价的一般方法。

第一节　常减压装置

一、工艺介绍

常减压蒸馏装置一般包括初馏、常压蒸馏和减压蒸馏三部分，可生产各种燃料油和润滑油馏分。图 5-1 为燃料型蒸馏装置的典型工艺流程图。

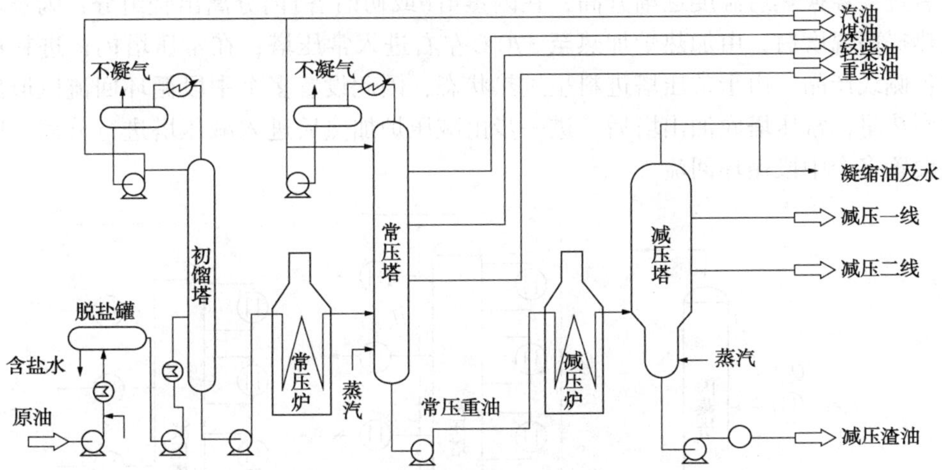

图 5-1　燃料型蒸馏装置的典型工艺流程图

1. 初馏

脱盐、脱水后的原油换热至 215~230℃进入初馏塔。从塔顶蒸馏出初馏点至 130℃的馏分，又称初顶油，经冷凝冷却后，其中一部分作为塔顶回流，另一部分引出作为重整原料或重汽油。

2. 常压蒸馏

初馏塔底的原油经常压加热炉加热到 350~365℃，进入常压分馏塔，从塔顶打入冷回流，使塔顶温度控制在 90~110℃。塔顶蒸出汽油，依次从塔的侧线蒸出煤油、轻柴油、重柴油。侧线馏分经汽提塔用过热水蒸气提出轻组分后，经换热回收一部分热量，再经冷却后送出装置。常压塔塔底温度约350℃，塔底未汽化的重油经蒸汽汽提后，作减压塔进料油。常压塔一般在塔的各侧线抽出口之间，设置2~3个中段循环回流，以使塔内沿塔高的各部分汽、液负荷比较均匀，并充分利用回流热。

3. *减压蒸馏*

常压塔底重油用泵送入减压炉，加热到390~400℃进入减压塔。塔顶用蒸汽喷射器抽出不凝气，使塔内保持残压1.33~2.66kPa，以利于在减压条件下使油品充分蒸出。塔的侧线抽出轻重不同的馏分油，分别经汽提塔汽提、换热、冷却后，一部分返回塔内作循环回流，另一部分送出装置。塔底减压渣油吹入过热蒸汽汽提后，经换热、冷却后出装置。

常减压装置作为炼油加工过程的龙头，其加工量大、产品数量多。2020年，中国常减压装置合计加工能力为8.857×10^8t，按照能耗定额10kgEO/t计算，共消耗能源8.86×10^6 tEO，碳排放量达3.225×10^7t。常减压装置产品结构变动对装置本身及全炼油厂加工流程和碳排放影响巨大，应用能量平衡开展常减压装置碳足迹评价对炼油厂建立准确碳足迹评价体系具有重要作用。

二、碳足迹评价方法

常减压装置的工艺特点决定了其能量利用特点，其工艺流程如图5-2所示。原油进入常减压装置，经换热后温度逐渐升高，在闪蒸塔(或初馏塔)内分离出轻组分；闪蒸塔底油再经换热提高温度后，由加热炉加热至370℃左右进入常压塔；在常压塔内，进料被依次分离出各侧线产品。由于常压塔进料呈过热状态，因此设置多个中段循环回流以取出常压塔的过剩热量；常压塔底油出塔后，进一步由减压炉加热后进入减压塔进行分离，同样减压塔也设置多个中段循环回流。

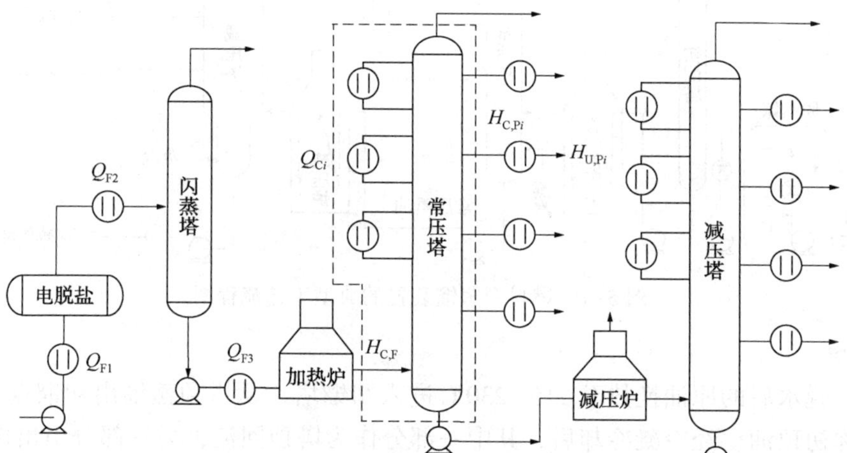

图5-2 常减压装置工艺流程示意图

能量平衡作为自然界存在的客观规律适用于任何实际过程，但对不同的核算体系，其体现的形式有所不同，功和热是改变工艺物流能量状态的两种基本能量形式。对操作压力要求不高的常减压装置来说，功对物流能量状态的改变较小，其主要影响因素是热量，而热量主要是由工艺装置消耗的燃料获取，这构成了碳排放的主要来源。因此，开展基于热量衡算的能量平衡分析是评价常减压装置碳足迹的关键所在。

原油进入常减压装置后，其换热过程所需的热量全部来自常压塔和减压塔的中段循环取热及侧线产品换热，而减压塔进料所携带的能量，其来源包括其与热物流换热部分和加热炉加热部分。原油与中段循环、侧线产品换热构成的换热网络中，其交换能量最终均由加热炉提供，是整个装置碳排放的直接来源。因此，常减压装置的热平衡作为能量平衡的重要形式是影响碳足迹的关键因素。常减压装置换热网络的能量平衡(作为能量供入方的热物流)会受到减压塔能量平衡的制约，减压塔提供的能量品质和数量决定原油换热终温，进而影响加热炉的补热量；而减压塔能量的平衡则由塔的操作条件决定，并通过各种用能系统的调节来满足减压塔的能量需求。因此，换热网络能量平衡和减压塔能量平衡是常减压装置用能体系中两个相互联系的部分。

1. 换热网络能量平衡

换热网络供出方或能量输出为冷物流，包括加热原油、余热发生蒸汽、热输出等所需要的能量；能量供入方为减压塔中段循环取热量、侧线产品回收热量以及加热炉提供热量。

2. 减压塔能量平衡

减压塔中能量入方为原料携带能量(焓值)、汽提蒸汽携带能量；能量出方为中段循环取热量、侧线产品携带能量(焓值)。

3. 常减压装置的碳足迹评价

依据上述能量平衡方法，可以开展常减压装置的碳足迹评价，具体包括以下几个过程。

1) 原油换热和加热过程能量。原油进入装置，经过换热后其温度不断升高，主要的换热过程包括：常温换热至电脱盐温度、电脱盐温度换热至闪蒸塔进料温度、闪蒸塔底油换热至常压炉入口温度。上述三段换热过程的能量(Q_{F1}、Q_{F2}、Q_{F3})均是由装置内的减压塔取热和产品冷却过程释放热量提供，是装置换热网络的能量出方。原料通过三段换热后，其焓值($H_{H,F}$)增加，但温度仍未达到进入减压塔的条件，此时需要热公用工程——常压炉、减压炉提供高温位能量。由于原油在加热炉出口处于气-液两相状态，压力和温度的变化对物流汽化分率和焓值影响较大，因此，直接应用生产中监测的数据计算加热炉出口条件下物料焓值，误差较大，应依据减压塔的能量平衡计算加热炉的热负荷。

2) 减压塔能量平衡。减压塔的能量入方是进料携带焓值($H_{C,F}$)，可依据减压塔侧线产品流量(F_{Pi})和过汽化油量确定减压塔进料段的气相负荷(汽化分率)，并依据进料段的温度或压力确定进料段物料的总焓值。由于转油线散热损失较小，此总焓值可视为加热炉出口物料焓值，由此可计算加热炉热负荷。减压塔的能量出方包括侧线产品焓值($H_{C,Pi}$)、中段循环取热量(Q_{Ci})。侧线产品进入减压塔后呈气相，沿塔上升过程温度降低，同时会冷凝成液相，上述显热及潜热构成的侧线产品在塔内释放的热量($Q_{C,Pi}$)可以由侧线产品单位焓值($h_{C,Pi}$)与减压塔进料单位焓值($h_{C,Fi}$)计算：

$$Q_{C,Pi}=F_{Pi}\cdot(h_{C,Pi}-h_{C,Fi}) \tag{5-1}$$

式中 $Q_{C,Pi}$——侧线产品 i 在分馏塔内释放的热量，GJ/h；

F_{Pi}——减压塔侧线产品 i 的流量，t/h；

$h_{C,Pi}$——侧线产品 i 在流出减压塔条件下的单位焓值，GJ/t；

$h_{C,Fi}$——侧线产品 i 在减压塔进料条件下的单位焓值，GJ/t。

减压塔所有侧线产品的放热总量与减压塔中段循环取热量是一致的，即塔的过剩热量。

3）装置换热网络能量平衡。减压塔侧线产品流出分馏塔的温度较高，一般会与原油换热进行热量回收，装置热物料的换热负荷（$Q_{H,Pi}$）可由减压塔侧线产品出塔和出装置的焓值（$H_{U,Pi}$）计算：

$$Q_{H,Pi}=H_{C,Pi}-H_{U,Pi} \tag{5-2}$$

式中 $Q_{H,Pi}$——产品 i 在换热网络中提供的热量，GJ/h；

$H_{C,Pi}$——侧线产品 i 流出减压塔状态下的焓值，GJ/h；

$H_{U,Pi}$——侧线产品 i 流出装置状态下的焓值，GJ/h。

装置内热物流供入换热网络的能量合计为 $\sum_i Q_{H,Pi}$，装置换热的能量出方包括用于发生蒸汽的热量（Q_S）、热输出等。一般换热网络的入方能量比出方能量高3%~5%，主要由换热器散热等导致。

4）碳排放及热量碳排放因子。由装置的能耗工质种类及消耗量计算装置单位热量所产生的碳排放量，即热量碳排放因子（E_Q）。对常减压装置而言，装置所需的工艺热量大部分由回收物流热量而来，不足部分由加热炉补入，无论是回收热量还是加热炉补入热量，其最终的来源均是消耗燃料。因此，常减压装置的热量碳排放因子即原料油从常压炉和减压炉吸收的单位热量对应的碳排放量，原油由加热炉吸收的热量 Q_{fur} 可以由原料换热终温下焓值（$H_{H,F}$）与进入分馏塔下焓值（$H_{C,F}$）计算，单位热量碳排放因子计算式如下：

$$E_Q=\frac{E_T}{Q_{fur}}=\frac{E_T}{H_{C,F}-H_{H,F}} \tag{5-3}$$

式中 Q_{fur}——原料由加热炉吸收的热量，GJ/h；

E_T——碳排放总量，tCO_2；

$H_{C,F}$——原料进入分馏塔携带的焓值，GJ/h；

$H_{H,F}$——原料换热终温下的焓值，GJ/h。

5）产品碳足迹。依据原料到产品的加工流程，分别计算换热过程、加热过程、分馏过程、热回收过程的能量负荷，并依据单位热量碳排放计算碳排放或抵扣，最终得到产品流出装置的碳足迹：

$$CF_{Pi}=\frac{E_Q\cdot\sum_i Q_{Fi}}{\sum_i F_{Pi}}+\frac{E_T}{\sum_i F_{Pi}}-\frac{E_Q\cdot Q_{C,Pi}}{F_{Pi}}-\frac{E_Q\cdot Q_{H,Pi}}{F_{Pi}} \tag{5-4}$$

式中 Q_{Fi}——原料中 i 组分在换热过程吸收的热量，GJ/h。

式中第一项为原料在换热过程的碳足迹，第二项为加热过程的碳足迹，第三项为产品在分馏塔内释放热量抵扣的碳排放，第四项为产品在装置内部换热所抵扣的碳排放。对于分馏塔使用的汽提蒸汽、塔底注气、抽真空蒸汽等，可依据蒸汽排放因子及其功能分配至相应产品当中。

三、案例分析

某 1000 万 t/a 常减压装置中，原油送入装置后换热至 142℃ 进入电脱盐罐脱盐脱水，然后换热至 223℃ 进入闪蒸塔进行闪蒸。闪蒸塔顶气直接进入常压塔第 34 层塔板下方，闪底油由泵抽出后经换热至 310℃，再进入常压炉，加热至 375℃ 进入常压塔闪蒸段。

常压塔设 4 条侧线产品。①常一线从第 38 层塔板抽出进入常压汽提塔上段，经蒸汽汽提后由常一线泵抽出，经换热至 126℃，送出装置。②常二线从常压塔第 24 层塔板抽出进入常压汽提塔中段，经蒸汽汽提后由常二线泵抽出，换热至 82℃，与常三线、减一线、减顶油混合后送出装置。③常三线从常压塔第 20 层塔板抽出进入常压汽提塔下段，由常三线泵抽出，换热至 101℃，再与常二线、减一线混合后送出装置。④常四线从常压塔第 12 层塔板抽出，经常四线泵升压后，一部分返回常压塔第 11 层塔板，另一部分经换热后并入减二线，经换热后送出装置。

常底油由常底泵抽出后进入减压炉加热至 422℃ 进入减压塔。常压塔设 3 个中段回流。①常顶循：由常顶循泵自第 48 层塔板抽出，经换热至 107℃ 后，返回第 50 层塔板。②常一中：由常一中泵自第 34 层塔板抽出，经换热至 160℃，返回第 36 层塔板。③常二中：由常二中泵自第 20 层塔板抽出，经换热至 247℃，返回第 22 层塔板。

该装置的减压系统中，减顶油气被塔顶抽真空系统抽出，减顶油送至混合柴油出装置，减顶含硫污水经减顶含硫污水泵送出装置。

减压塔设 4 条侧线抽出。①减一线从第 Ⅰ 段填料下抽出，一部分作为减压柴油精馏段回流返回减压塔第 Ⅱ 段填料上方，另一部分经换热冷却后作为减压塔循环回流返回至第 Ⅰ 段填料上方。②减二线从第 Ⅲ 段填料下抽出，一部分作为液相减压蜡油（LVGO）精馏段回流返回减压塔第 Ⅳ 段填料上方，另一部分经换热，温度降至 162℃ 后，作为减一中返回减压塔第 Ⅲ 段填料上方；另一路经换热后送出装置。③减三线从第 Ⅴ 段填料下抽出，分成三路，一路返回至减压塔第 Ⅵ 段填料上方，作为洗涤油；一路经换热，温度降至 260℃ 后返回减压塔第 Ⅴ 段填料上方；另一路在换热后送出装置。④减四线作为减压过汽化油抽出，分两部分，一部分返回塔底，另一部分经换热至 241℃ 后分两路，一路作为急冷油返回减四线，另一路继续换热至 138℃ 后送出装置。

减压渣油经减压渣油泵抽出，换热至 240℃ 后，一路作为急冷油返回减压塔底，另一路经换热至 150℃ 后送出装置。

与碳足迹评价相关条件包括物料平衡、产品/原料物性和塔设备操作参数等，见表 5-1 及表 5-2。

原油由常温（40℃）经换热至 123℃ 进入电脱盐罐，出电脱盐后经换热至 202℃ 进入闪蒸塔，闪蒸塔底油经换热至 295℃ 进入常压加热炉，上述换热过程会吸收装置内部热物流能量，原油经过换热过程的碳足迹发生变化，可依据原油三段换热（40～123℃，118～202℃，201～295℃）过程能量平衡计算碳足迹，可应用 Pro/Ⅱ 流程模拟软件，以 Lee-Kesler 热力学方法计算物流焓值与能量平衡。模拟中以常压塔输出物流的混合物流作为输入原油，相关物流性质见表 5-3和表 5-4。

表 5-1　某常减压装置物料平衡

项目	流量/(t/h)	收率/%	项目	流量/(t/h)	收率/%
进料			常四线油	24	2.02
原油	1190	—	常底油	695.4	
合计	1190	—	减顶油气	4.4	0.37
产品			减一线	48	4.03
常顶气	4.6	0.39	减二线	214	17.98
常顶油	172	14.45	减三线	107	8.99
常一线油	116	9.75	减四线	39	3.28
常二线油	107	8.99	减压渣油	283	23.78
常三线油	71	5.97	合计	1190	100.00

表 5-2　某常减压装置主要温度操作条件　℃

闪蒸塔		常压塔		减压塔	
塔顶温度	201	塔顶温度	138	塔顶温度	66
塔底温度	202	常一线抽出温度	188	减一线抽出温度	116
脱前温度	123	常二线抽出温度	276	减二线抽出温度	233
进塔温度	202	常三线抽出温度	294	减三线抽出温度	346
换热终温	295	常四线抽出温度	330	减四线抽出温度	384
常压炉出口温度	370	常顶循抽出温度	148	减顶循入塔温度	35
		常顶循入塔温度	101	减一中入塔温度	140
		常一中出塔温度	205	减二中入塔温度	219
		常一中入塔温度	150	塔底温度	357
		常二中出塔温度	300	减压炉出口温度	420
		常二中入塔温度	267		
		塔底温度	355		

表 5-3　常压塔产品流量与性质

标定项目		常顶油	常一线	常二线	常三线	常四线	常底油
流量/(t/h)		172	116	107	71	24	695.4
馏程/℃	初馏点	33.0	140.0	215.0	196.0	240.0	229.0
	10%	55.0	166.0	237.0	255.0	272.0	341.0
	20%	65.0		256.0	273.0	286.0	392.0
	50%	93.0	196.0	266.0	310.0	318.0	
	70%						570.0
	90%	135.0	233.0	308.0	359.0	382.0	
	98%		258.0	325.0	384.0		580.0
密度/(kg/m^3)		693.8	785.1	833.1	845.1	877.0	966.7

表 5-4 常顶气组成

序号	项目	组成/%(体)	序号	项目	组成/%(体)
1	甲烷	3.24	6	异丁烷	9.20
2	乙烷	12.21	7	正丁烷	23.11
3	乙烯	0.05	8	异丁烯	0.03
4	丙烷	37.78	9	C_{5+}	14.34
5	丙烯	0.04			

(一) 原油换热负荷

一段换热(40~123℃)：原油由40℃进入装置经换热至123℃进入电脱盐罐，依据装置产品物性数据，应用流程模拟软件，可以计算该段换热负荷。

模拟结果可知，1190t/h 原油进入装置的温度为40℃，单位焓值76.29kJ/kg，经换热和加压至电脱盐温度123℃和压力1.6MPa下，原油仍然呈液相，单位焓值为217.90kJ/kg，换热过程总吸收热量1190×(217.9-76.29)=168515.9MJ/h，即168.5GJ/h。

二段换热(118~202℃)：原油出电脱盐罐至闪蒸塔前换热。由于电脱盐罐内注水，原油流出电脱盐罐的温度会略有降低，为118℃。原油出电脱盐罐后，又经换热至202℃进入闪蒸塔，此时原油在换热流程中会部分汽化。模拟该段换热前后的物流数据。

物料由118℃换热至202℃吸收的热量=499.854-245.20=254.654GJ/h。原油在118~202℃的升温过程，虽然温度升高了84℃，与一段升高83℃几乎相同，但由于原油自身汽化，其吸收热量比一段换热大。

三段换热(201~295℃)：原油进入闪蒸塔后，闪蒸塔并无能量消耗，只是将原油中轻组分进行闪蒸，降低原油后续换热和加热流程的负荷。闪蒸塔底油的流量为1040t/h，流出闪蒸塔的温度为201℃，经泵加压至1.2MPa后，再经后续换热至295℃进入常压加热炉，常压炉前的压力为0.7MPa，可依据闪蒸塔底油的物性(见表5-5)计算该换热过程能量平衡。

表 5-5 闪蒸塔底油分析化验数据

标定项目	闪底油	标定项目	闪底油
流量/(t/h)	1040	70%	
馏程/℃		90%	585.0
初馏点	180.0	98%	
10%	234.0	终馏点	
20%	278.0	密度 d_5^{20}/(kg/m³)	914.0
50%	413.0		

由流程模拟计算的三段换热负荷结果如图5-3所示。由模拟结果可知，闪蒸塔底油流出闪蒸塔温度为201℃时呈液相，总焓值361.70GJ/h，换热至295℃时呈液相状态，总焓

值 577.75GJ/h，由 201℃加热至 295℃吸收热量 216.05GJ/h。

项目	单位	SDY	S9
相态		液体	液体
总流量	(kg · mol)/h	3863.548	3863.548
	kg/h	1040000.000	1040000.000
Std. Liq. 率	m^3/h	955.700	955.700
温度	℃	201 .000	295 .000
压力	kPa	1200.000	700.000
相对分子质量		269.183	269.183
焓值	GJ/h	361.704	577.754
	kJ/kg	347.792	555.533
摩尔分数液体		1.0000	1.0000
降低温度		0.5446	0.6526
减压		0.4268	0.2490
偏心因子		0.6245	0.6245
UOP K 系数		10.007	10.007
Std. 液体密度	kg/m^3	1088. 208	1088. 208
重力		1. 0893	1. 0893
API 重力		–1.598	–1.598

图 5-3　原油三段换热过程流程模拟结果

汇总上述结果，可得原油换热过程的热负荷，见表 5-6。

表 5-6　原油换热过程热负荷

序号	换热流程	换热区间/℃	流量/(t/h)	热负荷/(GJ/h)
1	原油脱前换热	40~123	1190	168. 50
2	脱盐温度-初馏温度	118~202	1190	254. 65
3	初底油-换热终温	201~295	1040	216. 05
4	合计			639. 20

由表 5-6 可以看出，一段换热中原油温度较低，此时物料比热容较小，而且始终处于液相，虽然换热导致物流温度升高达 83℃，但其换热负荷较小，为 168.5GJ/h；进入第二段换热后，原油开始汽化，尤其是进入闪蒸塔前，原油的气相分率较高，此段换热中物料吸收的热量除用于提升自身温度，还需要提供汽化所需潜热，物流温度升高 84℃，与一段换热几乎相同，但其换热负荷却大为增加，达 254.65GJ/h；进入第三段换热后，原油由闪蒸塔底经泵加压后，压力较高，后续换热均处于液相状态，此时物料的比热容也有所增加，温度虽然升高 84℃，但比第一段换热吸收热量大，其热负荷达 216.05GJ/h。原油在常压炉内吸收热量为 267.38GJ/h。

（二）常压塔能量平衡

对常减压装置进行能量平衡核算，可按照常压塔和减压塔分别开展。常压塔能量平衡的边界如图 5-4 所示。

常压塔的进料包括常压炉出口物料（塔底进料）和闪顶油气（塔顶进料），该核算边界的常顶油气出塔的状态为气相，表 5-7 列出了常压塔的物料平衡。

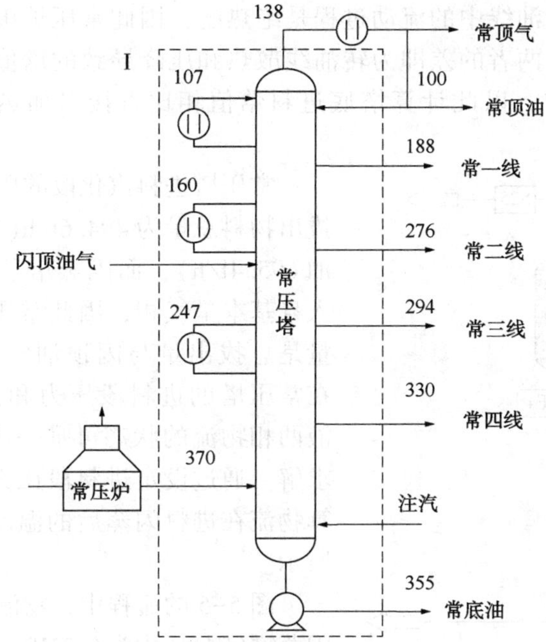

图 5-4 常压塔能量平衡核算边界(单位:℃)

表 5-7 常压塔物料平衡

物料项目		流量/(t/h)	收率/%(质)	备注
原料	闪顶油气	150		
	闪底油	1040		加氢等装置来
	合计	1190		
产品	常顶气	4.6	0.4	去轻烃回收
	常顶油	172	14.5	去轻烃回收
	常一线油	116	9.8	喷气燃料加氢
	常二线油	107	9.0	柴油加氢
	常三线油	71	6.0	柴油加氢
	常四线油	24	2.0	去加氢裂化
	常底油	695.4	58.4	
	合计	1190	100.0	

常压塔的能量入方包括原料带入能量、塔底注汽；能量出方包括产品带出能量、中段循环取热。

1. 原料携带能量

对常压塔进料，可依据加热炉的出口条件计算其焓值，但由于加热炉内的物料是气、液两相，物料压力对焓值影响较大，可按照常压塔进料汽化段条件计算进料携带焓值。

常压塔进料由加热炉加热后经转油线输送到常压塔，一般输送距离较短、转油线压降不大，同时物料在转油线中的流动过程是绝热的，因此常压炉出口物料焓值与常压塔进料段物流焓值相等，两者的差即为转油线散热和压降导致的焓值差，由于其影响较小可忽略不计，在实际中，以此计算塔底进料焓值相比直接以加热炉出口条件计算更加准确。

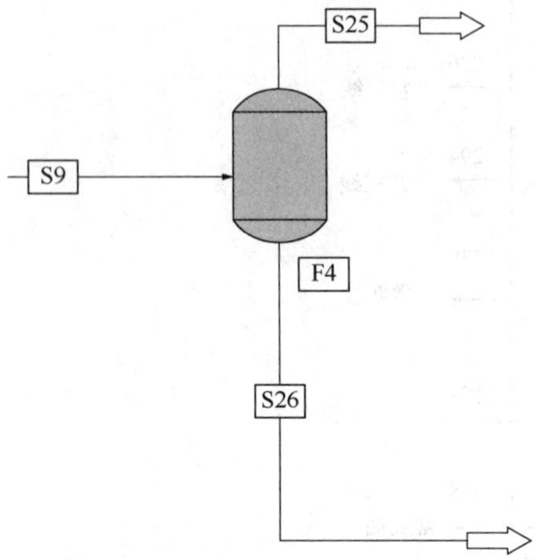

图 5-5　常压塔进料流程模拟图

常压塔进料汽化段的压力为 0.2MPa，常压塔拔出物料总量为 494.6t/h(进料 1190t/h 减去常底油 695.4t/h)，而闪蒸塔顶油气由常压塔上部进入且基本呈气相，因此常压塔进料段的气相负荷量是总拔出量与闪顶油气量之差，为 344.6t/h。在常压塔的进料段压力和汽化分率一定时，气、液两相物流的状态可唯一确定，即温度、焓值可求解。通过设定进料段压力、物料气相量，可计算物流在进料闪蒸后的温度，模拟流程如图 5-5 所示。

图 5-5 的流程中，物流 S9 是塔底进料，设定闪蒸罐(F4)压力为 0.2MPa，闪蒸气量为 344.6t/h，模拟计算的相关物流结果数据。

进料物流在闪蒸段经闪蒸后温度降为 361.48℃，闪蒸罐物流 S25 和 S26 焓值之和为 817.54GJ/h，即为常压塔进料的总焓值，只是其在不同位置体现的形式不同，在常压炉出口处，其温度(370℃)、压力较高，进入常压塔进料段后，物流压力降低，大量组分被汽化闪蒸，此时需要以物流显热提供汽化过程所需热量，所以物流温度降低为 361℃，此时进料的单位焓值为 817.54÷1040×1000≈786.1MJ/t。常压塔进料在闪蒸段的焓值结果见表 5-8。

表 5-8　常压塔加热炉出口进料焓值汇总

序号	项目	进料量/(t/h)	单位焓值/(MJ/t)	总焓值/(GJ/h)
1	气相	344.6	944.7	325.54
2	液相	695.4	707.51	492.00
3	合计	1040		817.54

由上述的流程模拟结果可以通过试差求算常压炉出口压力，即通过设定常压炉出口物流温度 370℃，通过输入不同压力数据，直至物流总焓值为 817.54GJ/h，经过试差后计算的常压炉出口压力大约为 0.4MPa。

常压炉的燃料气消耗量 6.6t/h，燃料热值按 9500kcal/t，则常压炉燃料总热量＝6.6×9500×4.18÷1000≈262.09GJ/h，常压炉物流吸收热量＝817.54－577.75＝239.79GJ/h，按照平衡计算的常压炉效率＝239.79÷262.09≈91.49%。

闪顶油气(塔顶进料)焓值的计算可根据模拟进行。闪顶油气进入常压塔时呈气、液两相状态，其中液相流量仅为 0.26kg/h，总焓值为 108.60GJ/h。

塔底注入蒸汽 7t/h，侧线汽提塔合计注入蒸汽 2.7t/h，总计蒸汽 9.7t/h，该蒸汽会从塔顶以气相形式出塔，以图 5-4 所示的核算边界对常压塔进行能量平衡时，由于蒸汽未冷凝，因此只释放显热，该数据较小，可忽略不计。

由上述模拟计算结果，可汇总常压塔进料焓值，见表 5-9。常压塔进料总焓值为 926. 14GJ/h，此即原料携带进入常压塔的所有能量。

表 5-9 常压塔进料焓值

序号	进料		进料量/(t/h)	单位焓值/(MJ/t)	总焓值/(GJ/h)
1	闪蒸塔顶油气		150	724. 0	108. 60
2	塔底进料	气相	344. 6	944. 7	325. 54
3		液相	695. 4	707. 51	492. 00
4	合计		1190		926. 14

2. *产品携带能量*

流出常压塔的物流包括侧线产品、常压塔底油和常顶油气，侧线产品的抽出温度均在物流的泡点以下，可依据其抽出温度、产品性质计算出塔物流的焓值，其结果如图 5-6 所示。

项目	单位	C1_1	C2_1	C3_	C4_	C-Z_
相态		液体	液体	液体	液体	液体
总流量	(kg · mol)/h	976.743	630.938	371.888	112.919	1987.927
	kg/h	116000.000	107000.000	71000.000	24000.000	695400.000
Std. Liq. 率	m^3/h	110.199	102.719	67.671	22.794	639.546
温度	℃	193.000	288.000	295.546	333.525	355.000
压力	kPa	0.170	0.180	0.190	0.210	0.210
相对分子质量		118.762	169.589	190.918	212. 541	349.812
焓值	GJ/h	35.962	55.275	38.139	15.159	483.573
	kJ/kg	310.018	516.593	537.171	631.644	695.388
摩尔分数液体		1.0000	1.0000	1.0000	1.0000	1.0000
降低温度		0.6556	0.7083	0.6950	0.7208	0.6501
减压		0.0393	0.0550	0.0618	0.0734	0.1007
偏心因子		0.2994	0.4298	0.4811	0.5329	0.8427
UOP K 系数		8.967	9.562	9.685	9.819	10.241
Std. 液体密度	kg/m^3	1052.640	1041.672	1049.198	1052.893	1087.334
重力		1.0537	1.0427	1.0502	1.0539	1.0884
API 重力		2.791	4.205	3.232	2.759	-1.494

图 5-6 常压塔产品出塔焓值模拟结果

由模拟结果可知，常一线抽出温度 193℃，流量 116t/h，总焓值 35. 96GJ/h；常二线抽出温度 288℃，流量 107t/h，总焓值 55. 28GJ/h；常三线抽出温度 295. 5℃，流量 71t/h，总焓值 38. 14GJ/h；常四线抽出温度 333. 5℃，流量 24t/h，总焓值 15. 16GJ/h；常压渣油出塔温度 355℃，流量 695. 4t/h，总焓值 483. 57GJ/h。

常压塔的塔顶油气以 138℃出塔先冷却至 100℃后，液相 71t/h 返回塔顶，之后液相与气相进一步冷却至 40℃后分别作为常顶气和常顶油送出装置。因此，该塔实际具有塔顶冷回流，流出塔顶的油气量为常顶气 4. 6t/h、常顶油 172t/h、塔顶回流油 71t/h，总和为 247. 6t/h，模拟的焓值结果如图 5-7 所示。

由图 5-7 可知，塔顶油气的单位焓值为 638. 52kJ/kg，总焓值为 158. 1GJ/h。

项目	单位	CDYQ
相态		水蒸气
总流量	(kg · mol)/h	3435.225
	kg/h	247600.000
Std. Liq. 率	m^3/h	239.572
温度	℃	138.000
压力	kPa	0.170
相对分子质量		72.077
焓值	GJ/h	158.099
	kJ/kg	638.524
摩尔分数液体		0.0000
降低温度		0.7101
减压		0.0246
偏心因子		0.2150
UOP K 系数		8.375
Std. 液体密度	kg/m^3	1033. 511
重力		1.0345
API 重力		5.277

图 5-7　常顶油气焓值模拟结果

同时由于该塔的塔顶回流油经冷却至 100℃返回塔顶，对于图 5-4 所示的核算边界，该回流油是塔内部进料，其焓值可由常顶油的单位焓值计算如图 5-8 所示，为 163. 11kJ/kg，则塔顶回流油的总焓值为 71×163. 11÷1000≈11. 58GJ/h。由此可知塔顶能量出方为 158. 1GJ/h，能量入方为 11. 58GJ/h，塔顶的能量净出方为 158. 1-11. 58=146. 52GJ/h。

实际上，可将塔顶油气总焓值分为塔顶回流取热与塔顶产品携带两部分，此时对塔顶能量平衡的核算边界如图 5-9 所示。

项目	单位	S16
相态		液体
总流量	(kg · mol)/h	3349.202
	kg/h	243000.000
Std. Liq. 率	m^3/h	233.985
温度	℃	100.000
压力	kPa	0.449
相对分子质量		72.555
焓值	GJ/h	39.636
	kJ/kg	163.111
摩尔分数液体		1.0000
降低温度		0.6417
减压		0.0651
偏心因子		0.2158
UOP K 系数		8.351
Std. 液体密度	kg/m^3	1038.528
重力		1.0396
API 重力		4.616

图 5-8　常顶回流油焓值模拟结果

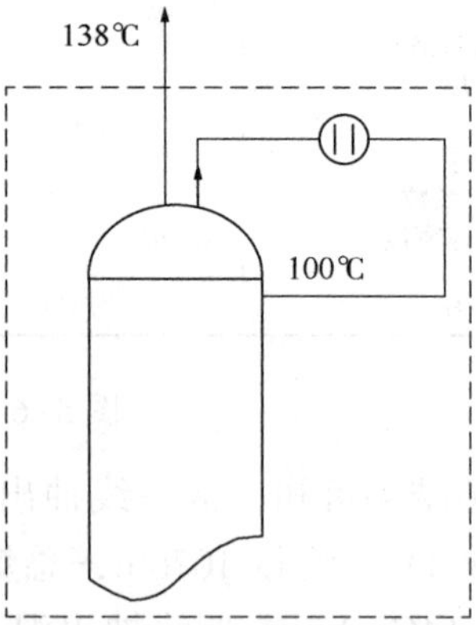

图 5-9　常压塔顶能量平衡的核算边界

图 5-9 中，塔顶回流取热为 71×(638. 52-163. 11)÷1000≈33. 75GJ/h，塔顶产品携带能量则仅考虑常顶油和常顶气，即(247. 6-71)×638. 52÷1000≈112. 76GJ/h。由此可知塔顶能量出方包括回流取热(33. 75GJ/h)和塔顶油气携带能量(总焓值 112. 76GJ/h)，能量出方总计 146. 52GJ/h。该方法核算边界与图 5-4 所示核算边界虽然有所不同，但核算的能量出方几乎是一致的。

在做碳足迹评价时，应依据塔顶热量的利用情况选取适当方法，一般塔顶一段冷却（138~100℃）热量被利用，二段冷却（100~40℃）热量则需视问题具体分析，若被利用则需要扣减碳排放，若被空冷、水冷冷却，则需要考虑该冷却过程消耗公用工程产生的碳排放。

由上述过程可汇总常压塔出塔物流焓值，其结果见表 5-10。

表 5-10　常压塔出料焓值汇总

序号	出料	流量/(t/h)	总焓值/(GJ/h)	单位焓值/(MJ/t)
1	常顶油气	176.6	112.76	635.84
2	常一线	116	35.96	310.00
3	常二线	107	55.27	516.54
4	常三线	71	38.14	537.18
5	常四线	24	15.16	631.67
6	常压渣油	695.4	483.57	695.38
7	合计	1190	740.86	—

由表 5-10 可知，常压塔出塔物流总焓值为 740.86GJ/h，其单位焓值则与物流出塔状态有关，常顶油气以气相状态出塔，因此单位焓值较高；常四线和常压渣油则是由于温度较高，携带大量热量，因此单位焓值也较高，常一线、常二线、常三线则由于出塔温度依次升高，因此其单位焓值依次增大。

3. 中段循环取热

该常压塔设有 3 个循环回流取热，塔顶循环回流量为 692t/h，出返塔温度分别为 148℃、101℃；第一中段循环回流量 457t/h，出返塔温度分别为 205℃、150℃；第二中段循环回流量 560t/h，出返塔温度分别为 285℃、247℃，各循环回流油物性及操作数据见表 5-11。

表 5-11　常压塔循环回流油物性及操作数据

标定项目		顶循环油	一中循环油	二中循环油
循环量/(t/h)		692	457	560
出塔/返塔温度/℃		148/101	205/150	285/247
馏程/℃	初馏点	84.0	156.0	217.0
	10%	124.0	188.0	254.0
	20%	132.0	194.0	271.0
	50%	149.0	218.0	309.0
	90%	173.0	238.0	347.0
	98%	188.0	265	359.0
	终馏点	193.0	278.0	370.0
密度 d_5^{20}/(kg/m³)		750.9	796.2	852.5

由上述数据可计算中段循环取热量，其结果如图 5-10 所示。

Hx名称 Hx描述	单位	顶循环 回流	一中 回流	二中 回流
取热量	GJ/h	56.5672	48.1407	47.3856
热物流温度	℃	101.0000	150.0000	247.0000
冷物流温度	℃	n/a	n/a	n/a

图 5-10　常压塔中段循环取热模拟结果

由图 5-10 可知，顶循环回流、一中回流和二中回流的取热量分别为 56.57GJ/h，48.14GJ/h 和 47.39GJ/h，其中顶循环油、一中循环油和二中循环油的比热容分别为 1.8kJ/(kg·℃)、1.986kJ/(kg·℃)和 2.283kJ/(kg·℃)。

4. 能量平衡汇总

由上述计算结果可汇总得到常压塔的能量平衡，其结果见表 5-12。

表 5-12　常压塔能量平衡

项目		流量/(t/h)	总焓值/取热/(GJ/h)	出/入塔温度/℃
入方	加热炉出口油	1040	817.54	370
	闪顶油气	150	108.60	202
	汽提蒸汽	9.7	—	
	合计		926.14	
出方	常顶油气	176.6	112.76	138
	常一线	116	35.96	193
	常二线	107	55.27	288
	常三线	71	38.14	296
	常四线	24	15.16	333
	常顶冷回流取热	71	33.75	138/100
	常顶循取热	692	56.56	148/101
	常一中取热	457	48.13	205/150
	常二中取热	560	47.4	285/247
	常底油	695.4	483.57	355
	合计		926.70	

由表 5-12 可知，常压塔的能量入方合计 926.14GJ/h，能量出方合计 926.70GJ/h，其中塔顶油气的出方能量较高，达 112.76GJ/h，这主要是由于塔顶油气以气相状态出塔，在塔内的能量变化与其他液相侧线产品不同，携带的大量冷凝热并未在塔内释放。

5. 产品在塔内的放热量

常压塔进料入塔后呈气、液两相状态，气相在沿塔上升过程中，通过中段循环取热将气相物流的冷凝潜热(或汽化热)取出，以此形成塔内液相。如果忽略常压塔的过汽化油，则进料气相温度降低过程的显热与冷凝潜热之和即是常压塔需要取出的回流热。如果以常压塔为核算边界，产品在塔内释放的热量也是进料入塔焓值与出塔焓值之差，即如图 5-11中 I 所示的核算范围。

由于常压塔有两股进料，闪顶油气（塔顶进料）进入常压塔34板下方，常一线抽出板为38板，常二线抽出板为24板，因此可认为闪顶油气只进入常顶油气和常一线产品，如图5-12所示。

常压塔34板下方上升的气相是由塔底进料中的气相经第一中段循环回流和第二中段循环回流取热后依然未冷凝的轻组分气相，对虚框内做能量衡算和物料衡算可以计算内回流（34板下降液相），其物料平衡为：

闪顶油气$+V=L+$常顶油气+常一线，即：

$$150+V=L+176.6+116$$

其能量平衡为：

闪顶油气总焓值$+H_V=H_L+$常顶油气总焓值+常一线总焓值+常顶循取热+常顶冷回流取热，即：

$$108.6+V\cdot H_V=L\cdot H_L+112.76+35.96+56.56+33.75$$

其中，H_V和H_L可按闪顶油气的气、液相焓值计算，分别为0.724GJ/t和0.075GJ/t。

则可知34板上升气相量为184.5t/h，34板下降液相量为41.9t/h。

由于34板下方上升气相是由常压塔进料中的气相而来，其在塔内上升过程中经过一中和二中会释放热量，同时内回流（即34板下降液相）的放热与常一线在塔内放热温位相近，因此可以以塔底进料的单位焓值与塔顶进料的单位焓值加权作为塔顶油气的单位焓值，即$=[(176.6+116-150)\times0.7861+108.60]\div(176.6+116)\approx0.754$GJ/t。该方法只考虑了形成塔顶油气（176.6t/h）的物流构成，而忽略了塔内复杂的气、液相负荷及焓值的计算，可用于评价常压塔产品碳足迹计算。

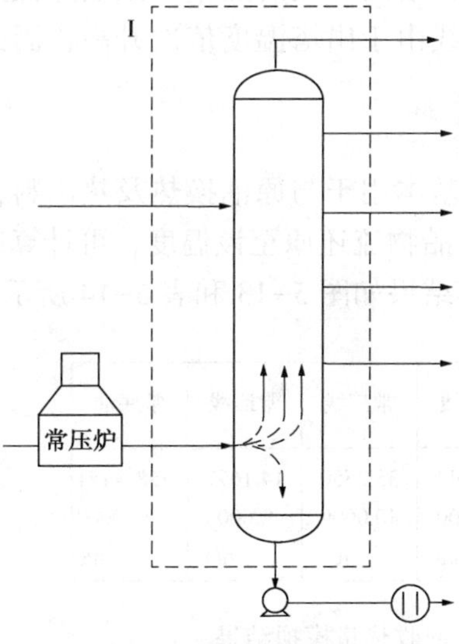

图5-11　常压塔产品在塔内释放热量核算范围图

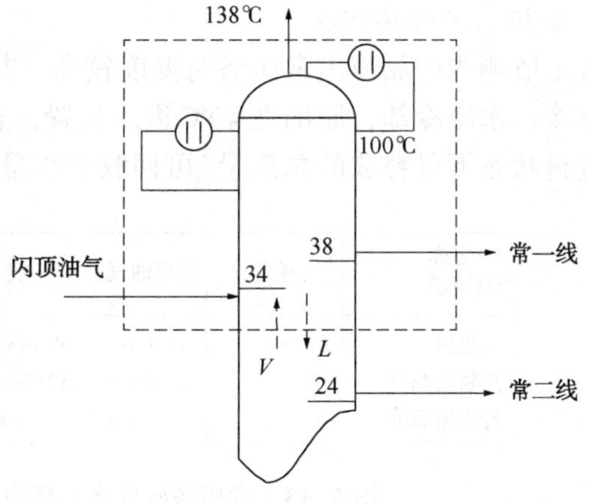

图5-12　塔顶进料段物料平衡示意图

由上述进料焓值与常顶油气焓值、常一线出塔焓值对比，可计算上述物流在塔内释放的热量，即：

常顶油气放热量$=176.6\times0.754-112.76\approx20.40$GJ/h

常一线放热量 = 116×0.754−35.96≈51.50GJ/h

常二线及以下侧线产品的放热量可按照进料焓值与出塔焓值计算，即：常二线产品在塔内释放的热量 = 107×786.1÷1000−55.27≈28.84GJ/h；常三线产品在塔内释放热量为 71×786.1÷1000−38.14≈17.67GJ/h；常四线产品在塔内释放的热量为 24×786.1÷1000−15.16≈3.71GJ/h；常底油在塔内释放的热量 = 695.4×786.1÷1000−483.57≈63.08GJ/h。

由上述过程可汇总常压塔各产品在塔内释放热量及单位放热量，见表 5-13。

表 5-13　常压塔总塔产品在塔内释放热量

序号	侧线产品	流量/(t/h)	放热量/(GJ/h)	单位放热量/(MJ/t)
1	常顶油气	176.6	20.40	115.5
2	常一线	116	51.50	444.0
3	常二线	107	28.84	269.6
4	常三线	71	17.67	248.9
5	常四线	24	3.71	154.4
6	常底油	695.4	63.08	90.7
7	合计	1190	185.20	—

由表 5-13 可知，常压塔各物流在塔内释放的热量合计 185.20GJ/h，该热量与表 5-12 中常压塔取热量 185.84GJ/h 是几乎一致的，即为塔内过剩热量。从放热强度可以看出，常顶油气以气相状态出塔，因此在塔内的单位放热量较小；常四线出塔温度较高，在塔内的单位放热量也较小；而常底油由于入塔时为液相，在塔内释放的热量为温度降低过程显热，因此其单位放热量最小；常一线、常二线和常三线由于出塔温度依次升高，因此在塔内的单位放热量依次降低。

6. 出塔物流的热回收

常压塔侧线产品流出常压塔时温度较高，其热量基本用于与原油换热及热出料，少部分被空冷、水冷冷却，原油在 40℃进入装置，若将产品物流还原至该温度，可计算产品还原至进料状态下可释放的总热量(可回收总热量)，其结果如图 5-13 和表 5-14 所示。

Hx名称 Hx描述	单位	常顶油气	常一线	常二线	常三线	常四线	常底油
取热量	GJ/h	101.1903	30.4432	50.7743	35.2550	14.1677	458.4181
热物流温度	℃	40.0000	40.0000	40.0000	40.0000	40.0000	40.0000
冷物流温度	℃	n/a	n/a	n/a	n/a	n/a	n/a

图 5-13　常压塔侧线产品还原至 40℃回收热量模拟结果

由表 5-14 可知，常压塔各出塔物流还原至 40℃时可释放总能量为 690.25GJ/h，同时常压塔中段循环取热可提供热量 185.84GJ/h，上述两者热量之和 876.09GJ/h，此即常压塔可提供的最大总能量。实际生产中，由于受传热温差限制，出塔物流可利用的热量远达不到最大总能量。

表 5-14 常压塔出塔物流还原至 40℃时可回收热量

项目	流量/(t/h)	出/返塔温度/℃	还原热量/(GJ/h)
常顶油气	176.6	138	101.19
常一线	116	193	30.44
常二线	107	288	50.77
常三线	71	296	35.26
常四线	24	333	14.17
常顶回流	71	138/100	33.75
常顶循	692	148/101	56.56
常一中	457	205/150	48.14
常二中	560	285/247	47.39
常底油	695.4	355	458.42
合计			876.09

装置实际回收热量需要依据物流最终换热状态计算，该装置常压塔的常顶油气出塔后先换热至 100℃，后经空冷水冷至 40℃出装置，热量回收区间介于 138~100℃；常一线换热至 126℃后，以 61t/h 流量换热直供下游，再以 55t/h 换热至 79℃后再冷却至 45℃送罐区，加权后热量回收温度为 104℃，热量回收区间介于 193~104℃；常二线、常三线和常四线分别换热至 123℃、131℃和 160℃后直供下游，上述物流的回收热量计算结果如图 5-14所示。

Hx名称 Hx描述	单位	常顶油气	常一线	常二线	常三线	常四线
取热量	GJ/h	44.7750	18.7139	36.1319	24.4961	9.1702
热物流温度	℃	100.0000	104.0000	123.0000	131.0000	160.0000
冷物流温度	℃	n/a	n/a	n/a	n/a	n/a

图 5-14 常压塔侧线产品实际回收热量模拟结果

依据上述热回收条件及热回收量，对比表 5-14 可知常压塔物流实际热回收情况，见表 5-15。

表 5-15 常压塔物流实际热回收量

项目	流量/(t/h)	回收温度区间/℃	热回收量/(GJ/h)	冷却或热出料热量/(GJ/h)
常顶油气	176.6	138~100	44.78	56.41
常一线	116	193~104(直供)	18.71	11.73
常二线	107	288~123(直供)	36.13	14.64
常三线	71	296~131(直供)	24.50	10.76
常四线	24	333~160(直供)	9.17	5.01
常顶回流	71	138~100	33.75	0
常顶循	692	148/101	56.56	0

续表

项目	流量/(t/h)	回收温度区间/℃	热回收量/(GJ/h)	冷却或热出料热量/(GJ/h)
常一中	457	205/150	48.13	0
常二中	560	285/247	47.39	0
常底油	695.4	355~355	0	0
合计			319.12	98.55

注：表中常一线换热后加权温度=193-[61×(193-126)+55×(193-79)]÷116≈104℃。

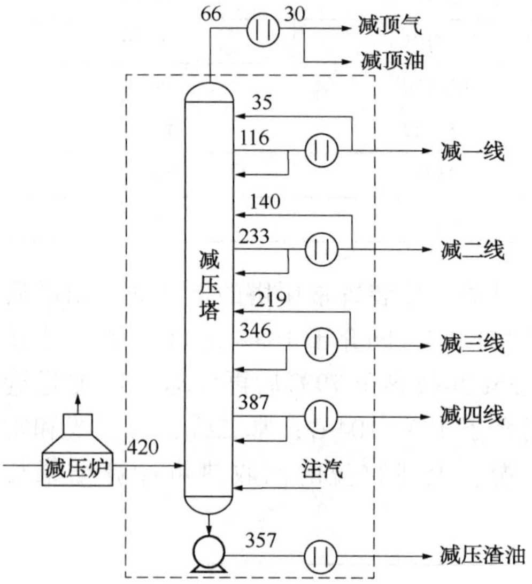

图 5-15　减压塔能量平衡核算边界示意图(单位:℃)

由表 5-15 可知，常压塔对装置换热网络提供的总热量达 319.12GJ/h，其中出塔物流提供热量合计为 133.29GJ/h，中段循环提供热量为 185.83GJ/h。常顶油气回收热量为 44.78GJ/h，其余 56.41GJ/h 热量被冷却，常一线、常二线、常三线和常四线合计直供下游热量达 42.14GJ/h，常底油是整个装置中温位最高的冷物料，因此装置中没有其他物料对其加热，直接进入减压炉，其对换热网络的热贡献量为 0。

(三) 减压塔能量平衡

常压塔底油经塔底抽出后进入减压炉，加热至 420℃进入减压塔，减压塔能量平衡核算边界示意如图 5-15所示。

减压塔产品包括减顶油气、减一线、减二线、减三线、减四线和减压底油，其物料平衡见表 5-16。

表 5-16　减压塔物料平衡

物料项目		流量/(t/h)	收率(对减压塔)/%(质)
原料	常压塔底油	695.4	
	合计	695.4	100.0
产品	减顶油气	4.4	0.7
	减一线	48	6.9
	减二线	214	30.8
	减三线	107	15.4
	减四线	39	5.6
	减底油	283	40.7
	合计	695.4	100.1

减压塔的能量入方包括进料带入能量、塔底注入蒸汽。由于塔底注入蒸汽会从减压塔顶以气相流出，因此其能量供入较小，可忽略不计。减压塔的能量出方包括侧线产品带出能量和中段循环取热。

1. 原料带入能量

减压塔进料为常底油，其出常压塔的温度为355℃，经减压炉加热至420℃后进入减压塔，可依据常压塔的方法计算减压塔进料焓值。

减压塔拔出物料总量为695.4−283=412.4t/h，由于减压塔过汽化油量较小，可忽略不计，因此减压塔拔出的总物料量即为减压塔汽化段的气相量，减压塔进料汽化段压力为4.27kPa，气液平衡的两相压力和汽化率确定后，该状态可唯一确定，由此可计算减压塔进料汽化段温度、焓值，模拟结果如图5-16所示。

项目	单位	减压进料	S8	S28
相态		混合	水蒸气	液体
总流量	(kg·mol)/h	1976.200	1376.894	599.306
	kg/h	695400.000	412388.953	283011.047
Std. Liq. 率	m^3/h	642.295	386.122	256.173
温度	℃	420.000	370.437	370.437
压力	kPa	200.000	3.800	3.800
相对分子质量		351.887	299.507	472.232
焓值	GJ/h	610.671	404.204	206.467
	kJ/kg	891.384	980.152	729.538
摩尔分数液体		0.8191	0.0000	1.0000
降低温度		0.7186	0.6989	0.6043
减压		0.0968	0.0017	0.0025
偏心因子		0.8477	0.7332	1.1105
UOP K 系数		10.286	10.181	10.440
Std. 液体密度	kg/m^3	1082.681	1068.028	1104.767
重力		1.0837	1.0691	1.1059
API 重力		−0.935	0.857	−3.545

图5-16　减压塔进料焓值模拟结果

图5-16中S8即为进料段气相，S28为进料段液相，由此可知减压塔进料焓值构成，见表5-17。

表5-17　减压塔进料焓值构成

序号	进料	进料量/(t/h)	单位焓值/(MJ/t)	总焓值/(GJ/h)
1	气相	412.4	980.15	404.20
2	液相	283	729.54	206.47
3	合计/加权	695.4	878.16	610.67

由表5-17可知，减压塔进料单位焓值为610.67÷695.4×1000≈878.16MJ/t。常底油出常压塔的焓值为483.57GJ/h，可知常底油由减压炉吸收的热量=610.67−483.57=127.1GJ/h。

减压炉的燃料气消耗量为3.47t/h，燃料热值按9500kcal/t计算，则减压炉燃料提供热量=3.47×9500×4.18÷1000≈137.79GJ/h，按照平衡计算的常压炉效率为127.1÷137.79≈92.2%。

2. 产品携带能量

减压塔产品携带能量与其出塔条件和物性相关，大部分产品出塔温度较高，出塔物流的性质见表5-18。

表 5-18　减压塔出塔物流性质与参数

标定项目		减顶油气	减一线	减二线	减三线	减四线	减压渣油
流量/(t/h)		4.4	48	214	107	39	283
出塔温度/℃		66	116	233	346	384	357
馏程/℃	初馏点	60.0	235.0	288.0	393.0	401.0	422.0
	10%	118.0	253.0	340.0	473.0	482.0	527.0
	20%	137.0	264.0	353.0	490.0		
	50%	170.0	282.0	413.0	528.0	522.0	
	90%	233.0	307.0	477.0	565.0	562.0	
	95%	258.0		492.0	574.0	589.0	
	98%	270.0	318.0	502.0	598.0	610.0	
密度/(kg/m³)		777.3	857.3	912.5	949.8	966.6	1053.6

由表 5-18 中数据，可计算出塔物流的焓值，塔顶油气中水蒸气含量较高，油气分压可设置较低，结果如图 5-17 所示。

项目	单位	减顶油气	减一线	减二线	减三线	减四线	减压渣油
相态		水蒸气	液体	液体	液体	液体	液体
总流量	(kg·mol)/h	42.596	273.065	756.477	253.956	91.090	422.987
	kg/h	4400.000	48000.000	214000.000	107000.000	39000.000	283000.000
Std. Liq. 率	m³/h	4.177	46.193	202.112	98.356	35.876	254.710
温度	℃	66.000	116.000	233.000	346.000	384.000	357.000
压力	kPa	0.150	3.000	8.000	6.000	15.000	6.000
相对分子质量		103.295	175.782	282.890	421.333	428.149	669.051
焓值	GJ/h	2.255	8.027	86.425	71.985	30.176	204.079
	kJ/kg	512.419	167.225	403.857	672.754	773.752	721.126
摩尔分数液体		0.0000	1.0000	1.0000	1.0000	1.0000	1.0000
降低温度		0.5068	0.4866	0.5564	0.6054	0.6405	0.5643
减压		0.0000	0.0009	0.0035	0.0035	0.0090	0.0047
偏心因子		0.2687	0.4458	0.6985	1.0024	1.0138	1.3302
UOP K 系数		8.789	9.629	10.143	10.428	10.455	10.842
Std. 液体密度	kg/m³	1053.378	1039.119	1058.818	1087.890	1087.068	1111.067
重力		1.0544	1.0401	1.0599	1.0890	1.0881	1.1122
API 重力		2.697	4.539	2.008	−1.560	−1.462	−4.270

图 5-17　减压塔侧线产品出塔焓值模拟结果

由图 5-17 可知，减顶油气总焓值约为 2.26GJ/h，减一线总焓值约为 8.03GJ/h，减二线总焓值为 86.43GJ/h，减三线总焓值为 71.99GJ/h，减四线总焓值为 30.18GJ/h，减压渣油总焓值为 204.08GJ/h。

3. 中段循环取热

减压塔设有 3 个循环回流，减压塔顶循环回流量与减一线合并抽出，循环量为 152t/h，进出温度分别为 116℃、35℃；第一中段循环回流与减二线合并抽出，循环量为 453t/h，进出温度分别为 233℃、140℃；第二中段循环回流与减三线合并抽出，循环量为 431t/h，进出温度分别为 346℃、273℃。各中段循环回流的模拟计算结果如图 5-18 所示。

由图 5-18 可知，减顶循的取热量为 20. 00GJ/h，减一中的取热量为 87. 68GJ/h，减二中的取热量为 78. 00GJ/h。

4. 塔底急冷油取热

为防止减压塔底油结焦，减压塔设置急冷油线，减压渣油经减压渣油泵抽出，换热至 240℃后，一路作为急冷油返回减压塔底，急冷油量 77t/h，出塔温度 357℃，入塔温度 240℃，其取热负荷计算结果如图 5-19 所示。

由图 5-19 可知急冷油的取热量为 22. 15GJ/h。

Hx名称 Hx描述	单位	减顶循	减一中	减二中
取热量 热物流温度 冷物流温度	GJ/h ℃ ℃	20.0016 35.0000 n/a	87.6763 140.0000 n/a	78.0036 273.0000 n/a

图 5-18 减压塔各中段循环取热模拟结果

Hx名称 Hx描述	单位	急冷油
取热量 热物流温度 冷物流温度	GJ/h ℃ ℃	22.1492 240.0000 n/a

图 5-19 减压塔塔底急冷油取热模拟结果

5. 能量平衡汇总

上述计算结果可汇总减压塔的能量平衡，其结果见表 5-19。

表 5-19 减压塔能量平衡

项目		流量/(t/h)	总焓值或取热/(GJ/h)	出/入塔温度/℃
入方	减压炉出口油	695. 4	610. 67	420
	合计	695. 4	610. 67	
出方	减顶油气	4. 4	2. 26	66
	减一线	48	8. 03	116
	减二线	214	86. 43	233
	减三线	107	71. 99	346
	减四线	39	30. 18	387
	减顶循	152	20. 00	116/35
	减一中取热	453	87. 68	233/140
	减二中取热	431	78. 00	346/273
	急冷油循环	77	22. 15	357/240
	减底油	283	204. 08	357
	合计		610. 80	

由表 5-19 可知，减压塔出塔物流总焓值为 402. 97GJ/h，中段循环取热和塔底取热合计 207. 83GJ/h，减压塔能量出方合计 610. 80GJ/h，与能量入方几乎一致。由于减压塔进料进入减压塔后，呈气液两相，气相沿塔上升，通过中段循环取热使气相物流冷凝，中段循环取热量合计 20. 00+87. 68+78. 00＝185. 68GJ/h(未计入减底急冷油)。

6. 产品在塔内的放热量

如同常压塔一样，减压塔产品在塔内释放热量可以按照总塔为核算边界，即以减压塔进料热状态与侧线产品出塔热状态的焓值差作为侧线产品在塔内释放的热量，进料热状态见表 5-19，则减顶油气在塔内释放的热量 = 4. 4×878. 16÷1000−2. 26≈1. 60GJ/h；减一线在塔内释放热量 = 48×878. 16÷1000−8. 03≈34. 12GJ/h；减二线在塔内释放热量 = 214×878. 16÷1000−86. 43≈101. 50GJ/h；减三线在塔内释放热量 = 107×878. 16÷1000−71. 99≈21. 97GJ/h；减四线在塔内释放热量 = 39×878. 16÷1000−30. 18≈4. 07GJ/h；减压渣油在塔内释放热量 = 283×878. 16÷1000−204. 08≈44. 44GJ/h。汇总上述数据可得表 5-20。

表 5-20　产品在塔内的放热量

序号	侧线产品	流量/(t/h)	放热量/(GJ/h)	单位放热量/(MJ/t)
1	减顶油气	4. 4	1. 60	363. 64
2	减一线	48	34. 12	710. 83
3	减二线	214	101. 50	474. 30
4	减三线	107	21. 97	205. 33
5	减四线	39	4. 07	104. 36
6	减底油	283	44. 44	157. 03
7	合计/加权	695. 4	207. 7	298. 68

由表 5-20 可知，按照总塔产品放热量核算边界，减压塔产品在塔内释放热量合计 207. 7GJ/h，该热量与表 5-19 中减压塔取热量是几乎一致的。其中，减一线的单位放热量最大，这主要是减一线出塔温度较低导致的；由于塔底急冷油循环取热，减压渣油的出塔温度低于减四线出塔温度，因此其单位放热量要高于减四线；减顶油气以气相出塔，因此其单位放热量相对较小。

7. 出塔物流热量回收

如同常压塔一样，减压塔出塔各物流也可以还原至原油进入装置的状态(40℃)，该过程可回收热量的模拟计算结果如图 5-20 所示。

Hx名称 Hx描述	单位	减顶油气	减一线	减二线	减三线	减四线	减压渣油
取热量	GJ/h	1.9754	5.9781	78.1298	68.6847	28.9780	193.0728
热物流温度	℃	40.0000	40.0000	40.0000	40.0000	40.0000	40.0000
冷物流温度	℃	n/a	n/a	n/a	n/a	n/a	n/a

图 5-20　减压塔侧线产品还原至 40℃热回收量模拟结果

由表 5-21 可知，减压塔各物流还原至 40℃可回收的总能量为 376. 82GJ/h，同时减压塔塔顶循及中段循环共取热 185. 7GJ/h，急冷油循环取热 22. 15GJ/h，上述热量之和为 584. 67GJ/h，即为减压塔可提供的最大能量。

表 5-21 减压塔出塔物流还原至 40℃时可回收热量

项目	流量/(t/h)	出/入塔温度/℃	还原热量/(GJ/h)
减顶油气	4.4	66	1.98
减一线	48	116	5.98
减二线	214	233	78.13
减三线	107	346	68.68
减四线	39	387	28.98
减底油	283	357	193.07
合计			376.82

实际生产中受换热温差的限制，上述物流实际的能量回收与换热温度相关。减顶油气出塔温度 66℃，经冷却至 40℃后出装置；减一线换热至 85℃后直供下游；减二线换热至 140℃后出装置；减三线换热至 140℃后出装置；减四线换热至 120℃后出装置；减压渣油换热至 180℃后出装置，各物流的热回收量模拟计算结果如图 5-21 所示。

Hx名称 Hx描述	单位	减顶油气	减一线	减二线	减三线	减四线	减压渣油
取热量	GJ/h	0.0000	2.5742	41.4770	50.3331	23.7521	120.7536
热物流温度	℃	66.0000	85.0000	140.0000	140.0000	120.0000	180.0000
冷物流温度	℃	n/a	n/a	n/a	n/a	n/a	n/a

图 5-21 减压塔侧线产品实际热回收量模拟结果

对比图 5-21 中减压侧线物流热回收量与图 5-20 中减压塔侧线产品还原至 40℃热回收量，可知减压塔冷却或热出料热量，结果见表 5-22。

表 5-22 减压塔物流实际热回收能量

项目	流量/(t/h)	回收温度区间/℃	热回收量/(GJ/h)	冷却或热出料热量/(GJ/h)
减顶油气	4.4	40~66	0	1.98
减一线	48	116~85	2.57	3.41
减二线	214	233~140	41.48	36.65
减三线	107	346~140	50.33	18.35
减四线	39	387~120	23.75	5.23
减顶循	152	116/35	18.87	1.13
减一中	453	233/140	87.68	0
减二中	431	346/273	78	0
急冷油循环			22.15	0
减压渣油	283	357~180	120.75	72.32
合计			445.58	139.07

由表 5-22 可知，减压塔出塔物流中有 445.58GJ/h 热量用于装置内换热，139.07GJ/h 热量用于热输出或被冷却，塔顶冷却热量为 1.98GJ/h，侧线物料送往下游的热输出热量＝3.41+36.65+18.35+5.23+72.32＝135.96GJ/h。

由常压塔和减压塔汇总可得到，该装置合计提供的热量＝319.1+445.5＝764.6GJ/h。常压塔侧线产品合计 494.6t/h，减压塔侧线产品合计 412.4t/h，常压塔加工量大于减压塔，但常压塔的供热量比减压塔要小，这主要因为常底油温度较高，但热量并未换热供出，而减压塔的减压渣油则有 120.75GJ/h 的热量供出，因此减压塔总供出热量大于常压塔。

（四）装置能量平衡

由“原油换热负荷”“常压塔能量平衡”和“减压塔能量平衡”可以得到装置的能量平衡，表 5-23 列出了原油换热和加热过程的热负荷。

表 5-23 原油换热和加热过程热负荷

序号	换热流程	换热区间/℃	流量/(t/h)	热负荷/(GJ/h)
1	原油脱前换热	40～123	1190	168.50
2	脱盐温度-初馏温度	118～202	1190	254.65
3	初底油-换热终温	201～295	1040	216.05
4	换热终温-常压炉出口	295～370	1040	238.29
5	常底油-减压炉出口	355～420	695.4	127.1
6	合计			1004.59

由表 5-23 可知，该常减压装置原油换热所需的总热负荷量为 1004.59GJ/h，其中由换热过程吸收的热量为 168.50+254.65+216.05＝639.20GJ/h。由表 5-15 和表 5-22 可知，常压塔、减压塔总计回收热量为 764.6GJ/h，除去加热原油消耗 639.20GJ/h，还用于发生 0.35MPa 蒸汽 8.3t/h 和供给轻烃回收单元塔底再沸器热源。

用于发生 0.35MPa 蒸汽所需热量＝2.4×8.3＝19.92GJ/h，对应蒸汽的碳足迹变化量＝2.4×73.03 ≈ 175.3kgCO_2/t。其中，除氧水进入装置温度为 120℃，0.35MPa 蒸汽过热至 240℃。

该常减压装置的常一中和常二中取热供轻烃回收的稳定塔和分离塔再沸器作热源，常一中供热温度为 190～158℃，常二中供出温度为 285～247℃，可模拟计算其热量输出，上述热量输出分别为 27.09GJ/h 和 47.39GJ/h。

因此发生蒸汽及对外供热合计＝19.92+27.09+47.39＝94.40GJ/h。

由此可知装置实际加热冷物流热量合计＝94.40+639.20＝733.60GJ/h，该数据相比常压塔和减压塔总共输出能量 764.70GJ/h，相差(764.70−733.60)÷733.60×100% ≈ 4.24%，这主要是由于换热器表面散热等，对换热网络计算的热物流换热负荷一般比冷物流大 3%～5%，因此上述计算的换热网络能量平衡误差在允许范围之内。常减压装置能量平衡结果如图 5-22 所示。

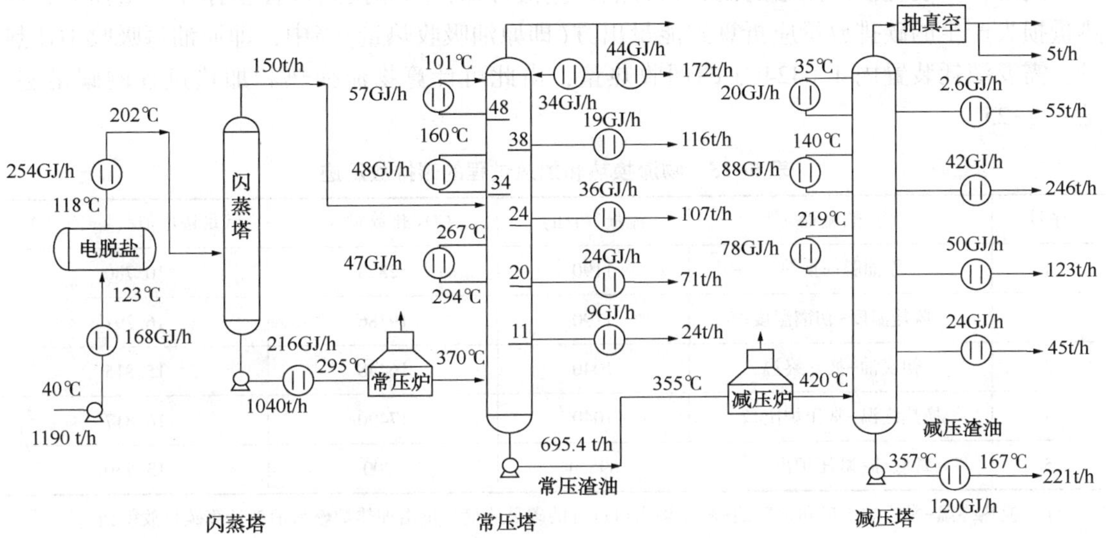

图 5-22　常减压装置能量平衡及能量足迹图

(五) 产品碳足迹

以能量平衡为基础的产品碳足迹评价，需要将用能过程产生的碳排放分配到工艺过程的所有产品当中，其评价过程要与能量平衡核算过程对应。

1. 换热与加热过程碳足迹

常减压装置的碳排放主要是由于消耗能量产生，尤其是常压炉和减压炉，其消耗燃料所释放的能量基本用于加热原油等物料，因此，物料在加工过程的热状态变化与该过程消耗的能源密切相关。按照装置用于加热过程的一次能源构成，可计算物流吸收单位热量产生的碳排放量，并依据原料到产品加工过程的能量演化过程核算产品碳足迹。

常减压装置生产中，消耗大量蒸汽用于汽提、抽真空，装置的主要排放源及排放量见表 5-24。

表 5-24　装置碳排放源及排放量

序号	碳排放源	消耗能源	能源消耗量/(t/h)	碳排放量/($kgCO_2$/h)
1	常压加热炉	燃料气	6.6	17490
2	减压加热炉	燃料气	3.47	9196
3	常压塔汽提蒸汽	蒸汽	9.7	1700
4	抽真空蒸汽	蒸汽	13	2279
5	合计			30665

表 5-24 中，常减压装置合计碳排放量为 30665$kgCO_2$/h。由于原油加热过程所消耗的一次能源转化为加热炉入口、出口物料加热过程的热量(分别为 238.29GJ/h 和 127.1GJ/h)，因此，装置实际单位热量产生的碳排放=(17490+9196)÷(238.29+127.1)= 73.03$kgCO_2$/MJ。

同时，由装置换热网络的出、入方热量差值可知，实际换热过程会存在热量损失，该热量损失产生的碳排放量应折算到能量出方(即原油吸收热量)当中，即原油每吸收 1GJ 热量，需要消耗装置内 1.0424GJ 的回收热量，由此可计算物流换热和加热过程的碳足迹，见表 5-25。

表 5-25　物流换热和加热过程的碳排放足迹

序号	换热流程	流量/(t/h)	CO_2 排放量/kg	碳足迹增值/($kgCO_2$/t)
1	原油脱前换热	1190	12828	10.780
2	脱盐温度-初馏温度	1190	19386	16.291
3	初底油-换热终温	1040	16448	15.815
4	换热终温-常压炉出口	1040	17490	16.817
5	常底油-减压炉出口	695.4	9200	13.230

注：换热终温-常压炉出口和常底油-减压炉出口过程的碳足迹变化量由加热炉燃料消耗计算碳排放得到。

由表 5-25 可知，原油经一段换热后碳足迹为 10.780$kgCO_2$/t，经二段换热后碳足迹为 10.780+16.291=27.071$kgCO_2$/t，即为闪蒸塔进料碳足迹。原油在闪蒸塔内的加工过程虽然没有碳排放，但闪蒸塔将进料分为气、液两相，由于其所携带能量不同，因此需要分别计算闪顶油气(气相)和闪底油(液相)碳足迹。闪蒸塔进料气液相的物性如图 5-23 所示。

由于闪蒸塔并无能量供入，因此可以按照闪蒸模型分配气、液两相能量，如图 5-24 所示。

气相	单位	数据
流率	(kg·mol)/h	2878.925
	kg/h	247649.581
实际体积流量	m^3/h	43720.187
平均体积流量	m^3/h	68203.011
相对分子质量		86.022
焓值		0.96101
比热容	kJ/kg	698.166
cP	kJ/(kg·℃)	1.460
密度	kg/m^3	5.664
黏度	cP	0.01244
液相		
流率	(kg·mol)/h	3447.112
	kg/h	942350.420
Liquid Std Vol Flow	m^3/h	879.316
相对分子质量		273.374
焓值		0.01457
热容	kJ/kg	347.341
cP	kJ/(kg·℃)	2.123
密度	kg/m^3	1187.398
Surface Tension	dy/cm	26.1650
黏度	cP	1.17886

图 5-23　闪蒸塔气相、液相物性模拟结果

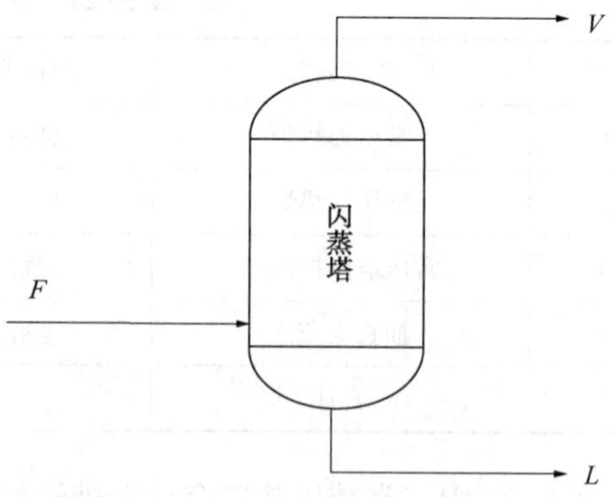

图 5-24　闪蒸过程示意图

对于进料量为 F 的闪蒸过程，气、液相进料量分别为 V 和 L，气、液两相的碳足迹需要对进料碳足迹按照焓值进行分配，公式如下：

$$\frac{H_V-H_F}{H_F-H_L}=\frac{CF_V-CF_F}{CF_F-CF_L}=\frac{L}{V} \tag{5-5}$$

式中 H_V、H_F、H_L——分别为气相、进料和液相焓值；

CF_V、CF_F、CF_L——分别为气相、进料和液相碳足迹。

上式经整理后可得能量平衡方程，结合碳平衡，即：

$F \cdot CF_L=V \cdot CF_V+L \cdot CF_L$，其中 $F=V+L$；

$F \cdot H_L=V \cdot H_V+L \cdot H_L$，$V \cdot (H_V-H_F)=L \cdot (H_F-H_L)$

上式等号左边为气相由原料中吸收的热量，右边为液相温度降低放出的热量。原料的单位焓值=(150×698.17+1040×347.34)÷1190≈391.56MJ/t。

因此，气、液相产品碳足迹可按气、液相产品与原料的单位焓值差计算，即气相碳足迹=27.071+(698.17-391.56)×0.07303=49.463kgCO_2/t；液相碳足迹=27.071-(391.56-347.34)×0.07303=23.841kgCO_2/t。

由此可知闪蒸塔底油（常压塔进料）经三段换热后碳足迹=23.841+15.815=39.656kgCO_2/t；经加热炉加热后碳足迹=39.656+16.817=56.473kgCO_2/t。常减压装置换热与加热过程碳足迹示意如图5-25所示。

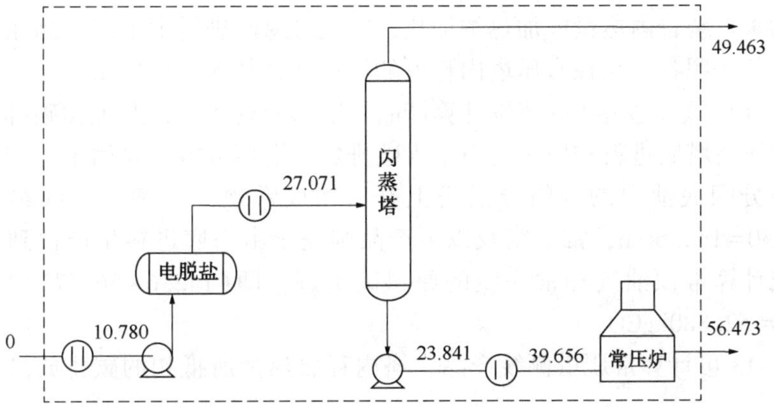

图5-25 原油换热及加热过程碳足迹示意图(单位：kgCO_2/t)

图5-25中，闪顶油气和闪底油由不同位置进入常压塔，根据上述计算结果可以对图5-4中的核算范围进行碳足迹平衡，结果见表5-26。

表5-26中，碳足迹入方是原油进入核算范围带入的碳排放，与产品碳足迹折算的碳排放在计算前后是平衡的。对该案例，可认为原油带入碳排放为0；换热及加热过程的碳排放包括一段、二段、三段换热、加热等过程吸收热量所折算的碳排放，由表5-26可知图5-25中的过程碳排放合计32215+16448+17490=66153kgCO_2；碳足迹的出方是物料流出上述核算边界所携带的碳排放量，即49.463×150+56.473×1040≈66152kgCO_2/t，由表5-26可知入方合计与出方合计是平衡的。

表 5-26　换热及加热过程碳足迹平衡表

项目		碳足迹/($kgCO_2/t$)		碳排放/$kgCO_2$		
		闪顶油气	闪底油	闪顶油气	闪底油	合计
流量/(t/h)		150	1040	150	1040	1190
入方	碳足迹入方	0	0	0	0	0
	前二段换热碳排放	27.071	27.071	4061	28154	32215
	闪蒸碳排放	49.463	23.841	3359	-3359	0
	三段换热碳排放	—	39.656	0	16448	16448
	加热碳排放	—	56.473	0	17490	17490
出方	碳足迹出方	49.463	56.473	7420	58733	66153

2. 常压塔产品碳足迹

常压塔的进料包括闪底油(塔底进料)和闪顶油气(塔顶进料)，其进料碳足迹可由换热与加热过程的吸热量计算，而常压塔产品的碳足迹则需要考虑产品在常压塔的能量变化，即产品在塔内释放热量抵扣的碳排放计算。

对于常压塔进料，实际是包含各种产品组分的物料，由于每种产品物料在常压炉内加热过程的汽化状态不同，因此其吸收的热量不同，经过加热炉折算的碳足迹也不同；但在常压塔进料段内，进料被分离成气、液两相，侧线产品进入气相；同时进料汽化段物料所吸收的热量均来自装置内热量或加热炉加热，因此可忽略进料中不同产品在加热炉内吸收热量的不同，仅按照各产品在常压塔内释放的热量计算其碳排放抵扣。

按照图 5-4 中核算边界 I 的范围计算产品在塔内的放热量，及抵扣碳排放，原料带入碳排放包括常压塔塔底进料和塔顶进料带入碳排放，塔顶进料主要用于生产常顶油气和常一线，同时部分闪底油中的轻组分沿塔上升后构成常顶油气和常一线组分，其流量 = 176.6+116-150 = 142.6t/h；常二线及以下产品则完全由塔底进料生产得到，因此可按进料的加权构成计算常顶油气和常一线的原料碳足迹，即(142.6×56.473+150×49.463)÷(142.6+150) = 52.880$kgCO_2/t$。

依据表 5-13 可计算常压塔侧线产品在塔内释放热量所抵扣的碳排放量和碳足迹，结果见表 5-27。

表 5-27　常压塔侧线产品放热抵扣碳足迹

序号	物流	流量/(t/h)	释放热量/(GJ/h)	抵扣碳足迹/($kgCO_2/t$)
1	常顶油气	176.6	20.40	8.435
2	常一线	116	51.50	32.425
3	常二线	107	28.84	19.686
4	常三线	71	17.67	18.178
5	常四线	24	3.71	11.278
6	常底油	695.4	63.08	6.625
7	合计		185.20	

表 5-27 中，常压塔各物流在塔内释放的热量总计为 185.20GJ/h，与塔的取热量是几乎一致的。上述碳足迹抵扣量只是物流出塔状态下的计算结果，例如常顶油气抵扣的碳足迹量较小，这是因为塔顶油气以气相状态出塔，携带大量冷凝潜热，其在塔内释放热量基本与气相的冷却降温显热有关，因此其碳足迹抵扣量较小；其他侧线产品均以液相状态出塔，但常一线出塔的温度较低，因此其在塔内释放的热量较多，其碳足迹抵扣量最大。

同时，常压塔侧线产品在汽提塔内的加工过程会消耗汽提蒸汽，消耗蒸汽所产生的碳排放应计入相关产品碳足迹当中，消耗蒸汽过程导致的碳足迹增值见表 5-28。

表 5-28 常压塔侧线产品汽提过程碳足迹增值

序号	物流	流量/(t/h)	蒸汽消耗量/(t/h)	碳排放量/($kgCO_2$/h)	碳足迹增值/($kgCO_2$/t)
1	常一线	116	1.9	333.07	2.871
2	常二线	107	0.8	140.24	1.311
3	常底油	695.4	7.0	1227.10	1.765
4	合计		9.7	1700.41	

常压塔侧线产品出塔后，其热量大多数被装置换热回收，物流后续热量的回收利用情况会影响物料流出装置的碳足迹，其抵扣的碳排放量可由热回收量计算，结果见表 5-29。

表 5-29 常压塔侧线产品热回收量抵扣碳足迹

项目	流量/(t/h)	热回收量/(GJ/h)	碳排放量/($kgCO_2$/h)	抵扣碳足迹/($kgCO_2$/t)
常顶油气	176.6	44.78	3270.3	18.518
常一线	116	18.71	1366.4	11.779
常二线	107	36.13	2638.6	24.660
常三线	71	24.50	1789.2	25.200
常四线	24	9.17	669.0	27.873
常底油	695.4	0.00	0.0	0.000

由上述过程汇总后，可以得到常压塔各产品碳足迹，其结果见表 5-30。

表 5-30 常压塔侧线产品碳足迹结果(总塔放热) $kgCO_2$/t

项目	进料碳足迹	出塔状态碳足迹	汽提后碳足迹	出装置碳足迹
常顶油气	52.880	44.445	44.445	25.927
常一线	52.880	20.455	23.326	11.546
常二线	56.473	36.787	38.098	13.439
常三线	56.473	38.295	38.295	13.095
常四线	56.473	45.195	45.195	17.322
常底油	56.473	49.848	51.613	51.613

表 5-30 中，常底油由于在常压塔内释放较少热量，因此其抵扣的碳足迹较小，同时

常底油并未向装置输出热量，因此其出常压塔的碳足迹最高；常顶油气在塔内释放的热量较小，碳足迹也较高，而常压塔其他侧线产品由于在塔内释放了大量热量，同时向装置的换热网络供出热量，因此其出装置的碳足迹介于 11~18kgCO_2/t。

3. 减压塔产品碳足迹

减压塔进料是常压塔底油，其碳足迹为 51.613kgCO_2/t，即隐含携带碳排放量 51.613×695.4≈35892kgCO_2/h，经减压炉加热后，其碳足迹为 51.613+13.230=64.843kgCO_2/t。

常底油进入减压塔后，其中的侧线产品组分呈气相，沿塔上升过程释放热量。该热量折算的碳足迹抵扣量见表 5-31。

表 5-31 减压塔侧线产品出塔碳足迹

序号	物流	入塔碳足迹/(kgCO_2/t)	释放热量/(GJ/h)	出塔碳足迹/(kgCO_2/t)
1	减顶油气	64.843	1.60	38.222
2	减一线	64.843	34.12	12.928
3	减二线	64.843	101.50	30.206
4	减三线	64.843	21.97	49.846
5	减四线	64.843	4.07	57.225
6	减压渣油	64.843	44.44	53.375
7	合计		207.70	

表 5-31 中，减一线流出减压塔的碳足迹最低，这主要因为减一线以液态出装置，同时其温度较低，在塔内释放的热量(单位流量)最大，因此流出减压塔的碳足迹最低。

由于减压塔顶的抽真空系统消耗 1.0MPa 蒸汽 13t/h，该蒸汽的作用是造成塔内的负压环境，以降低物料之间的分离难度，且真空环境主要促进了塔内气相物料的生成，有利于各侧线产品的拔出。减压塔进料在进料汽化段呈气相状态，各组分的分压大小代表了物料拔出的难易程度和蒸汽抽真空的作用，分压大的物料意味着更易拔出，蒸汽造成的真空环境对其气相生成的作用更大，因此可按物料的分压大小或摩尔流量分配抽真空蒸汽的碳排放量，具体过程可参见第四章第二节相关部分，其计算结果见表 5-32。

表 5-32 抽真空蒸汽碳排放分配结果

序号	侧线产品	质量流量/(t/h)	摩尔流率/(kmol/h)	碳排放/(kgCO_2/h)	碳足迹增值/(kgCO_2/t)
1	减顶油气	4.4	42.6	68	15.567
2	减一线	48	273.1	439	9.148
3	减二线	214	756.5	1216	5.684
4	减三线	107	254	408	3.817
5	减四线	39	91.1	146	3.756
6	合计	412.4	1417.3	2277	

对抽真空系统的碳排放而言，沿塔由上到下各侧线产品所分配的碳足迹增值依次减小，减顶油气所分配的抽真空蒸汽的碳足迹增值最大，这主要因为减顶油气的分子较小、

在塔底气相中相对分压较大，蒸汽造成的塔内负压环境对其做功最多，当减小或增加单位蒸汽消耗量时，减顶油气的产量受到的影响最大。

减压塔产品流出分馏塔后，其携带的热量被回收利用，抵扣的碳足迹见表 5-33。

表 5-33 减压塔侧线产品回收热量后抵扣碳足迹

项目	流量/(t/h)	回收热量/(GJ/h)	碳排放量/($kgCO_2$/h)	抵扣碳足迹/($kgCO_2$/t)
减顶油气	4.4	0	0.0	53.789
减一线	48	2.57	187.7	18.167
减二线	214	41.48	3029.3	21.735
减三线	107	50.33	3675.6	19.311
减四线	39	23.75	1734.5	16.508
减压渣油	283	120.75	8818.4	22.215

汇总上述过程可以得到减压塔侧线产品碳足迹，结果见表 5-34。

表 5-34 减压塔侧线产品碳足迹 $kgCO_2$/t

项目	进料碳足迹	出塔碳足迹	抽真空后碳足迹	出装置碳足迹
减顶油气	64.843	38.222	53.789	53.789
减一线	64.843	12.928	22.077	18.167
减二线	64.843	30.206	35.890	21.735
减三线	64.843	49.846	53.663	19.311
减四线	64.843	57.225	60.981	16.508
减压渣油	64.843	53.375	53.375	22.215

对减压塔而言，减顶油气的碳足迹最大，这主要是因为其在塔内放热最小而消耗抽真空蒸汽量较大，同时减顶油气的冷凝潜热未被回收利用。

由表 5-31、表 5-33 和表 5-34 可得到减压塔的碳足迹平衡，见表 5-35。

表 5-35 减压塔碳足迹平衡 $kgCO_2$

项目	碳足迹入方	过程碳排放	过程碳抵扣	碳足迹出方
减顶油气	285	24	117	192
减一线	3112	265	2680	697
减二线	13876	1183	10441	4618
减三线	6938	591	5280	2249
减四线	2529	216	2032	713
减压渣油	18351		12064	6287
合计	45091	2279	32614	14756

表5-35中，减压塔碳足迹入方是减压塔原料(常压塔底油)携带的碳排放与减压炉碳排放总和；过程碳排放是减压塔抽真空消耗的蒸汽所产生的碳排放；过程碳抵扣是减压塔中段循环取热和物流出塔后回收热量所抵扣的碳排放；碳足迹出方是减压塔产品携带的碳排放。由表中数据可知碳足迹入方+过程碳排放=过程碳抵扣+碳足迹出方，即所有减压塔排放均以计入产品当中。

4. 装置产品碳足迹及平衡

由表5-30和表5-33可汇总常减压装置所有产品碳足迹和碳平衡，由于装置除生产侧线产品，还发生0.35MPa蒸汽以及热输出，也应视为产品，则汇总上述结果可得装置产品碳足迹，其结果见表5-36。

表5-36　常减压装置产品碳足迹及碳平衡

序号	项目	流量/(t/h)	换加热碳排放/$kgCO_2$	过程碳排放/$kgCO_2$	过程碳抵扣/$kgCO_2$	出方碳足迹/$kgCO_2$
1	常顶油气	176.6	9339	0	4760	4579
2	常一线	116	6134	333	5128	1339
3	常二线	107	6043	140	4745	1438
4	常三线	71	4010	0	3080	930
5	常四线	24	1355	0	940	416
6	常底油	695.4	39272	1227	4607	0
7	减顶油气	4.4	58	24	117	192
8	减一线	48	635	265	2680	697
9	减二线	214	2831	1183	10441	4618
10	减三线	107	1416	591	5280	2249
11	减四线	39	516	216	2032	713
12	减压渣油	283	3744	0	12064	6287
13	热输出	74.68GJ/t	5687			5683
14	产蒸汽	8.3	1517			1516
15	合计		82557	3979	55874	30657

表5-36中，换热加热碳排放是原油在三段换热及加热过程产生的碳排放，对减压塔产品而言，该数据是常底油在减压炉加热过程的碳排放，只是以产品的形式表示(其混合后即为常底油)，同时被加热的物流还包括热输出和产蒸汽。由于其均是冷物流，因此其单位热量碳排放因子(产品碳足迹)应乘以换热效率，即热输出碳足迹=73.03×1.042≈76.10$kgCO_2$/t，蒸汽碳足迹=175.3×1.042≈182.663$kgCO_2$/t。过程碳排放列和过程碳抵扣列是各产品在相应设备(常压塔、减压塔)消耗蒸汽或释放热量产生的碳排放和抵扣；出方碳足迹是装置产品碳足迹与产品量乘积，代表生产某产品导致的碳排放量，常底油虽然是常压塔产品，但对装置而言，为中间物料，因此出方碳足迹不应包括常底油。

表中出方碳足迹的合计数据与装置的碳排放基本相同(即表 5-24)，即该方法将装置所有碳排放按照能量平衡分配到产品碳排放及碳足迹当中。抵扣碳排放合计是常压塔和减压塔合计回收热量抵扣的碳排放，该数据与换热碳排放(表 5-26 中，32215+16448=48663kgCO_2)及产蒸汽碳排放(1517kgCO_2)、热输出碳排放(5687kgCO_2)之和(55867kgCO_2)(表 5-36)相同，表示装置回收热量的去向。

第二节 催化重整装置

催化重整作为石油加工过程中重要的二次加工方法，是指在一定反应条件和催化剂的作用下，对烃类分子结构的重新排列，进行环烷烃脱氢和烷烃脱氢环化及异构化等反应，使之变为另外一种分子结构的烃类。其目的是生产高辛烷值汽油或芳烃，同时副产的氢气可作为加氢工艺的氢气来源。

一、工艺流程

催化重整装置大都包括原料油预处理、重整反应、产品稳定处理等几个部分，以芳烃为目的产物的重整装置还包括芳烃抽提和芳烃分离部分。某 100 万 t/a 催化重整装置以常减压直馏重石脑油、加氢裂化重石脑油和乙烯裂解汽油(C_6~C_8馏分)为原料，生产苯、甲苯、混合二甲苯和高辛烷值汽油调和组分，以及 C_{9+}馏分油，同时副产重整氢气、C_5馏分油、抽余油、液化石油气等。

该装置包括预加氢单元、重整单元、催化剂连续再生单元、分馏单元、抽提蒸馏单元和芳烃精馏单元。抽提蒸馏单元分 A、B 两系列，分别处理重整 C_6/C_7 馏分油和乙烯 C_6/C_7 馏分油，重整抽余油作为乙烯裂解料送往乙烯装置，乙烯抽余油经预处理后进重整反应系统。

1. 预加氢单元

为了满足对重整原料的要求，必须对重整原料油进行预处理，预处理过程包括：①预加氢。在催化剂和氢作用下，使原料油中的硫、氮和氧等杂质分解，分别生成 H_2S、NH_3 和 H_2O，烯烃加氢可生成饱和烃。砷、铅等重金属化合物在预加氢条件下进行分解，并被催化剂吸附除去。②预分馏。其目的是根据目的产物要求对原料进行精馏，切除适宜的馏分。例如，生产芳烃时，切除<60℃的馏分；生产高辛烷值汽油时，切除<80℃的馏分。原料油的干点一般由上游装置控制，有的也通过预分馏切除过重的组分。预分馏过程中也同时脱除原料油中的部分水分。

该装置进料直馏重石脑油和乙烯抽余油混合后，经换热进入预加氢进料加热炉(F-101)加热升温至 300℃后进入预加氢反应器。在反应器中，原料油在催化剂和氢气的作用下进行加氢精制反应脱除原料中的有机硫、含氮化合物和金属杂质等，反应产物经与反应进料换热和空冷后进入预加氢气液分离器(D-102)进行气液分离。气液分离器(D-102)顶部引出的循环氢，与补充氢混合后，经循环氢压缩机(K-101A/B)升压循环回反应系统。

自加氢裂化装置来的加氢裂化重石脑油与从气液分离器(D-102)液相一起，经换热后进入汽提塔(C-101)，脱除轻组分、H_2S 和微量水，其流程如图 5-26 所示。

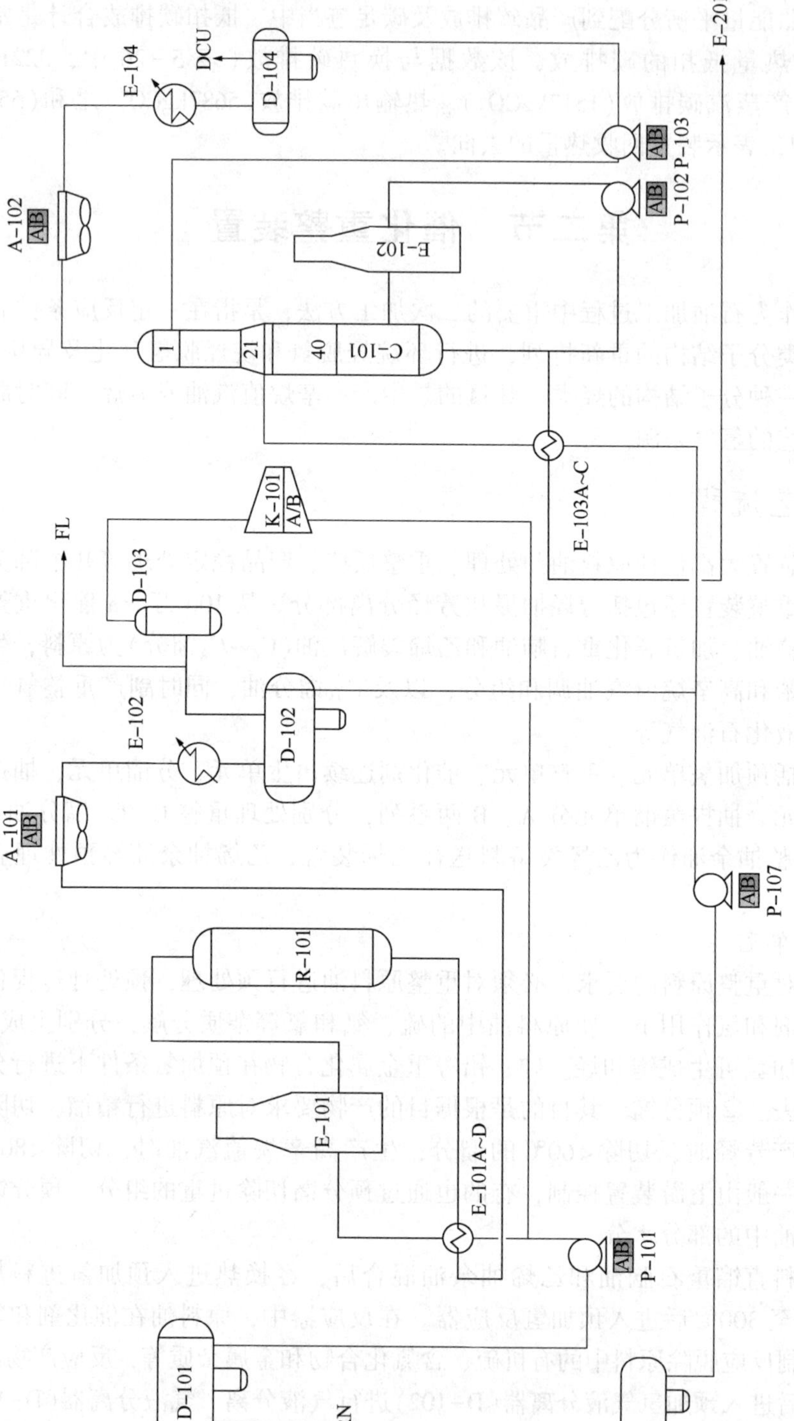

图5-26 预加氢工艺流程图

汽提塔顶气经冷凝冷却后进入汽提塔回流罐(D-104)，含硫燃料气在压力控制下送往延迟焦化装置；回流罐液相作为回流全部返回汽提塔。汽提塔底油，大部分经汽提塔重沸炉(F-102)加热至50%汽化后返回汽提塔底作为热源，其余经与汽提塔进料换热后送往重整单元。

2. 重整单元

重整反应部分按催化剂的再生形式分可分为固定床半再生式和移动床连续再生式等工艺类型。对于固定床半再生式催化重整，催化剂被固定在反应器内，运转一个周期(一般为一年)后，装置停工，进行催化剂再生，然后再开工进行下一周期的生产。移动床连续再生式则是重整反应和催化剂再生过程连续地进行，催化剂在反应器(移动床)内移动，同时在反应器和再生器之间循环流动，连续地进行反应和再生过程。和固定床半再生式装置相比，增加了一套连续再生系统，由于重整反应始终在接近新鲜催化剂的最佳条件下进行，可使装置在更低的压力和氢油比下操作，提高操作苛刻度，因此，连续重整对原料有较大的适应性，重整油和氢气产率高、氢纯度高、产品质量稳定、运转周期长。

该装置采用连续再生工艺，由预处理单元汽提塔底来的物料进入重整进料板式换热器(E-201)，与来自循环氢压缩机(K-201)的氢气混合并与反应产物换热后，进入重整进料加热炉(F-201)继续加热至526℃进入重整第一反应器(R-201)，物流经反应器内的扇形筒径向通过连续向下移动的重整催化剂床层，在临氢条件下进行重整反应，流程如图5-27所示。

由于吸热反应产物温度降低，重整第一反应器(R-201)流出物会进入第一中间加热炉(F-202)升温至反应温度后，继续进入重整第二反应器(R-202)。物流以与重整第一反应器(R-201)相同的过程在重整第二反应器(R-202)中继续进行重整反应，反应产物按以上相同的过程顺次进入第二中间加热炉(F-203)、重整第三反应器(R-203)和第三中间加热炉(F-204)、重整第四反应器(R-204)进行加热和反应。

最终反应产物从重整第四反应器(R-204)流出后进入重整进料换热器(E-202)与进料换热，换热后的反应产物经冷凝冷却后在反应产物分离器(D-201)中进行气液分离，气相经过重整氢压缩机(K-201)升压后，一部分作为循环氢返回重整反应系统，另一部分经冷凝冷却后进入重整氢增压机。

从重整循环氢压缩机入口分液罐(D-202)中分离出的气相经重整氢增压机(K-202)一段压缩和冷却后与来自二段再接触罐(D-204)的液相混合，经冷却后进入一段再接触罐(D-203)中进行气液分离。气相经重整氢增压机(K-202)的二段压缩并冷却后，与来自反应产物分离器(D-201)底的重整反应液混合，经二段再接触罐(D-204)低温液相物流预冷后，进入再接触制冷器(E-205)冷却至4℃，之后进入二段再接触罐(D-204)进行气液分离。

二段再接触罐(D-204)顶气相为纯度较高的氢气，一少部分送往催化剂再生单元作增压气，大部分经过脱氯化氢后作为重整氢产品进入2.1MPa氢气管网。重整循环氢压缩机入口分液罐(D-202)液相送至反应产物分离器(D-201)；一段再接触罐(D-203)底的液相经换热后进入脱戊烷塔(C-201)，塔顶轻组分为C_{5^-}馏分油，经冷凝冷却至40℃进入塔顶回流罐(D-207)中进行气液分离，罐顶气相送至重整循环氢压缩机入口分液罐(D-202)，

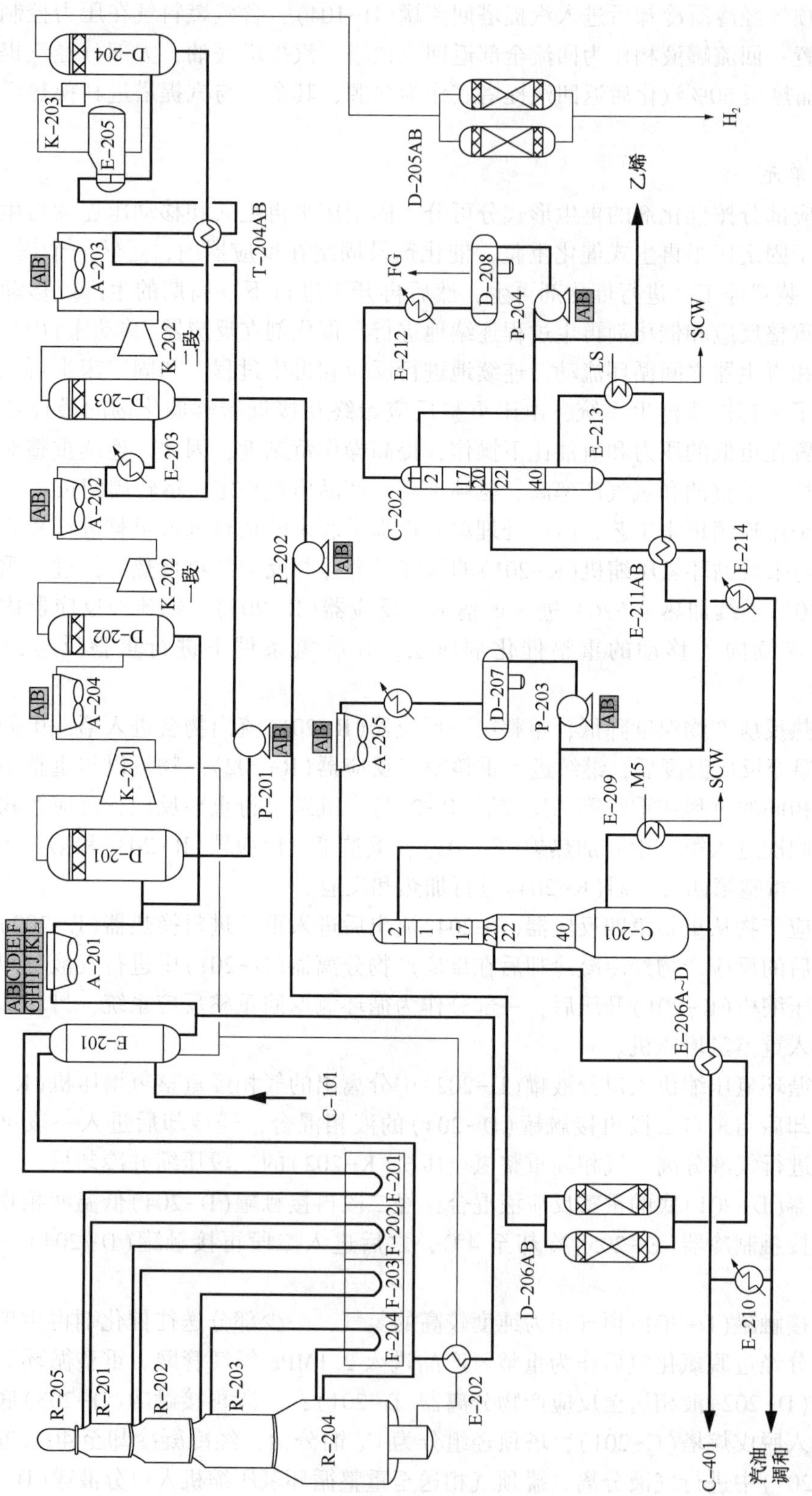

图5-27 重整单元工艺流程图

罐底液相一部分作为回流，另一部分送往脱丁烷塔(C-202)。塔底重整油与塔进料换热后送往分馏单元的重整油分馏塔(C-401)。

脱戊烷塔(C-201)塔顶分出的 C_{5-} 馏分油经换热升温后进入脱丁烷塔(C-202)，塔顶馏出的气相液化气经冷凝冷却至40℃后，在脱丁烷塔回流罐(D-208)中进行气液分离。罐顶燃料气送燃料气总管，罐底液相一部分送回脱丁烷塔顶作为回流，另一部分送出装置。塔底 C_5 馏分油与塔进料换热后汽油调和组分送出装置。

为回收重整四合一炉高温烟气的余热，设置中压除氧水经重整四合一炉(F-201～F-204)省煤段、蒸发段产生中压饱和蒸汽；中压饱和蒸汽经重整四合一炉的过热段过热后合并至中压蒸汽总管。

3. 催化剂连续再生单元

催化剂依靠重力作用依次从重整第一反应器(R-201)、重整第二反应器(R-202)、重整第三反应器(R-203)和重整第四反应器(R-204)流动至反应器底部的催化剂收集器。由提升氮气将催化剂提升至再生器(R-301)顶部的分离料斗(D-303)。催化剂依靠重力作用，从分离料斗(D-303)进入再生器(R-301)顶部，流程如图5-28所示。

待生催化剂在再生器(R-301)内自上而下依次经过预热区、烧焦区、再加热区、氯氧化区、干燥区、冷却区。催化剂通过内外两个环形区向下流动，通过再生风机(K-301)循环的热再生气体完成催化剂烧焦，所需温度由再生气空冷器(A-301)和再生气电加热器(EH-303)调节，冷却区位于再生器底部，用干燥的冷空气对催化剂进行冷却，同时预热冷空气。

冷却后的催化剂自再生器(R-301)底部流出，经过氮封罐(D-305)使催化剂由氧环境切换为氢环境后进入闭锁料斗(D-308)，通过闭锁料斗来控制催化剂的循环量，同时完成催化剂从低压的再生区输送回高压的反应器还原段的压力转换。

4. 分馏单元

重整单元脱戊烷塔底油经换热升温后进入重整油分馏塔(C-401)，塔顶得到 C_6/C_7 馏分，经冷凝冷却后送往抽提蒸馏单元；塔底 C_{8+} 馏分油经换热、加热后进入芳烃精馏，流程如图5-29所示。

由乙烯装置来的乙烯裂解汽油经换热后进入乙烯裂解油分馏塔(C-402)，塔顶馏出的 C_6/C_7 馏分送往抽提蒸馏单元B系列；塔底 C_{8+} 馏分油与重整油分馏塔底 C_{8+} 馏分油混合后进入二甲苯塔(C-403)分馏。二甲苯塔(C-403)塔顶气相用作芳烃精馏单元苯塔重沸器(E-603)和甲苯塔I号重沸器(E-605)热源，换热后进入二甲苯塔回流罐(D-404)，罐底液相一部分作为回流返回塔顶，其余部分送往储罐。塔底 C_{9+} 馏分大部分经二甲苯塔重沸炉(F-401)汽化至50%后返回二甲苯塔(C-403)釜，其余部分经冷却后部分送出装置，部分进入重芳烃塔(C-404)；重芳烃塔(C-404)顶气一部分经冷凝冷却后，进入重芳烃塔回流罐(D-405)，液相脱 C_{9+} 馏分油一部分作为回流返回塔顶，其余脱 C_{9+} 馏分油经冷却后作为汽油调和组分送出装置。

5. 抽提蒸馏单元

抽提蒸馏单元分A、B两个独立的系列，A系列处理重整 C_6/C_7 馏分油，B系列处理乙烯 C_6/C_7 馏分油。A系列的重整抽余油送往乙烯装置作为乙烯裂解料，B系列的乙烯抽

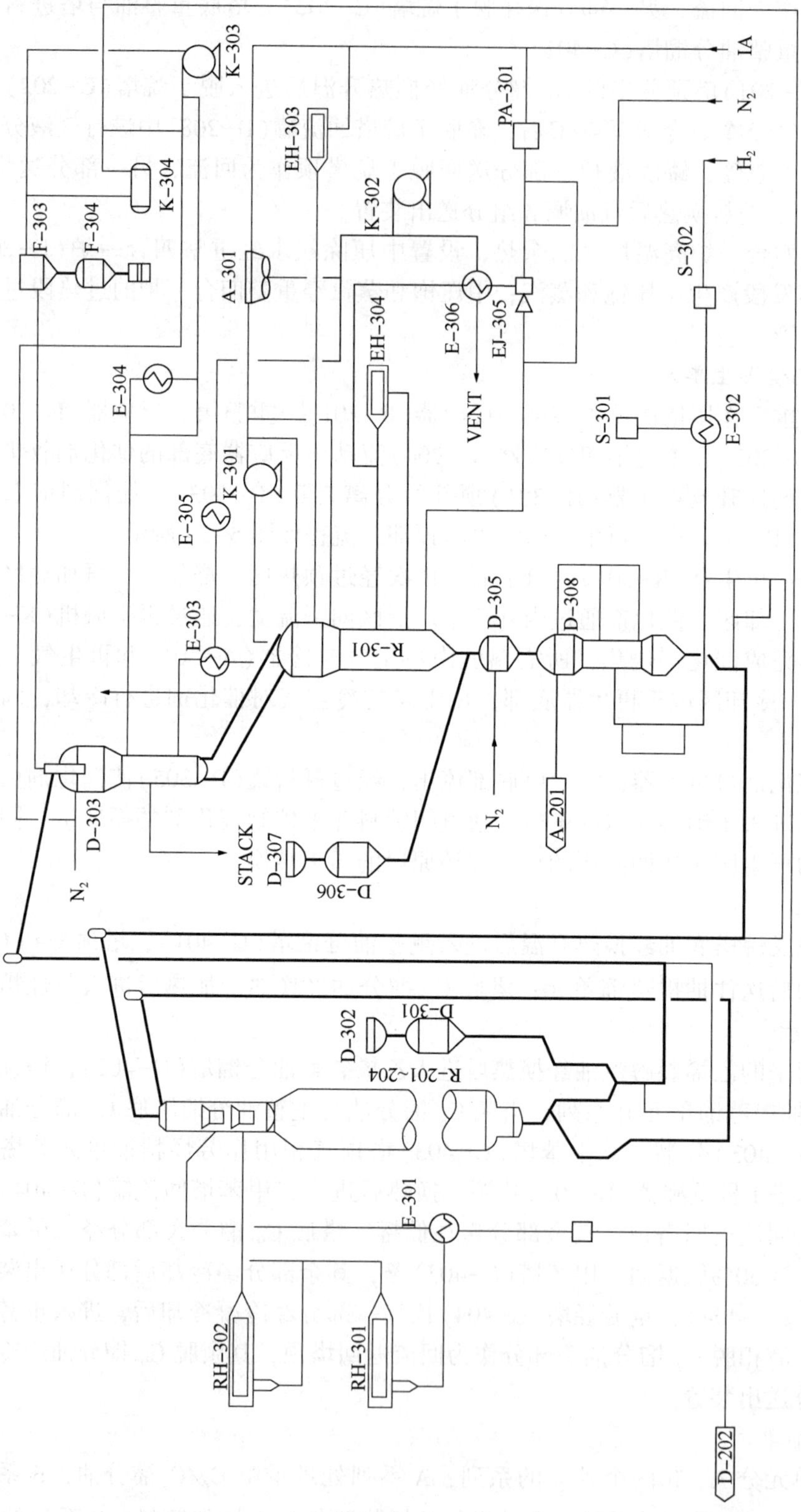

图5-28 催化剂连续再生单元工艺流程图

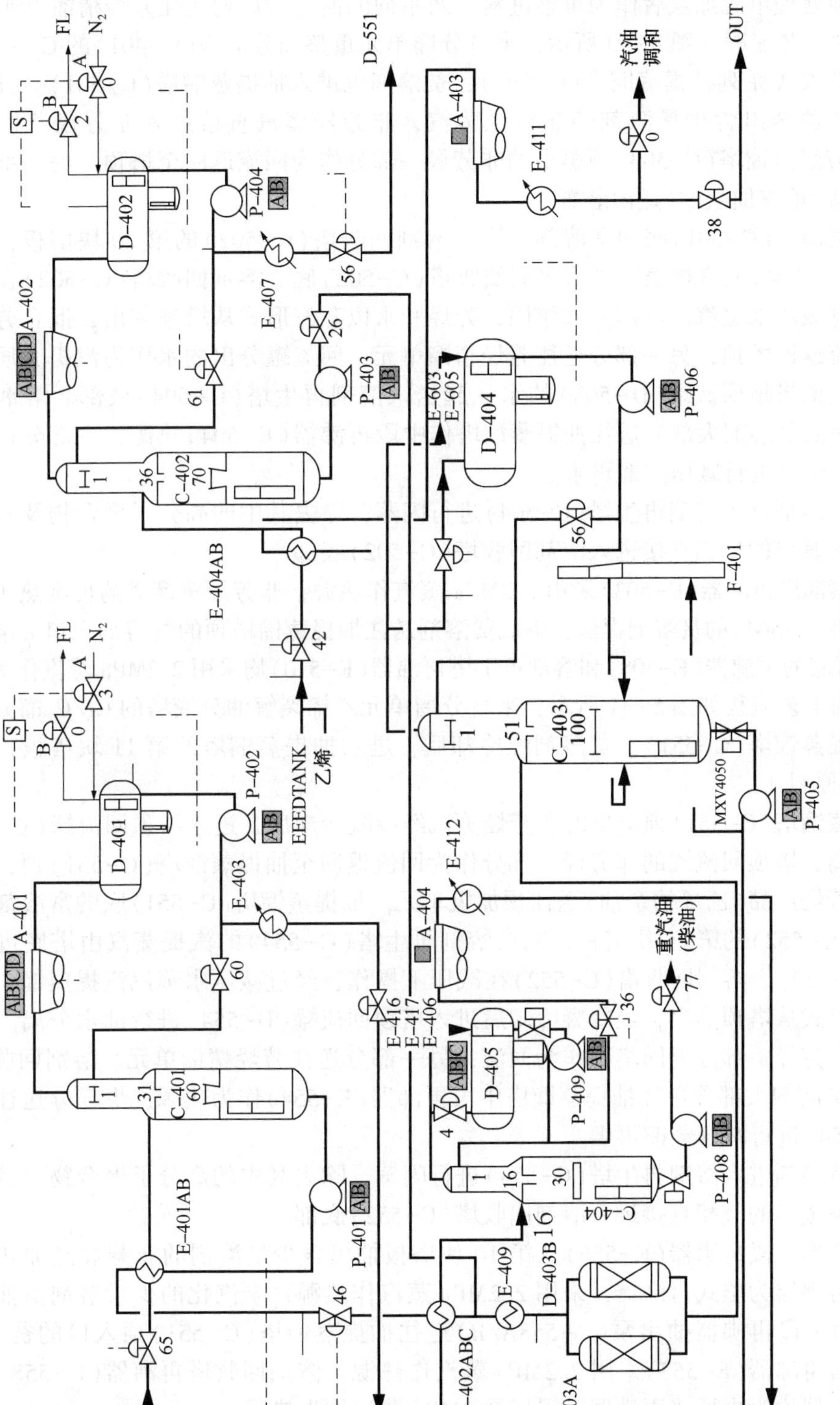

图5-29　分馏单元工艺流程图

余油送往预处理单元加氢后作为重整进料，两系列的混合芳烃均送往芳烃精馏单元。

A 系列工艺流程如图 5-30 所示，来自分馏单元重整油分馏塔(C-401)的 C_6/C_7 馏分油经换热后进入 A 系列抽提蒸馏塔(C-501)，贫溶剂也进入抽提蒸馏塔(C-501)。抽提蒸馏塔(C-501)顶蒸出含少量溶剂的非芳烃蒸汽，非芳烃蒸汽直接进入非芳烃蒸馏塔(C-503)，非芳烃蒸馏塔(C-503)顶蒸出的非芳烃一部分作为回流返回至塔顶，另一部分作为非芳烃产品(重整抽余油)送出装置。

抽提蒸馏塔(C-501)底的富溶剂，进入溶剂回收塔(C-502)的第 20 块塔板，来自溶剂再生塔(C-504)的汽提蒸汽进入溶剂回收塔(C-502)底。溶剂回收塔(C-502)在减压下操作，经过减压水蒸汽的汽提蒸馏作用，芳烃和水以蒸汽形式从塔顶蒸出，混合芳烃一部分作为回流返回塔顶，另一部分送往芳烃精馏单元；回流罐分出的水作为汽提介质，与来自非芳烃蒸馏塔顶回流罐(D-503)的水一起送入溶剂再生塔(C-504)底部。溶剂回收塔(C-502)釜的贫溶剂大部分送往抽提蒸馏塔作中段再沸器(E-504)热源，少部分送往溶剂再生塔(C-504)进行减压蒸馏再生。

待生贫溶剂进入溶剂再生塔(C-504)进行闪蒸，除去其中的高分子聚合物及其他机械杂质，塔顶蒸出的气相直接进入溶剂回收塔(C-502)底部。

抽提蒸馏塔再沸器(E-503)采用 2. 2MPa 蒸汽作热源，非芳烃蒸馏塔的再沸热源由来自中段再沸器(E-504)的贫溶剂提供，塔底贫溶剂送往抽提蒸馏塔顶的贫溶剂入口。溶剂回收塔(C-502)底的再沸器(E-508)和溶剂再生塔再沸器(E-510)均采用 2. 2MPa 蒸汽作为热源。

B 系列工艺流程如图 5-31 所示，来自分馏单元乙烯裂解油分馏塔的 C_6/C_7 馏分经换热后进入抽提蒸馏塔(C-551)。贫溶剂经冷却后，进入抽提蒸馏塔的第 11 块塔板，维持设定的溶剂/原料比。

抽提蒸馏塔(C-551)顶蒸出的非芳烃蒸汽经冷凝冷却后，进入塔顶回流罐(D-553)进行油水分离，塔顶回流罐的非芳烃一部分作为回流返回至抽提蒸馏塔(C-551)顶，另一部分作为非芳烃产品(乙烯抽余油)送往预加氢单元。抽提蒸馏塔(C-551)底的富溶剂进入溶剂回收塔(C-552)的第 20 块塔板，来自溶剂再生塔(C-554)的汽提蒸汽由塔底进入溶剂回收塔(C-552)。溶剂回收塔(C-552)在减压下操作，经过减压水蒸汽汽提蒸馏，芳烃和水以蒸汽形式从塔顶蒸出，经冷凝冷却后进入塔顶回流罐(D-554)进行油水分离。回流罐分出的混合芳烃一部分返回塔顶作为回流，另一部分送往芳烃精馏单元。溶剂回收塔(C-552)釜的贫溶剂大部分送往抽提蒸馏塔中段再沸器(E-554)作为热源，少部分送往溶剂再生塔(C-554)进行减压蒸馏再生。

待生贫溶剂进入溶剂再生塔(C-554)进行闪蒸，除去其中的高分子聚合物及其他机械杂质，塔顶蒸出的气相直接进入溶剂回收塔(C-552)底部。

抽提蒸馏上段再沸器(E-556)从第 10 块塔板抽出含少量溶剂的非芳烃经加热汽化后返塔，该再沸器为釜式再沸器，采用 2. 2MPa 蒸汽作热源；未汽化的少量溶剂由抽提蒸馏塔(C-551)上段再沸器抽出泵(P-558A/B)送往抽提蒸馏塔(C-551)顶入口的贫溶剂中。抽提蒸馏塔再沸器(E-553)采用 2. 2MPa 蒸汽作热源。溶剂回收塔再沸器(E-558)和溶剂再生塔再沸器均为内插式再沸器，采用 2. 2MPa 蒸汽作为热源。

6. 芳烃精馏单元

芳烃精馏单元流程如图 5-32 所示，自抽提蒸馏单元来的两股混合芳烃经换热后进入

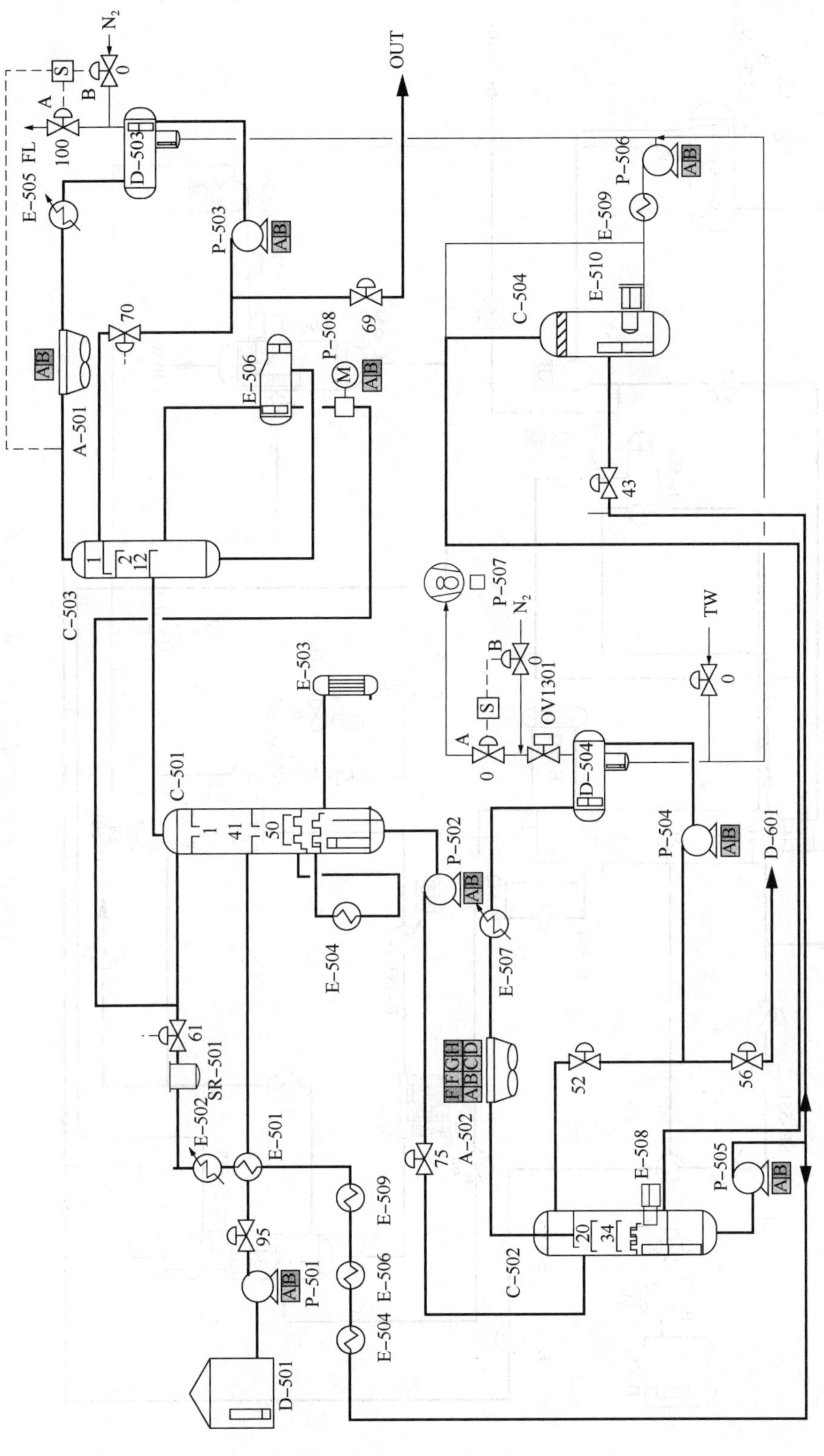

图5-30 抽提蒸馏单元(A系列)工艺流程图

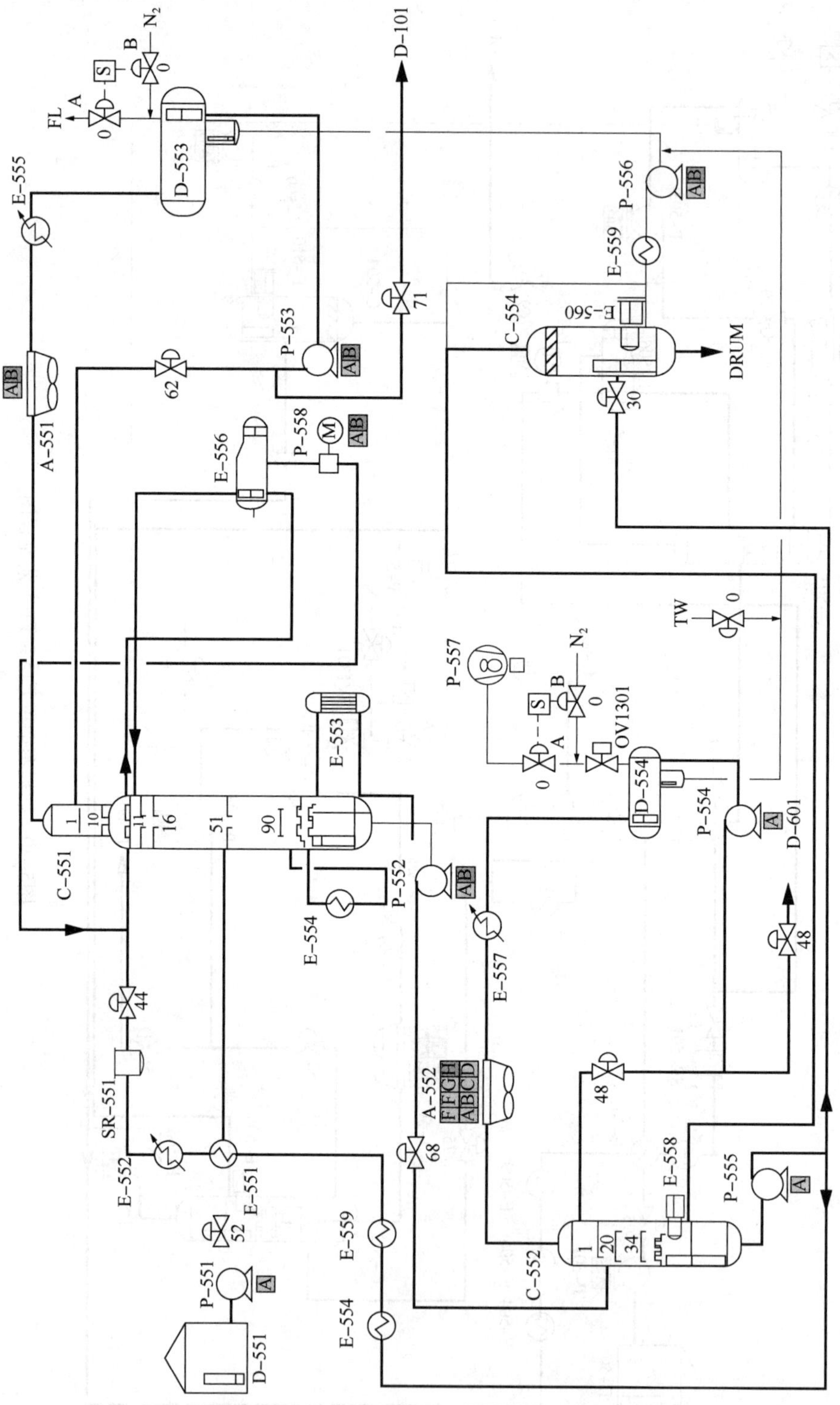

图5-31　抽提蒸馏单元（B系列）工艺流程图

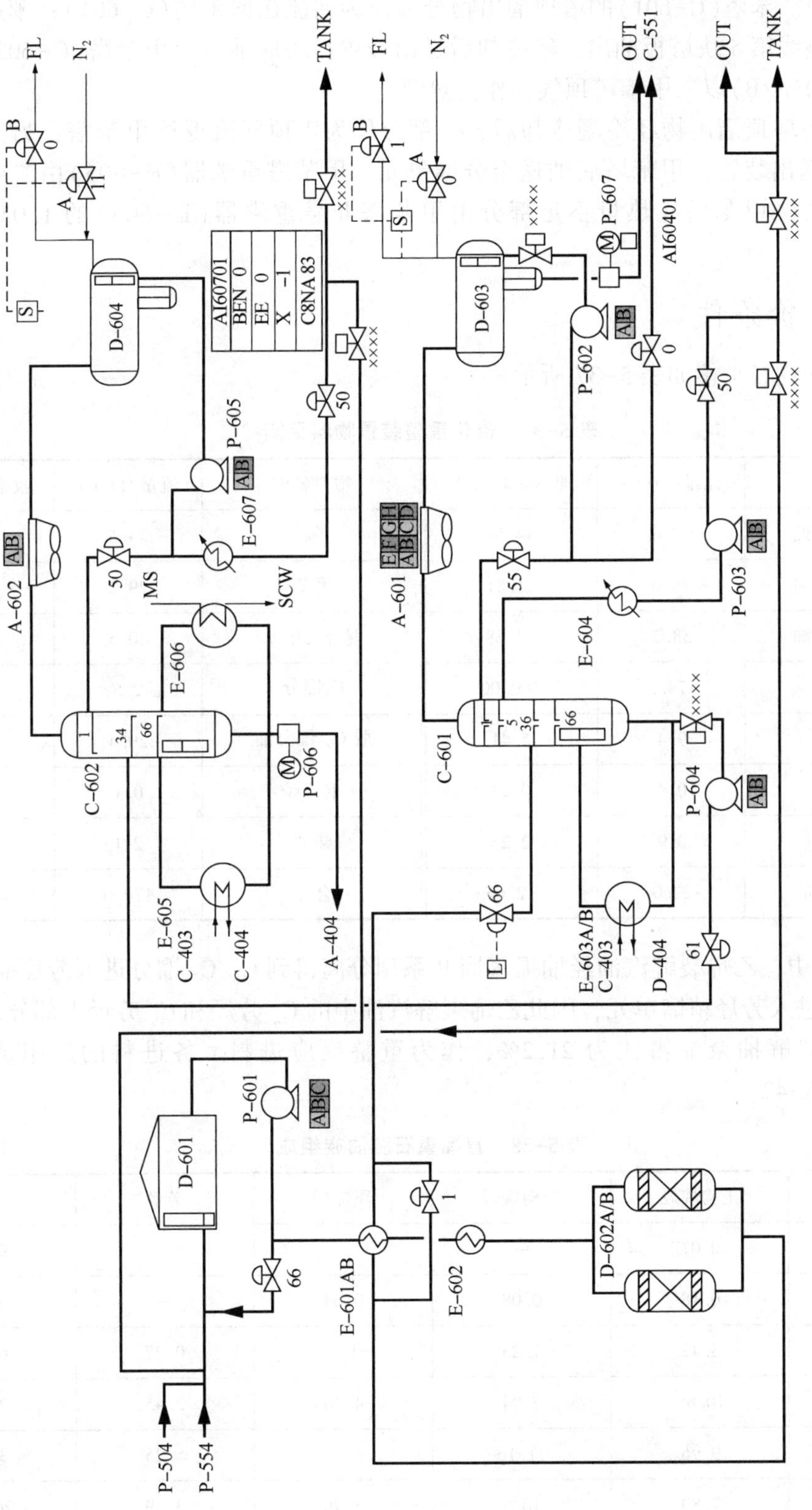

图5-32 芳烃精馏单元工艺流程图

苯塔(C-601)。苯塔(C-601)的塔顶馏出物全部作为回流送回苯塔(C-601)；苯产品自苯塔(C-601)侧线第5块塔板抽出，经冷却后送出装置；塔底油送至甲苯塔(C-602)；苯塔重沸器(E-603A/B)以二甲苯塔顶气相作为热源。

甲苯塔的塔顶馏出物经冷凝冷却后，一部分作为塔顶回流返回甲苯塔；另一部分作为甲苯产品送出装置，甲苯塔底油送至分馏单元。甲苯塔重沸器(E-605)由二甲苯塔顶气相作为热源，甲苯塔底热量不足部分由甲苯塔Ⅱ号重沸器(E-606)的1.0MPa蒸汽补充。

二、评价条件

该装置的物料平衡如表5-37所示。

表5-37　催化重整装置物料平衡

物料名称	流量/(t/h)	收率/%(质)	物料名称	流量/(t/h)	收率/%(质)
直馏重石脑油	77.6	44.51	苯	34.5	19.82
加裂重石脑油	38.0	21.81	甲苯	29.2	16.79
乙烯裂解汽油	58.7	33.68	混合二甲苯	40.5	23.29
合计	174.3	100.00	C_5馏分	2.5	1.41
重整氢	9.4	5.41	脱C_{9+}馏分油	29.4	16.92
燃料气	0.4	0.22	重芳烃	0.1	0.04
液化石油气	3.9	2.23	柴油	2.1	1.21
重整抽余油	22.0	12.65	合计	174.0	99.99

表5-37中，乙烯裂解汽油经抽提蒸馏B系列分离得到C_6/C_7馏分进入芳烃抽提单元，C_8以上组分进入芳烃精馏单元，因此乙烯裂解汽油中的C_8芳烃和C_9芳烃大部分进入产品当中，乙烯裂解抽余油占比为21.2%，作为重整反应进料。各进料的族组成数据见表5-38~表5-42。

表5-38　直馏重石脑油族组成　　%(质)

族组成	正构烷烃	异构烷烃	环烷烃	芳烃	合计
C_4	0.01	—	—	—	0.01
C_5	0.18	0.08	0.04	—	0.3
C_6	3.42	1.23	1.9	0.27	6.82
C_7	10.85	7.94	4.26	2.45	25.5
C_8	9.96	11.16	4.93	5.25	31.3
C_9	7.89	10.9	3.98	3.79	26.56

续表

族组成	正构烷烃	异构烷烃	环烷烃	芳烃	合计
C_{10}	1.66	6.35	0.89	0.13	9.03
C_{11^+}	—	0.48	—	—	0.48
合计	33.97	38.14	16	11.89	100

表 5-39　加氢裂化重石脑油族组成　%(质)

族组成	烷烃	环烷烃	芳烃	合计
C_6	1.6	7.2	0.3	9.1
C_7	15.8	11.4	0.4	27.6
C_8	12.8	15.6	2.1	30.5
C_9	10.2	12	0.5	22.7
C_{10}	5.7	3.9	0.5	10.1
合计	46.1	50.1	3.8	100

表 5-40　乙烯裂解汽油组成

组分	组成/%(质)	流量/(t/h)	组分	组成/%(质)	流量/(t/h)
C_5馏分	0.23	0.14	OX	2.26	1.33
BEN	39.68	23.29	MX	4.48	2.63
C_6馏分	15.08	8.85	PX	1.91	1.13
TOL	21.08	12.38	C_8馏分	1.21	0.71
C_7馏分	3.82	2.24	C_9馏分	0.86	0.50
EB	9.4	5.51	合计	100.01	58.71

表 5-41　乙烯裂解抽余油族组成　%(质)

族组成	烷烃	环烷烃	芳烃	合计
C_5	0	0.56	0	0.56
C_6	8.61	60.73	0.79	70.13
C_7	6.67	15.54	0.11	22.32
C_8	2.72	4.24	0	6.96
C_9	0.02	0	0	0.02
合计	18.02	81.07	0.90	99.99

表 5-42　石脑油恩氏蒸馏数据　℃

项目	直馏重石脑油	加裂重石脑油
密度(20℃)/(g/cm^3)	0.7306	0.7543
初馏点	93	67
10%/30%	105/114	99/113
50%/70%	123/134	127/141
90%/终馏点	148/164	161/174

三、碳足迹评价

1. 预加氢单元

预加氢单元包括预加氢反应和分馏过程，可以分别进行碳足迹评价，其工艺流程如图 5-33所示。

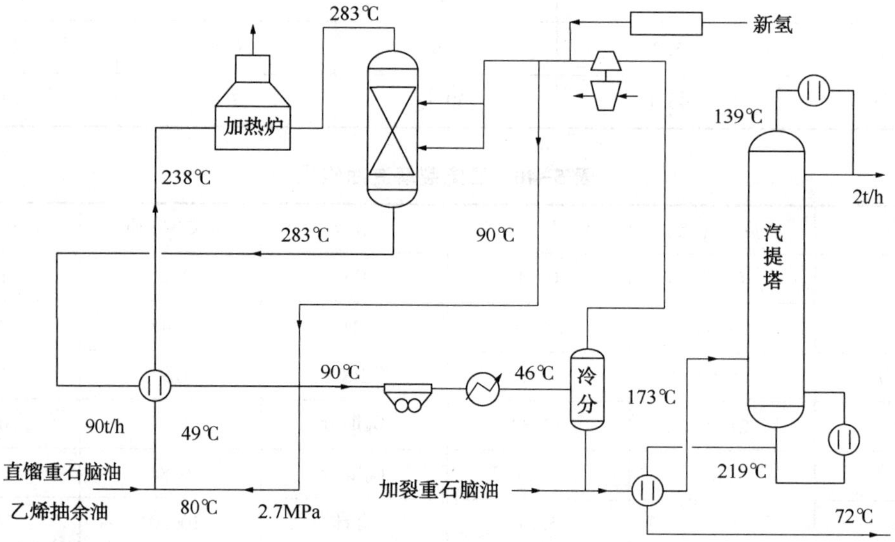

图 5-33　催化重整装置预加氢单元流程

(1) 预加氢反应

预加氢反应是以直馏重石脑油和乙烯抽余油为原料，经反应得到预加氢精制油，即表 5-37中，仅直馏重石脑油(进料量 77.6t/h)和乙烯抽余油(乙烯裂解装置先进入抽提单元，其抽余量为 12.44t/h)进入预加氢单元处理，合计 90.04t/h，循环氢量 17460Nm^3/h，其组成见表 5-43，预加氢的氢耗量 887Nm^3/h，加裂重石脑油 38t/h 进入汽提塔，汽提塔合计进料量 128t/h，塔顶含硫石脑油 3.5t/h。

表 5-43　预加氢循环氢组分

组分	H_2	O_2	N_2	甲烷	乙烷	丙烷	C_{5+}	硫化氢/(mg/kg)
含量/%(质)	89.285	1.055	7.735	0.62	0.175	0.045	1.08	800

重整进料量为 124. 4t/h，副产氢气为 9. 4t/h，脱戊烷塔(C-201)进料量为 115t/h，塔顶流量为 9t/h，塔底脱戊烷油流量为 105. 06t/h。

由循环氢的组成可计算循环氢密度为 0. 226kg/Nm^3，则循环氢质量流量为 3. 95t/h。氢气比热容按照 14. 3MJ/(t·℃)，氮气比热容按照 1. 04MJ/(t·℃)，氧气比热容按照 0. 92MJ/(t·℃)，其他组分忽略，则可计算循环氢比热容为 6. 56MJ/(t·℃)；石脑油热容按照 2. 65MJ/(t·℃)，则可计算预加氢反应进料由 41℃换热至 238℃的热负荷为 50787. 5MJ/h，反应进料加热炉负荷为 11638. 8MJ/h，加热炉燃料气消耗量为 455Nm^3/h，其碳排放量 = 455×0. 75×2. 75≈938kgCO_2/h，则单位热量碳排放 = 938÷11638. 8≈0. 0806kgCO_2/MJ。

预加氢循环氢压缩机的电机功率为 315kW，可计算其碳排放量 = 315×0. 57≈179. 6kgCO_2/h，则可以计算循环氢碳足迹初始值 = 179. 6÷3. 95≈45. 468kgCO_2/t，循环氢与进料混合后所得混氢油碳足迹 = 3. 95×45. 468÷(90. 04+3. 95)≈1. 911kgCO_2/t。

由此可计算混氢油换热过程碳足迹 = 1. 911+50787. 5×0. 0806÷(90. 04+3. 95)≈1. 911+43. 552 = 45. 463kgCO_2/t；加热过程碳足迹 = 45. 463+11638. 8×0. 0806÷(90. 04+3. 95)≈45. 463+9. 981 = 55. 444kgCO_2/t。

重整原料的预加氢精制是一个催化加氢过程，即石脑油与氢气在一定条件下通过精制催化剂加氢，将其所含的硫、氮、氯及氧等，转化为 H_2S、NH_3、HCl 和 H_2O，从石脑油中脱除，使烯烃加氢饱和；将金属有机物分解，金属吸附在催化剂的表面而脱除。重整原料经预加氢精制后，其杂质含量满足重整装置对进料的质量要求。预加氢反应过程的碳足迹应考虑加氢过程的氢气消耗，同时由于氢气消耗主要用于脱除原料中的硫、氮、氯及氧等杂质，发生的裂化反应和加氢反应极少，因此可以以新氢补充量折算碳排放量，由此计算预加氢反应过程碳足迹。该装置预加氢反应过程的新氢补充量为 887Nm^3/h，按照氢气碳足迹 11kgCO_2/t，则预加氢反应碳足迹 = 55. 444+887×0. 0899×11÷(90. 04+3. 95)≈64. 776kgCO_2/t。

预加氢反应产物流出反应器后温度为 282℃，经与原料换热后温度降低至 90℃，该过程的换热负荷为 50787. 5MJ/h，则换热后碳足迹 = 64. 776−50787. 5×0. 0806÷(90. 04+3. 95)≈64. 776−43. 552 = 21. 224kgCO_2/t。

反应产物经换热后又经空冷器(A-101)和水冷器(E-102)冷却至 46℃，该过程虽然物料存在热量散失，但热量并未得到回收利用，同时消耗了电和循环水，应计入该环节碳排放。空冷器(A-101)电耗量为 30kW·h，水冷器(E-102)的循环水消耗量为 300t/h，合计折算碳排放 = 30×0. 57+300×0. 30 = 107. 1kgCO_2，则冷却后物料碳足迹 = 21. 224+107. 1÷(90. 04+3. 95)≈22. 363kgCO_2/t。

预加氢反应产物经冷却后进入冷高分罐(D-102)将氢气与精制油分离，该过程无碳排放，同时氢气解吸过程热效应较小，可忽略。因此循环氢分离过程的碳足迹与冷高分罐进料碳足迹相同，即循环氢和精制油碳足迹均为 22. 363kgCO_2/t，其结果如图 5-34 所示。

图 5-34 中，冷高分罐(D-102)分离出的循环氢进入循环氢压缩机进行压缩，循环氢压缩机耗电过程的碳排放量为 179. 6kgCO_2/h，因此循环氢压缩前后碳足迹会增加 45. 468kgCO_2/t，循环氢压缩机入口和出口物流碳足迹不满足过程碳平衡，需要以此数据为初始条件进行迭代计算，最终收敛后的预加氢反应过程碳足迹结果如表 5-44 和图 5-35 所示。

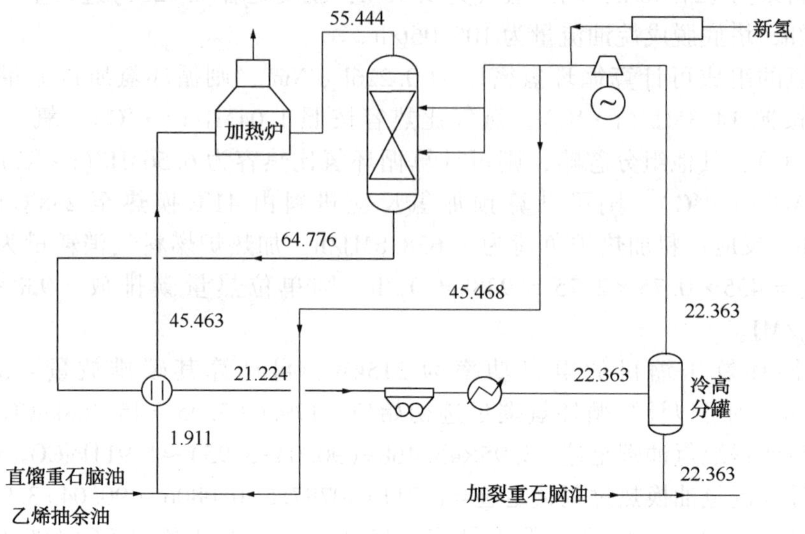

图 5-34　初始计算预加氢反应过程碳足迹图(单位：$kgCO_2/t$)

表 5-44　预加氢反应过程碳足迹结果

生产过程	物流 1		过程碳排放/$kgCO_2$	碳足迹/($kgCO_2/t$)
	流量/(t/h)	碳足迹/($kgCO_2/t$)		
混合过程	90.04	0	0.0	2.892
	3.95	68.813		
换热过程	93.99	2.892	4093.5	46.444
加热过程	93.99	46.444	938.1	56.425
反应过程	93.99	56.425	877.2	65.757
产物换热过程	93.99	65.757	-4093.5	22.205
冷却过程	93.99	22.205	107.1	23.345
循环氢压缩过程	3.95	23.345	179.6	68.813
合计			2102	

由表 5-44 可知，预加氢反应过程合计碳排放量为 $2102kgCO_2$，生产精制油 90.04t/h，由此可以在边界范围内计算精制油碳足迹 = 2102÷90.04 ≈ 23.345$kgCO_2/t$；而图 5-34 中计算的精制油碳足迹为 22.363$kgCO_2/t$，是将循环氢也作为预加氢反应过程产物，即满足碳平衡 22.363×(90.04+3.95) ≈ 2102$kgCO_2/h$。由于循环氢并不是预加氢过程的产物，因此前者计算结果是符合实际的。同时，由于循环氢作为预加氢反应过程的中间物料，并未作为产物，因此将循环氢压缩过程的碳排放可以从整体上作为预加氢产物碳足迹的一部分，该方法适用于所有循环物流存在碳排放情形。

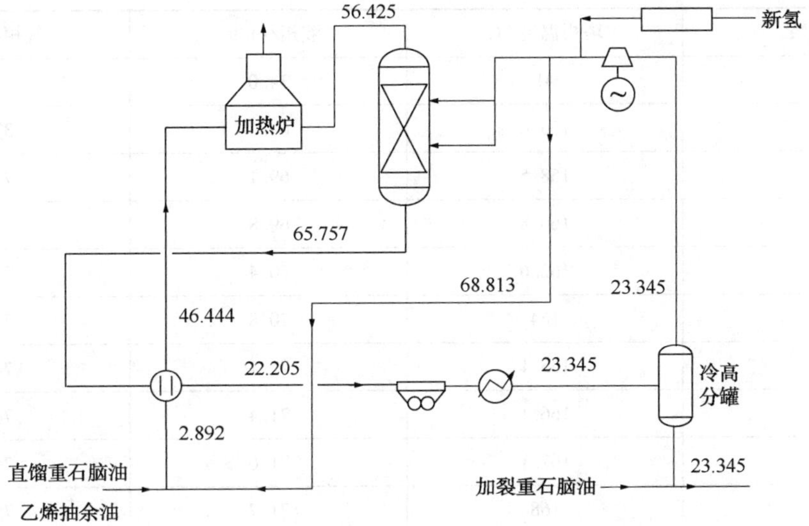

图 5-35　收敛后预加氢反应过程碳足迹图(单位：$kgCO_2/t$)

在计算原料混氢后的换热及加热过程碳足迹时，将石脑油与循环氢作为整体看待，但实际由于氢气和石脑油比热容相差较大，其换热后各自的碳足迹是不同的。考虑到循环氢在预加氢反应体系内是不断循环的，其在换热和加热过程吸收的热量又会在反应后经换热得到回收，同时循环氢并未作为预加氢反应单元的产物输送到外界，因此，为了简化计算，可以将石脑油与循环氢作为整体计算其碳足迹。

(2) 汽提塔分馏

汽提塔进料包括预加氢精制油和加氢裂化重石脑油，两者混合后温度为40℃，混合后碳足迹 = 23. 345×90. 04÷(90. 04+38) ≈ 16. 417$kgCO_2/t$。混合后物料与汽提塔底产物换热至162℃后进入汽提塔，换热负荷为41395. 3MJ/h，换热后碳足迹 = 16. 417+41395. 3×0. 0707÷(90. 04+38) ≈ 39. 274$kgCO_2/t$，汽提塔操作条件见表 5-45。

表 5-45　汽提塔(C-101)主要操作条件

操作条件	单位	数值	操作条件	单位	数值
塔顶采出量	t/h	4	塔顶回流温度	℃	38
塔底采出量	t/h	124	塔顶回流量	t/h	34
进料温度	℃	162	塔顶压力	MPa	1. 01
进料板位置		21	再沸炉入口流量	t/h	264
总板数(包括塔顶回流)		41	再沸炉 F-102 燃料气消耗	kg/h	1095
顶温度	℃	143	再沸炉出口温度	℃	230
底温度	℃	215			

由汽提塔条件可以模拟汽提塔内的气、液相负荷，结果如表 5-46 和图 5-36 所示。

表 5-46　汽提塔模拟结果表

塔板数	塔板温度/℃	液相/(t/h)	气相/(t/h)
1	41	34.0	—
2	155.6	68.3	37.5
3	158.5	69.1	71.8
4	160.8	69.8	72.6
5	162.6	70.4	73.3
6	164	70.8	73.9
7	165.1	71.1	74.3
8	166.1	71.4	74.6
9	167.1	71.6	74.9
10	168	71.7	75.1
11	168.9	71.9	75.2
12	169.9	72.0	75.4
13	171	72.0	75.5
14	172.2	72.1	75.5
15	173.8	72.0	75.6
16	175.8	71.9	75.5
17	178.4	71.6	75.4
18	182	71.0	75.1
19	187.1	70.1	74.5
20	194.6	68.8	73.6
21	205.3	272.9	72.3
22	205.7	273.9	148.3
23	206.1	274.8	149.4
24	206.5	275.5	150.2
25	206.8	276.1	151.0
26	207	276.7	151.6
27	207.3	277.2	152.2
28	207.6	277.8	152.7
29	207.9	278.3	153.2
30	208.2	278.9	153.8
31	208.5	279.5	154.3

续表

塔板数	塔板温度/℃	液相/(t/h)	气相/(t/h)
32	208.9	280.1	154.9
33	209.3	280.8	155.6
34	209.8	281.7	156.3
35	210.5	282.7	157.2
36	211.3	283.9	158.2
37	212.4	285.4	159.4
38	214.1	287.3	160.9
39	216.6	289.5	162.7
40	220.7	292.3	165.0
41	227.8	—	167.7

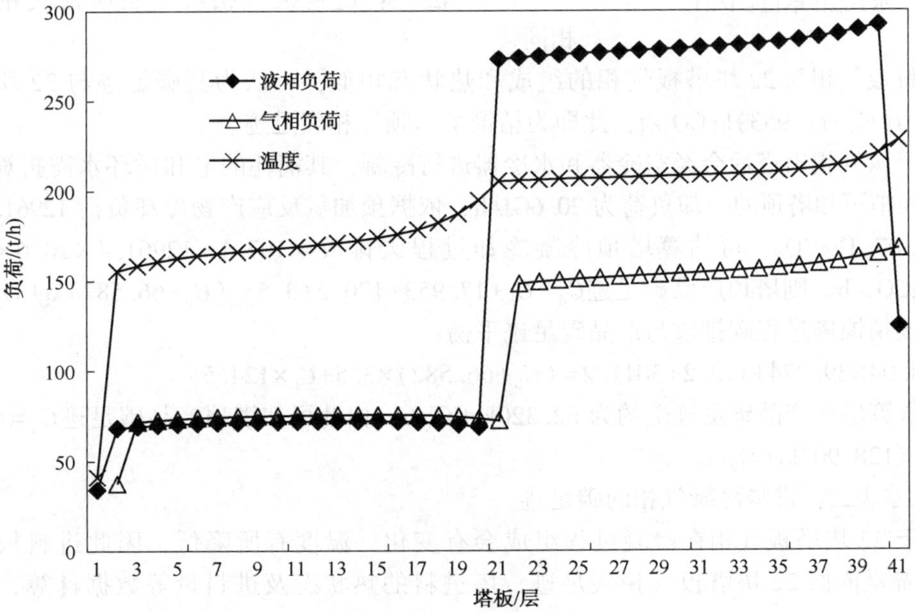

图 5-36 汽提塔气、液相运行负荷

由图 5-36 可知，汽提塔精馏段和提馏段的气、液相负荷变化较小，符合恒摩尔流假设。该塔的塔底再沸炉燃料气消耗量为 1095kg/h，碳排放量为 3011.2kgCO_2/h，由模拟结果可知塔底再沸炉热负荷为 42.6GJ/h，单位热值碳排放 = 3011.2 ÷ 42.6 × 100% ≈ 0.0707kgCO_2/MJ，塔底物料汽化过程吸收热量 = 42.6÷167.7×1000 ≈ 254.0MJ/t，则塔底气相碳足迹 = C_b+254.0×0.0707 = (C_b+17.953) kgCO_2/t。C_b为塔底产品碳足迹。

由于该塔提馏段温度变化较小，可近似认为进料板下方塔板，即 22 块塔板气相碳足迹与塔底气相碳足迹相同。对进料板而言，其物料平衡见表 5-47。

表 5-47　进料板物料平衡　　t/h

项目	塔板	数值	项目	塔板	数值
入方	20 块塔板液相	68.8	出方	21 块塔板液相	272.9
	进料	128.0		21 块塔板气相	72.3
	22 块塔板气相	148.3		合计	345.2
	合计	345.1			

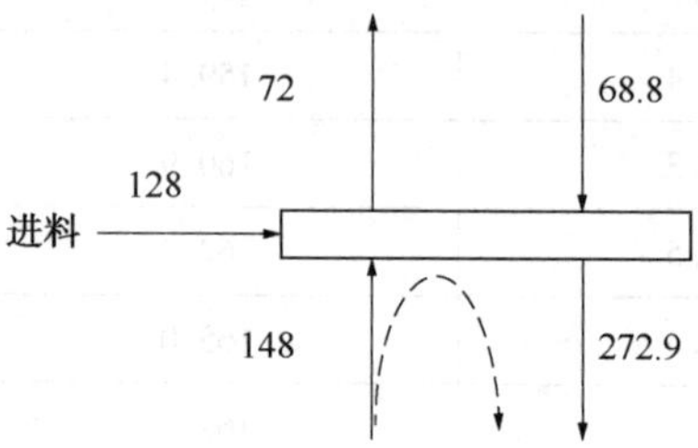

图 5-37　进料板物料平衡示意图(单位：t/h)

由上述物料平衡可知，进料板上的液相流量由 20 块塔板液相、塔进料及冷却的部分气相负荷构成，该塔进料热状态是过冷状态，进料板的气相由 22 块塔板气相经进料部分冷凝(冷凝量=272.9-68.8-128.0=76.1t/h)后构成，如图 5-37 所示。

对于汽提塔产品碳足迹，可以按照不同的简化方法进行计算。

1) 方法一：进料板气相与下层塔板气相碳足迹相同。

进料板气相与 22 块塔板气相的组成和热状态相似，可认为其碳足迹与 22 块塔板相同，均为(C_b+17.953)$kgCO_2$/t，此即为精馏塔塔顶气相碳足迹。

由于该气相出塔后会经空冷器和水冷器进行冷凝，其消耗的电和循环水需折算碳排放量。由模拟可知塔顶的冷却负荷为 20.6GJ/h，依据预加氢反应产物冷却负荷 12961.4MJ/h，碳排放 107.1$kgCO_2$，可估算塔顶冷凝冷却过程碳排放=107.1÷12961.4×20.6×1000≈170.2$kgCO_2$/h，则塔顶产品碳足迹$C_d=C_b+17.953+170.2÷3.5\approx(C_b+66.582)$$kgCO_2$/t。

由该精馏塔过程碳排放与产品碳足迹平衡：

$128.04\times39.274+170.2+3011.2=(C_b+66.582)\times3.5+C_b\times124.5$

可求算塔底产品碳足迹C_b约为 62.320$kgCO_2$/t，由此可知塔顶产品碳足迹C_d=62.320+66.587≈128.907$kgCO_2$/t。

2) 方法二：进料冷凝气相的碳足迹。

由于 22 块塔板气相在冷凝过程组成会有变化，温度有所降低，因此进料板的气相碳足迹需要依据 22 块塔板气相碳足迹、塔进料的热状态及进料量等数据计算，计算式如下：

$$C_{Vj}=\frac{C_{Vj+1}\cdot V_{j+1}+C_F\cdot(1-q)F}{V_{j+1}+(1-q)F} \tag{5-6}$$

式中　C_{Vj}——进料板的气相碳足迹，$kgCO_2$/t；

C_{Vj+1}——进料板下层塔板气相碳足迹，$kgCO_2$/t；

V_{j+1}——进料板下层塔板的气相负荷，t；

C_F——塔进料碳足迹，$kgCO_2$/t；

q——进料中液相的占比，%；

F——塔进料量，t/h。

由模拟结果可知，进料在 1.01MPa 下的饱和温度为 223.8℃，结果如图 5-38 所示，高于进料温度 162℃，因此，该塔的进料热状态为过冷液体，$q<0$。

流量名称 流量描述		FEED	模拟
阶段		液体	液体
总流量	(kg·mol)/h	1140.261	1140.261
	kg/h	128040.000	128040.000
Std. Liq. 率	m^3/h	6137.349	6137.349
温度	℃	162.000	223.812
压力	kPa	1.010	1.010
相对分子质量		112.290	112.290
焓值	GJ/h	47.009	69.412
	kJ/kg	367.146	542.112
摩尔分数液体		1.0000	1.0000
降低温度		0.7589	0.8667
减压		0.3671	0.3671
偏心因子		0.3377	0.3377
UOP K 系数		12.119	12.119
Std. 液体密度	kg/m^3	20.862	20.862
重力		0.7375	0.7375
API 重力		60.370	60.370

图 5-38　进料热状态计算结果

由模拟可知，进料由 162℃加热至 223.8℃需吸热 22.402GJ/h，进料由饱和液相完全汽化为饱和气相的热负荷为 32.388GJ/h，则进料热状态 $q=1+22.402\div32.388\approx1.69$，由此可计算进料板气相碳足迹如下：

$$C_{V22}=\frac{148.3\times(C_b+17.953)+39.274\times(1-1.69)\times128}{148.3+(1-1.69)\times128}\approx(2.47C_b-13.437)\mathrm{kgCO_2/t}$$

则塔顶产品碳足迹 $C_d=(2.47C_b-13.437)+170.2\div3.5=(2.47C_b+35.192)\mathrm{kgCO_2/t}$。

由该精馏塔过程碳排放与产品碳足迹平衡：

$128.04\times39.274+170.2+3011.2=(2.47C_b+35.192)\times3.5+C_b\times124.5$

可求算塔底产品碳足迹 C_b 为 60.737kgCO_2/t，由此可知塔顶产品碳足迹 $C_d=2.47C_b+30.473=180.493kgCO_2$/t。

由上述两种方法可知，虽然由不同方法计算的塔顶产品碳足迹相差较大，但塔底产品碳足迹却比较接近，这主要是由于塔顶产品量比较小，碳足迹对产品单位产量的碳排放而言，产品数量越小，计算方法不同所造成的差别也会越小。

3）方法三：质量分配法。

由于该塔为汽提塔，绝大多数物料是从塔底流出，塔顶产品数量较小，虽然塔顶产品碳足迹比塔底产品大，但由于其流量较小，分配的碳排放占该塔碳排放总量的比例较小，该塔大部分物料和碳排放由塔底带走，因此可忽略塔顶产品与塔底产品的能量差异，采用质量分配计算过程碳足迹，即塔底产品碳足迹 $=39.274+(3011.2+170.2)\div128=64.129kgCO_2$/t。

汽提塔底物料出塔后会与进料换热，其换热后物料碳足迹 $=64.129-41395.3\times0.0707\div124.5=40.622kgCO_2$/t。

汇总上述过程可得预加氢单元产品碳足迹，如图 5-39 所示。

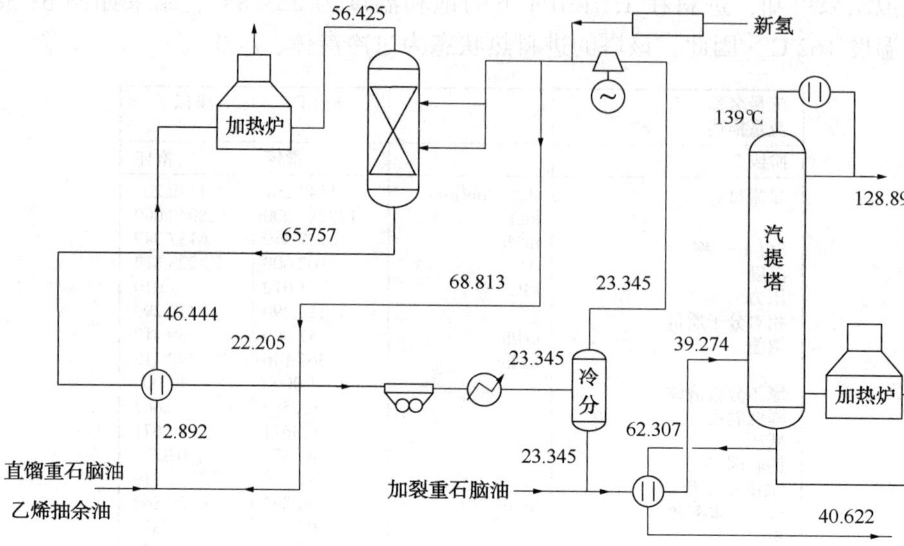

图 5-39　预加氢单元产品碳足迹图（单位：$kgCO_2/t$）

2. 重整反应单元

重整反应单元包括重整反应、副产氢压缩及再接触及重整生成油分馏部分，其流程如图 5-40 所示。

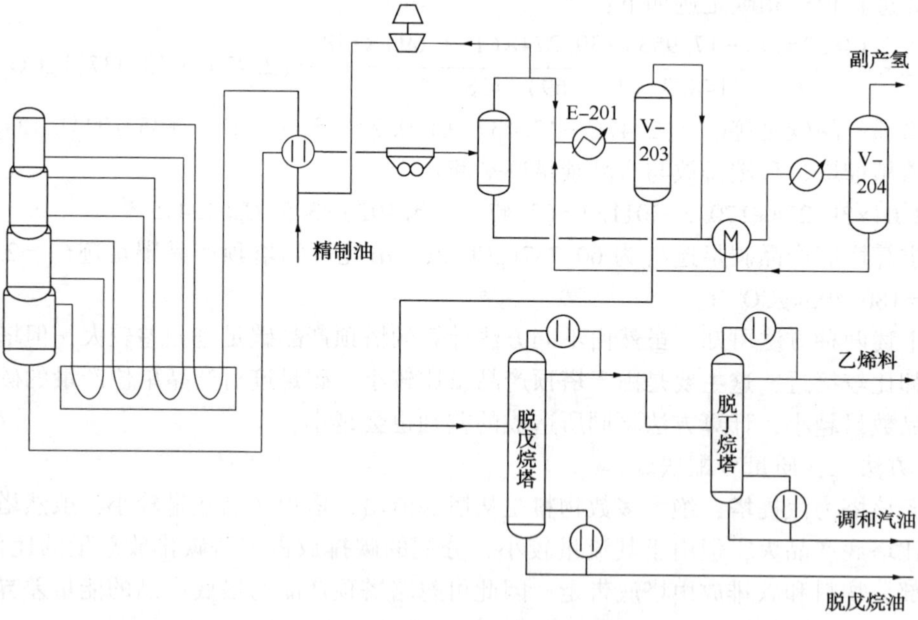

图 5-40　重整反应单元流程图

（1）重整反应

预加氢汽提塔底物流以 89℃出塔后，与循环氢混合进入 E-201 换热至 455℃，循环氢流量为 74.5kNm³/h，温度为 102℃，循环氢组成见表 5-48。

表 5-48　重整反应循环氢及副产氢组成

项目	H_2	N_2	甲烷	乙烷	丙烷	正丁烷	C_5 以上
循环氢/%(体)	89.64	1.36	1.82	2.63	2.6	1.22	0.86
重整副产氢/%(体)	93.14		1.91	2.58	1.82	0.4305	0.11
比热容/[kJ/(kg·℃)]	14.30	1.04	2.22	1.7	1.56	—	—

由循环氢组成计算其密度为 0.254kg/m³，则循环氢流量为 18.89t/h。由各组分比热容，可计算循环氢比热容为 6.79kJ/(kg·℃)，由此可计算重整进料换热器(E-201)的热负荷，见表 5-49。

表 5-49　重整反应进料换热负荷

物流名称	流量/(t/h)	初始温度/℃	换后温度/℃	热负荷/(MJ/h)
重整反应进料换热	124.5	89	455	120752.6
循环氢换热	18.89	102	455	45276.9
合计				166029.5

重整反应四合一加热炉消耗燃料气 7248Nm³/h，有效热负荷 73.91MW（辐射段 49.42MW，对流段 24.49MW），约合 266.04GJ/h，其对流段用于加热锅炉水及产生 3.5MPa 蒸汽 30t/h，碳排放量为 19932kgCO_2/h，则单位热值碳排放量为 19932÷(266.04×1000)≈0.075kgCO_2/MJ。

假定循环氢物料碳足迹为 0，由此可计算混合及换热过程碳足迹：

(40.622×124.5+0.075×166029.5)÷(124.5+18.89)≈122.112kgCO_2/t。

混氢油经重整反应加热炉(F-201)加热后进入重整反应器，由于重整反应是副产氢气的吸热反应，会吸收反应体系自身显热，使得反应物料的温度降低，实际生产中需要通过中间加热炉补充反应热量，重整反应通常设置 4 个反应器和 4 台加热炉，在评价重整反应过程的碳足迹时，可将其视为一个整体过程。

由于重整反应需要较多的能量供入，因此反应过程消耗的加热炉燃料较多，并伴随大量碳排放，而且其副产氢气的能量含量较高、质量较低，应用质量分配反应过程的碳排放误差会较大。对于重整反应过程的碳足迹评价，需要以反应加热炉提供的能量去向、该过程的能量转化规律和产品在生产过程的能量演化路径为基础，其详细论述过程可参见第四章第二节相关部分，即副产氢碳足迹计算如式(5-7)：

$$\Delta CF_{\mathrm{h}}=\frac{\Delta_{\mathrm{r}}H\cdot E}{m_{\mathrm{h}}} \tag{5-7}$$

式中　ΔCF_{h}——氢气产品的碳足迹，kgCO_2/t；

$\Delta_{\mathrm{r}}H$——脱氢反应过程的反应热，kJ/mol；

m_{h}——氢气产量，t；

E——消耗外部供入能量的碳排放因子，tCO_2/GJ。

该催化重整装置以直馏重石脑油、加氢裂化重石脑油和乙烯裂解汽油(C_6～C_8馏分)为原料，但并非所有原料都进入重整反应过程。其中，乙烯裂解汽油分离出 C_6/C_7 馏分作为芳烃抽提单元进料，C_8 以上组分进入芳烃精馏单元，抽余油进入预加氢单元，加氢裂化重石脑油直接进入预加氢汽提塔。由上述原料量及族组成，可以计算重整反应的原料族组成，结果见表 5-50。

表 5-50　原料族组成　　t/h

进料族组分	烷烃	环烷烃	芳烃	合计
C_4	0.01			0.01
C_5	0.20	0.10		0.30
C_6	5.29	11.78	0.43	17.50
C_7	21.41	9.58	2.06	33.05
C_8	21.59	10.29	4.88	36.76
C_9	18.45	7.65	3.13	29.23
C_{10}	8.38	2.18	0.29	10.85
C_{11^+}	0.38			0.38
合计	75.71	41.58	10.79	128.08

催化重整反应主要发生链烷烃和环烷烃脱氢以及环化脱氢等，有利于生成芳烃和高辛烷值汽油组分的反应，同时包括饱和烃的氢解和加氢裂化生成轻烃产物的副反应。

对于该装置，物料平衡表 5-37 中芳烃产量并非全部由重整反应生成，由于乙烯裂解汽油首先进入抽提装置分离出其中的芳烃，仅抽余油进入重整反应，因此物料平衡表中的芳烃量应扣除乙烯裂解汽油中的芳烃部分，由此可计算实际重整反应的产物构成，见表 5-51。

表 5-51　重整反应产物计算表　　t/h

物料名称	装置产物	乙烯汽油抽提芳烃	重整反应产物
重整氢	9.41		9.41
燃料气	0.38		0.38
液化石油气	3.88		3.88
重整抽余油	22.00		22.00
苯	34.47	23.29	11.18
甲苯	29.21	12.38	16.83
混合二甲苯	40.50	10.59	29.91
C_5 馏分	2.45		2.45
脱 C_{9^+} 馏分油	29.43		29.43
重芳烃	0.06		0.06
柴油	2.10		2.10
合计	173.87		127.63

重整副产氢的构成见表5-52。

表5-52　重整副产氢组成表

组成	H_2	C_1	C_2	C_3	iC_4	nC_4	iC_5	nC_5	C_{6^+}	合计
含量/%(体)	94.7	1.9	1.67	1.27	0.18	0.17	0.04	0.02	0.09	100.04

由此可知纯氢含量为54.72%，约合5.15t/h。

对比表5-50和表5-51可知，C_6环烷烃生产苯量为10.93t/h，C_7烷烃和C_7环烷烃生产甲苯量分别为5.91t/h和8.99t/h，C_8烷烃和环烷烃分别生产混二甲苯量为15.05t/h和9.74t/h，C_9烷烃和环烷烃生产三甲苯分别为17.30t/h和7.29t/h，见表5-53。

表5-53　各反应物生成产物量

族进料	对应产芳烃量/(t/h)				产氢量/(t/h)
	烷烃产芳烃	环烷烃产芳烃	进料芳烃	合计	
C_6		10.93		10.93	0.84
C_7	5.91	8.99	2.06	16.96	1.10
C_8	15.05	9.74	4.88	29.67	1.69
C_9	17.30	7.29	3.13	27.72	1.52
合计	38.26	36.95	10.07	85.28	5.15

实际生产中重整反应是在400~550℃进行的，按重整平均温度下单位产物反应热计算总反应热，芳构化反应热数据见表5-54。

表5-54　芳构化反应热数据　kJ/kg

芳烃产物	环烷烃脱氢	烷烃环化脱氢
C_6	2822	3375
C_7	2345	2742
C_8	2001	2282
C_9	1675	1926
C_{10}	1379	1650

由表5-54可计算环己烷脱氢的反应热=2822×10.93=8.57MW，同理可计算其他反应的反应热，结果见表5-55。

由重整反应四合一加热炉消耗燃料气为7248Nm³/h，负荷为73.9MW，碳排放量为19932kgCO_2/h，可计算副产氢气反应过程碳足迹：

(19932÷73.9)×(143.0×5.15×1000÷3600)÷5.15≈10713.712kgCO_2/t

式中，(19932÷73.9)为单位加热炉负荷的碳排放量，(143.0×5.15×1000÷3600)为折算成单位为MW的副产氢气燃烧热。副产氢气产品碳足迹应计入该过程原料碳足迹为

122.112+10713.712=10835.824kgCO_2/t。

计算芳烃产物的碳足迹时，需要已知反应物与产物的燃烧热值之差，各反应物和产物燃烧热值见表 5-56。

表 5-55 重整反应热计算结果

族进料	反应热/MW		
	烷烃产芳烃	环烷烃产芳烃	合计
C_6		8.57	8.57
C_7	4.50	5.85	10.35
C_8	9.54	5.41	14.95
C_9	9.25	3.39	12.64
合计	23.29	23.22	46.51

表 5-56 物质摩尔燃烧热表 kJ/mol

族组分	正构烷烃	异构烷烃	环烷烃	芳烃
C_4	2878.3	—	—	—
C_5	3520.0	3529.2	3287.8	—
C_6	4159.1	4157.22	3919.6	3267.62
C_7	4806.6	4811.73	4598.8	3910.0
C_8	5470.5	5461.33	5267.0	4559.8
C_9	6125.21	6106.55	5700.0	5198.03
C_{10}	6788.29	6769.46	6064.0	5845.72
C_{11^+}	—	7450.0	—	—

由表 5-56 可计算生产 1t/h 产物时，反应物与产物的燃烧热之差，见表 5-57。

表 5-57 生产单位质量芳烃产物的燃烧热差值 kJ/t

碳数	环烷烃与芳烃	烷烃与芳烃	碳数	环烷烃与芳烃	烷烃与芳烃
C_6	8358.7	11405.1	C_8	6671.7	8505.0
C_7	7487.0	9801.4	C_9	4183.1	7571.0

由表 5-53 和表 5-57 可计算反应物与产物燃烧热总差值，结果见表 5-58。

重整反应后产物的燃烧热相比反应物降低了 158.63MW，外界供入该反应热量合计为 46.52MW，两者共计 205.15MW，该反应生产氢气的燃烧热合计 143.0×5.15×1000÷3600≈204.57MW，两者是基本吻合的。由上述数据可以看出，重整反应热在氢气燃烧热中的贡献只有 22.7%，其余 77.3%的氢气燃烧热是由反应物与产物的燃烧热差值所贡献。

由表5-58可计算反应过程芳烃产物的碳足迹，例如苯的反应碳足迹=-19932÷73.9×25.38÷10.93≈-626.2kgCO_2/t。同理可计算其他产物碳足迹，结果见表5-59。

表5-58　反应物与产物燃烧热总差值表

碳数	燃烧热差值/MW		
	烷烃产芳烃	环烷烃产芳烃	合计
C_6		25.38	25.38
C_7	16.09	18.70	34.79
C_8	35.56	18.05	53.61
C_9	36.38	8.47	44.85
合计	88.03	70.60	158.63

表5-59　重整反应产物碳足迹计算结果表　kgCO_2/t

序号	产物	反应碳足迹	产品碳足迹	序号	产物	反应碳足迹	产品碳足迹
1	苯	-626.2	-504.1	3	二甲苯	-487.6	-365.5
2	甲苯	-553.2	-431.1	4	C_9芳烃	-436.6	-314.5

表5-59中，芳烃产物的碳足迹为负值，其意义是表明产物生成过程释放了热量，该热量连同加热炉释放的热量均转移到产品氢气当中，体现为氢气的燃烧热。每多生产1t苯，其释放的热量可减少加热炉消耗燃料所折算的碳排放为626.2kgCO_2。

由表5-59可知，反应过程获取产物中苯导致碳排放=-626.2×10.93≈-6844.8kgCO_2/h，同理可计算其他产物获取过程的碳排放，见表5-60。

表5-60　反应产物获取过程碳排放　kgCO_2/h

序号	产物	碳排放	序号	产物	碳排放
1	苯	-6844.8	4	C_9芳烃	-12097.7
2	甲苯	-9382.7	5	合计	-42783.7
3	二甲苯	-14458.5			

而副产氢气过程的碳排放=5.15×10713.712≈55175.6kgCO_2/h，由此可计算反应产物的总碳排放=55175.6-42783.7=12391.9kgCO_2/h。而由反应热计算的过程碳排放=19932÷73.9×46.52≈12547.2kgCO_2/h，由于重整四合一加热炉产生蒸汽供出热量，其碳排放实际为19932kgCO_2/h。由反应产物碳足迹计算的碳排放为12391.9kgCO_2/h与由反应热计算的碳排放12547.2kgCO_2/h基本吻合，说明此方法计算的碳足迹数据可以较好地验证。

由上所述，在重整反应过程中，虽然由主反应物（烷烃、环烷烃）生成主产物（苯、甲苯）前后的燃烧热是降低的，但该过程并未释放或吸收二氧化碳。该燃烧热差值仅仅构成了能量衡算中氢气产物的部分燃烧热，而氢气的燃烧热是由此差值和加热炉提供热量两部分构成的，重整反应深度的增加并不会降低加热炉的燃料消耗，反而会使其增加，因此，由主产物的燃烧热折算碳足迹并不能真实反映其获取过程的碳排放抵扣。考虑到主反应物在反应中虽然有燃烧热降低，但并未有实际的碳排放或抵扣的产生，可以认为其碳足迹是没有变化的，由此可以将重整反应过程的碳排放完全计入副产氢气当中，同时考虑氢气纯度，可计算氢气产品碳足迹 = 122.112 + (19932 ÷ 73.9) × 46.52 ÷ 9.41 ≈ 1455.500kgCO_2/t。

（2）副产氢压缩及再接触

由表5-49副产氢换热流程可计算重整反应流出物经换热后的碳足迹，副产氢碳足迹 = 1455.500−166029.5×0.075÷(124.5+18.89) ≈ 1368.7kgCO_2/t。

循环氢在反应体系中参与反应的数量很小，因此其碳足迹在反应前后可认为不变，与重整生成油相同，经换热后其碳足迹 = 122.112 − 166029.4 × 0.075 ÷ (124.5 + 18.89) ≈ 35.3kgCO_2/t，结果见表5-61。

表5-61　重整反应流出物换热后碳足迹

反应流出物	流量/(t/h)	碳足迹/(kgCO_2/t)
副产氢	9.41	1368.7
重整生成油	115.1	35.3
循环氢	18.9	35.3

重整反应循环氢压缩机(K−201)采用背压式汽轮机驱动，其功率为3888kW，消耗3.5MPa蒸汽为111.4t/h，背压蒸汽压力1.0MPa。按照电力消耗量折算碳排放量为3888×0.57=2216.2kgCO_2/h，按照预加氢反应部分的计算方法，需要将循环氢压缩过程碳排放计入重整生成油，其碳足迹=35.270+2216.16÷115.09≈54.53kgCO_2/t。

重整反应的副产氢经增压机(K−202)压缩和再接触系统提纯后外输，增压机和再接触系统制冷氨压缩机消耗能源会产生碳排放，增压机功率为5051kW，氨压缩机功率为1000kW，则副产氢压缩和再接触系统合计碳排放量=(5051+1000)×0.57=3449.1kgCO_2/h，则副产氢碳足迹=1368.658+3449.07÷9.41≈1735.3kgCO_2/t。

（3）重整生成油分馏

重整生成油分别经脱戊烷塔和脱丁烷塔进行分离，两个塔的操作条件见表5-62。

表5-62　脱戊烷塔和脱丁烷塔操作条件

操作条件	单位	脱戊烷塔	脱丁烷塔
进料量	t/h	115.08	10.02
塔底出料量	t/h	105.06	5.75
塔顶出料量	t/h	10.02	4.27
进料温度	℃	172	63
塔顶温度	℃	92	65

续表

操作条件	单位	脱戊烷塔	脱丁烷塔
塔底温度	℃	220	127
塔顶回流温度	℃	42	38
塔顶回流量	t/h	32.0	9.6
塔顶压力	MPa	1.0	1.23
塔底蒸汽消耗	t/h	8(3.5MPa)	1(1.0MPa)
塔顶循环水消耗	t/h	32	21
塔顶空冷电耗	kW	31	22

由表 5-62 可知，脱戊烷塔的塔顶产品与塔底产品流量相差较大，因此可采用汽提塔的简化方法按照质量分配计算其产品碳足迹，其碳排放主要由塔顶再沸器蒸汽和塔顶循环水、空冷电耗构成，产品碳足迹 = 54.526 + (8 × 2.6 × 110 + 31 × 0.57) ÷ 115.08 ≈ 74.561kgCO_2/t。

对脱丁烷塔而言，由于其碳排放量较小，不同分配方法导致的碳足迹评价结果差别不大，因此可以采用质量分配的简化方法，产品碳足迹 = 74.561 + (1×2.6×110+22×0.57) ÷ 10.02 = 104.355kgCO_2/t。

由此可得到重整反应单元碳足迹结果，如图 5-41 所示。

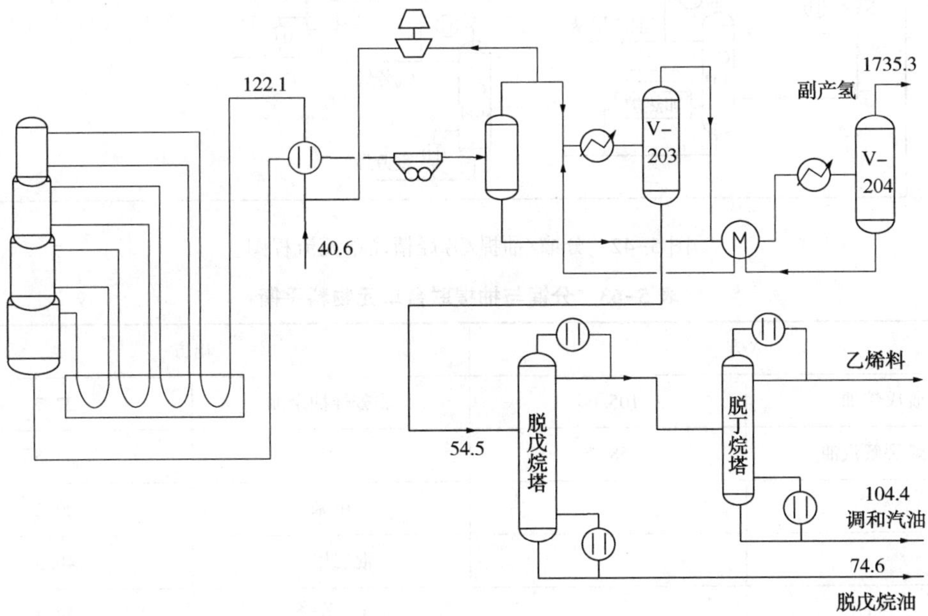

图 5-41 重整反应单元碳足迹结果图(单位：kgCO_2/t)

3. 分馏/抽提/芳烃精馏单元

该装置脱戊烷油和乙烯裂解汽油分别进入两个系列进行分馏、抽提和芳烃精馏，为简化计算，可以将其合并为一套流程，该流程实际包括了分馏、抽提和芳烃精馏 3 个单元，合并后流程如图 5-42 所示，脱戊烷油和乙烯裂解汽油进入分馏塔(C-401)进行分离，塔顶 C_6/C_7 馏分进入芳烃抽提单元抽提蒸馏塔(C-501)，塔底 C_{8+} 芳烃进入二甲苯塔(C-403)，芳烃抽提单元的溶剂再生塔(C-502)塔顶 C_6/C_7 馏分进入芳烃精馏单元苯塔(C-601)，该过程的物料平衡见表 5-63。

该联合单元内，各塔的操作条件见表 5-64，由表 5-64 可以看出，重整油分馏塔(C-401)、二甲苯塔(C-403)、苯塔(C-601)的分离负荷及能耗较大，而重芳烃塔(C-404)、甲苯塔(C-602)的塔底产品与塔顶产品流量相差较大，可以采用质量分配法计算其碳足迹。抽提单元内的抽提蒸馏塔(C-501)、溶剂回收塔(C-502)的运行负荷和能耗较大，非芳烃蒸馏塔(C-503)和溶剂再生塔(C-504)能耗较低。

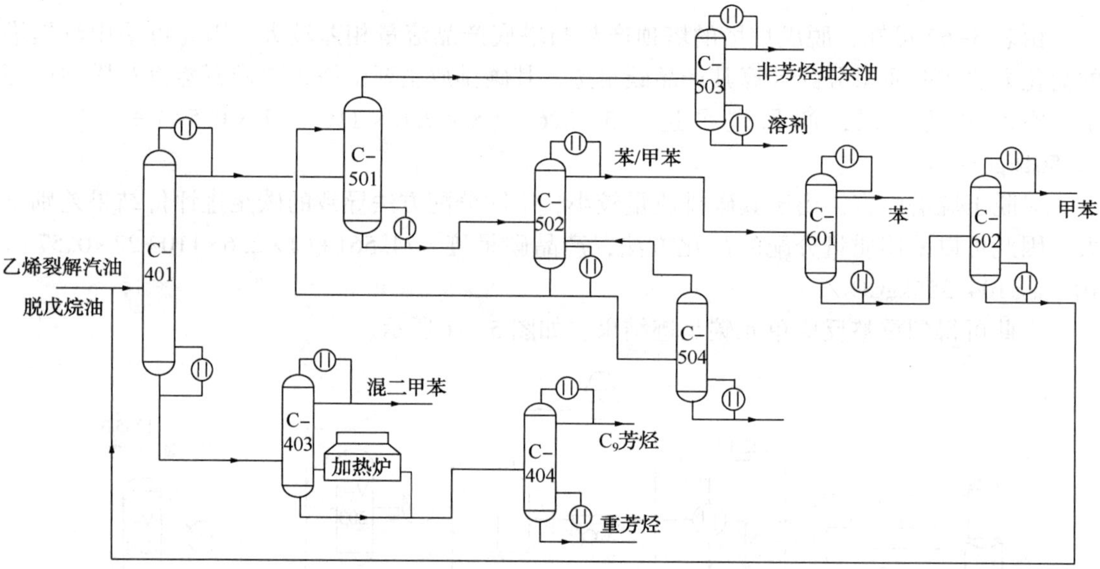

图 5-42　分馏/抽提/芳烃精馏单元流程图

表 5-63　分馏与抽提联合单元物料平衡　　t/h

入方		出方	
脱戊烷油	105.06	非芳烃抽余油	27.7
乙烯裂解汽油	58.7	苯	34.5
		甲苯	29.2
		混二甲苯	40.5
		C_9 芳烃	29.4
		重芳烃	2.5
合计	163.76	合计	163.8

表 5-64　分馏/抽提/芳烃精馏单元各塔操作条件

操作条件	单位	C-401	C-403	C-404	C-501	C-502	C-503	C-504	C-601	C-602
塔板数		65							65	66
进料位置		31							35	34
进料量	t/h	163.8	72.4	31.9	91.4	448.7	30.9	2	64.7	30.2
贫溶剂量	t/h				388.2					
塔顶采出量	t/h	91.4	40.5	29.4	30.9	64.7	27.7	2	34.5	29.2
塔底采出量	t/h	72.4	31.9	2.5	448.7	385	3.2		30.2	1
进料温度	℃	119	151		95				108	
塔顶温度	℃	110	200		110	71	95		92	124
塔底温度	℃	180	253		172	170	110	176	133	133
塔顶回流量	t/h	96	232						155.3	43.8
塔顶压力	MPa	0.17	0.45		0.17	0.1	0.16		0.6	0.6
塔底蒸汽消耗	t/h	35 (3.5MPa)	2.2 (燃料气)	6	28 (2.2MPa)	9 (2.2MPa)	2	2 (2.2MPa)		
塔底碳排放	$kgCO_2/h$	10010	6050	1716	8008	2574	572	572	3518.4	2366.8

（1）重整油分馏塔

脱戊烷塔底流出脱戊烷油的碳足迹为 74.561$kgCO_2/t$，经换热后进入重整油分馏塔的温度为 119℃，升高 42℃，折合碳足迹增加 9.285$kgCO_2/t$，即重整油分馏塔进料碳足迹=74.561+9.285=83.846$kgCO_2/t$，重整油分馏塔的物料平衡见表 5-64。

重整油分馏塔塔板数为 65 块，进料板在 31 块，其进料组成即表 5-63 中组分。由于该塔分馏的组分较为单一，可认为其符合恒摩尔流假设，由进料温度 119℃、压力 0.17MPa 及表 5-63 组成可计算进料为气、液两相，如图 5-43 所示，气相流量为 14.7t/h，液相流量为 149.1t/h，由塔顶回流量和塔顶产品采出量可知，精馏段气相负荷为 187.4t/h、液相负荷为 96t/h；提馏段气相负荷为 172.7t/h，液相负荷为 245.1t/h。

项目	数据	单位
流量	171.907	(kg · mol)/h
	14708.867	kg/h
相对分子量	85.563	
偏心因子	0.95940	
焓值	579.873	kJ/kg
比热容	1.576	kJ/(kg · ℃)

图 5-43　重整油分馏塔进料热状态模拟结果

假定塔底产品碳足迹C_b与塔内气相碳足迹相关，则提馏段气相碳足迹$=C_b+10010\div172.7\approx(C_b+57.962)$ $kgCO_2/t$，精馏段气相碳足迹可由进料气相与提馏段气相的混合计算，即精馏段气相碳足迹$=[(C_b+57.962)\times172.7+83.846\times14.7]\div187.4=(0.92C_b+59.868)$ $kgCO_2/t$。由于塔顶循环水及空冷负荷折算碳排放为340$kgCO_2$，则塔顶产品碳足迹$=(0.92C_b+59.868)+340\div187.4=(0.92C_b+61.682)$ $kgCO_2/t$。

由碳排放平衡：

$91.4\times(0.92C_b+61.682)+72.4\times C_b=10010+340+163.8\times82.263$

可计算塔底产品碳足迹为116.220$kgCO_2/t$；塔顶产品碳足迹为168.604$kgCO_2/t$。

（2）二甲苯塔及重芳烃塔

重整油分馏塔塔底产品流出温度为180℃，经换热至151℃后进入二甲苯塔，温度降低29℃，约折合碳足迹6.411$kgCO_2/t$，则二甲苯塔进料碳足迹为$116.220-6.411=109.809$ $kgCO_2/t$，二甲苯塔底再沸炉消耗燃料气2.2t/h，约合碳排放6050$kgCO_2$，经塔顶气相流程分馏塔后作为苯塔和甲苯塔底再沸器热源。

二甲苯塔的进料可近似看作表5-63中二甲苯、C_9芳烃和重芳烃，由进料温度和压力可知其进料状态为过冷进料，其饱和温度为229.2℃，进料由151℃升温至229.2℃需吸收热量13.30GJ/h，进料的汽化热为21.08GJ/h，则进料热状态$q=1+13.30\div21.08\approx1.631$。二甲苯塔顶产品采出量为40.5t/h，塔顶回流量为232t/h，则二甲苯塔精馏段气相负荷为272.5t/h，液相负荷为232t/h，由进料量及q值，可计算提馏段液相负荷$=1.631\times72.4+232\approx350.08$t/h，提馏段气相负荷$=272.5+(1.631-1)\times72.4\approx318.2$t/h。

假定塔底产品碳足迹C_b与塔内气液相碳足迹相关，则提馏段气相碳足迹$=C_b+6050\div318.2=(C_b+19.013)$ $kgCO_2/t$，精馏段气相碳足迹可根据提馏段气相碳足迹与进料碳足迹的混合构成计算：

$$\text{精馏段气相碳足迹}=\frac{(C_b+19.014)\times318.2+109.809\times(1-1.631)\times72.4}{318.2+(1-1.631)\times72.4}$$

$$=(1.168C_b+3.794)\ kgCO_2/t$$

精馏段气相流出塔顶后，会作为苯塔(C-601)和甲苯塔(C-602)塔底再沸器热源，其换热温度为220~200℃，约合热量83.2GJ/h，抵扣碳排放5885.2$kgCO_2$，由此可计算塔顶产品碳足迹$=(1.168C_b+3.794)-5885.2\div260=(1.168C_b-18.841)$ $kgCO_2/t$。

由上述关联式及二甲苯塔的碳平衡，可求解塔顶和塔底产品碳足迹。

$C_b\times31.9+(1.168C_b-18.841)\times40.5=6050-5885.2+109.809\times72.4$

计算得塔底产品碳足迹为111.560$kgCO_2/t$，塔顶产品碳足迹为112.499$kgCO_2/t$。由于塔顶的热输出使得二甲苯产品的碳足迹相比原料增加较小。

重芳烃塔的塔底产品与塔顶产品流量相差较大，因此可以按照质量分配法进行碳排放分配，其产品C_9芳烃和重芳烃的碳足迹$=111.560+1716\div31.9\approx165.353$ $kgCO_2/t$。

（3）抽提单元

对于抽提单元而言，溶剂回收塔(C-502)消耗蒸汽使得贫溶剂与塔顶苯/甲苯得以分离，贫溶剂又返回到抽提蒸馏塔(C-501)循环使用，少量溶剂进入溶剂再生塔(C-504)处理，溶剂再生塔顶的蒸汽直接返回溶剂回收塔底，由于溶剂再生塔底的物料流量较小，因此可以将溶剂再生塔和溶剂回收塔合并作为一个排放源看待。通过抽提单元各塔物料的流量分析可知，抽提蒸馏塔、溶剂回收塔、溶剂再生塔和非芳烃蒸馏塔(C-503)的塔顶与塔底产品流量相差均较大，因此可以按照产品质量分配碳排放量。同时，抽提溶剂在抽提蒸馏塔和溶剂回收塔之间进行循环，需要进行迭代计算，最终计算的非芳烃抽余油碳足迹为304.507kgCO_2/t，苯/甲苯碳足迹为293.007kgCO_2/t，结果如图5-44所示。

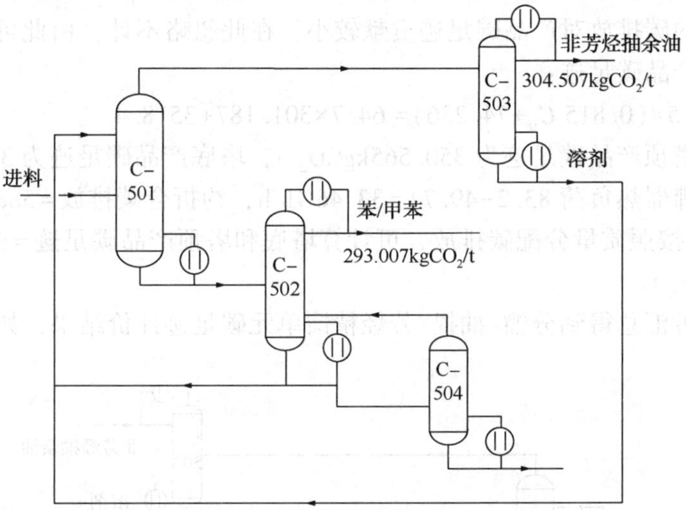

图5-44　抽提单元流程图

(4) 芳烃精馏单元

芳烃精馏单元的苯塔(C-601)分离负荷及能耗较大，甲苯塔塔底产品与塔顶产品流量相差较大，可按照质量分配碳排放。

苯塔的进料为抽提单元的溶剂回收塔塔顶产品，碳足迹为293.007kgCO_2/t，温度为71℃，进入苯塔前换热至108℃，升温37℃，约合碳足迹增加8.180kgCO_2/t，因此苯塔进料碳足迹为293.007+8.180=301.187kgCO_2/t。苯塔塔顶为全回流，回流量为155.3t/h，苯产品从塔顶第5层塔板抽出，抽出量为34.5t/h，苯塔共65块塔板，进料板为35块塔板，因此可认为苯塔精馏段的气相负荷为155.3+34.5=189.8t/h，液相负荷为155.3t/h。

由苯塔进料温度和压力可以计算进料热状态为气、液两相，结果如图5-45所示，其气相流量约为35.1t/h，液相流量为29.6t/h。

流量	423.417	(kg · mol)/h
	35086.477	kg/h
相对分子量	82.865	
偏心因子	0.96106	
焓值	569.174	kJ/kg
比热容	1.437	kJ/(kg · ℃)

图5-45　苯塔进料热状态模拟结果

由此可知，苯塔提馏段的气相负荷为 189.8−35.1=154.7t/h，液相负荷为 155.3+29.6=184.9t/h。苯塔塔底再沸器热量由二甲苯塔顶提供，其负荷为 49.74GJ/h，二甲苯塔顶的热输出总量为 83.2GJ/h，抵扣碳排放 5885.2kgCO_2，由此可计算苯塔再沸器产生的碳排放量=5885.2÷83.2×49.74≈3518.4kgCO_2。

假定苯塔塔底产品碳足迹为C_b，则提馏段气相碳足迹=C_b+3518.4÷154.7=(C_b+22.743)kgCO_2/t，精馏段气相碳足迹可由进料与提馏段气相碳足迹的混合构成计算：

[(C_b+22.743)×154.7+301.187×35.1]÷189.8=(0.815 C_b+74.236)kgCO_2/t。塔顶循环水及空冷折算的碳排放对产品碳足迹贡献较小，在此忽略不计，由此可根据全塔碳平衡求算塔底和塔顶产品碳足迹：

30.2×C_b+34.5×(0.815 C_b+74.236)=64.7×301.187+3518.4

由此计算的塔顶产品碳足迹为 350.565kgCO_2/t，塔底产品碳足迹为 350.553kgCO_2/t。

甲苯塔底再沸器热负荷 83.2−49.74=33.46GJ/h，约折合碳排放=5885.2÷83.2×33.46≈2366.8kgCO_2，按照质量分配碳排放，可计算塔底和塔顶产品碳足迹=350.553+2366.8÷22=458.135kgCO_2/t。

由上述结果可汇总得到分馏/抽提/芳烃精馏单元碳足迹评价结果，如图 5-46 所示。

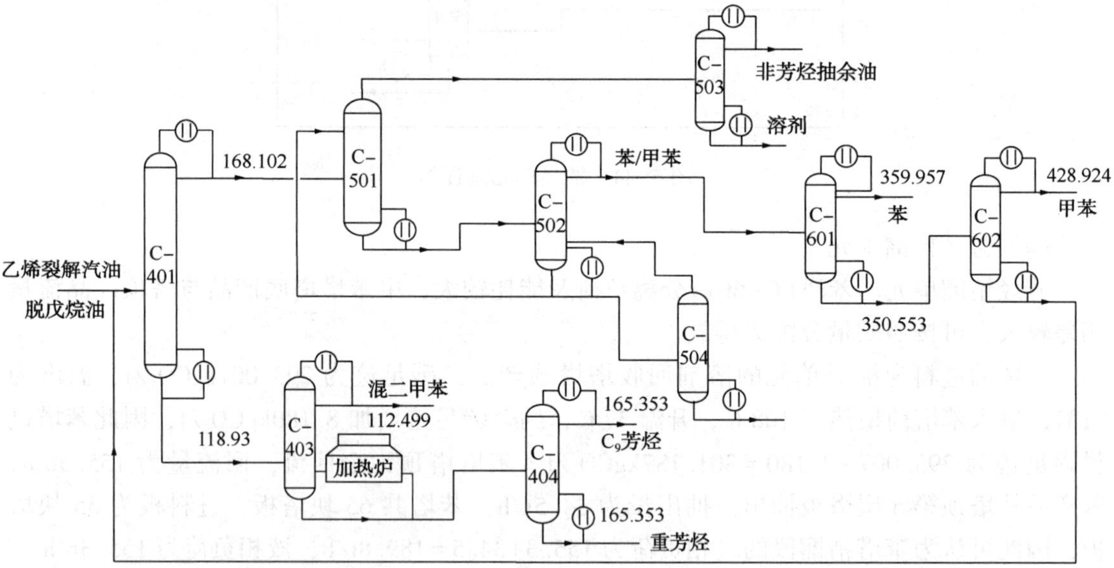

图 5-46 分馏/抽提/芳烃精馏单元碳足迹图(单位：kgCO_2/t)

由各分馏塔采出物流的碳足迹可以得到装置产品碳足迹，例如，苯塔塔顶采出物流为产品苯，重芳烃塔顶采出为产品 C_9 芳烃，装置各产品碳足迹数据见表 5-65。

表 5-65 中可以由产品碳足迹和产品量计算碳排放，由上述计算过程可汇总各排放源的碳排放量，结果见表 5-66。对比两表，可知由碳足迹计算的排放量与排放源汇总结果基本一致，说明该方法可行。

表 5-65 催化重整装置产品碳足迹评价结果

序号	物料名称	流量/(t/h)	碳足迹/($kgCO_2$/t)	碳排放/($kgCO_2$/h)
1	重整氢	9.4	1613.079	15163
2	燃料气	0.4		
3	液化石油气	3.9	102.773	401
4	重整抽余油	22.0	304.507	6699
5	苯	34.5	359.957	12074
6	甲苯	29.2	428.924	12233
7	混合二甲苯	40.5	112.499	4151
8	C_5馏分	2.5	102.773	232
9	脱C_{9+}馏分油	29.4	165.353	4567
10	重芳烃	0.1		
11	柴油	2.1	165.353	326
12	合计	174		55846

表 5-66 催化重整装置碳排放源排放量

序号	排放源	碳排放量/($kgCO_2$/h)
1	预加氢反应炉	938.0
2	预加氢耗氢	877.2
3	预加氢循环氢压缩机	179.6
4	产物空冷	107.1
5	汽提塔再沸炉	3011.2
6	汽提塔顶冷却	170.0
7	重整反应炉	12391.9
8	重整循环氢	2216.2
9	重整副产氢压缩	3449.7
10	重整产物冷却	107.1
11	脱戊烷塔底再沸器	2288.0
12	脱丁烷塔底再沸器	286.0
13	重整油分离塔底再沸器	10010.0
14	二甲苯塔底炉	6050.0
15	重芳烃塔底再沸器	1716.0

续表

序号	排放源	碳排放量/($kgCO_2$/h)
16	抽提蒸馏塔底再沸器	8008.0
17	溶剂回收塔再沸器	2574.0
18	非芳烃蒸馏塔底再沸器	572.0
19	溶剂再生塔底再沸器	572.0
20	合计	55524

第三节　加氢裂化装置

加氢裂化是在催化剂存在下从外界补入氢气以提高油品的氢碳比。加氢裂化实质上是加氢过程和催化裂化过程的有机结合，一方面可以使重质油品通过裂化反应转化为汽油、煤油和柴油等轻质油品，另一方面又可防止像催化裂化那样生成大量焦炭，而且还可将原料中的硫、氮、氧化合物杂质通过加氢除去，使烯烃饱和。因此，加氢裂化具有轻质油收率高、产品质量好的突出优点。

一、工艺流程

某加氢裂化装置由反应(包括新氢压缩机、循环氢压缩机、循环氢脱硫)、分馏和吸收稳定3部分组成。

反应部分：原料油通过加氢裂化反应转化为液态烃、轻石脑油、重石脑油、喷气燃料、柴油和尾油等产品。采用炉前混氢、热高分工艺流程，催化剂再生采用器外再生方案。

分馏部分：将反应部分的生成油分馏为干气、液化石油气、轻石脑油、重石脑油、喷气燃料、柴油及尾油等产品。

吸收稳定部分：将脱丁烷塔顶分离出的酸性气和液化气、蜡油加氢处理装置的膜分离尾气经过重石脑油吸收、分馏，得到液化气产品，石脑油送回石脑油分馏塔。

1. 反应单元

反应部分由原料预处理、反应进料加热炉、加氢反应、新氢压缩机、循环氢压缩机、循环氢脱硫等系统组成，如图5-47所示。原料油(减压蜡油)进入本装置后，经原料泵(P-101)升压，并与分馏塔一中段回流换热(E-204)后，进入反应系统。氢气由全厂氢气管网而来，进入新氢压缩机(K-101)升压后，与来自循环氢压缩机(K-102)的循环氢混合，与热高分气换热后与升压后的原料油混合。

混氢油与反应产物经换热(E-103、E-101)后进入反应进料加热炉(F-101)，加热至331℃后进入加氢精制反应器(R-101)，进行加氢脱硫、脱氮、芳烃饱和等反应，精制反应器用冷氢控制温度维持在381℃后，物料流出精制反应器后进入加氢裂化反应器(R-102)，在裂化反应器的催化剂床层间同样注入控制反应温度的冷氢。裂化反应产物依次与

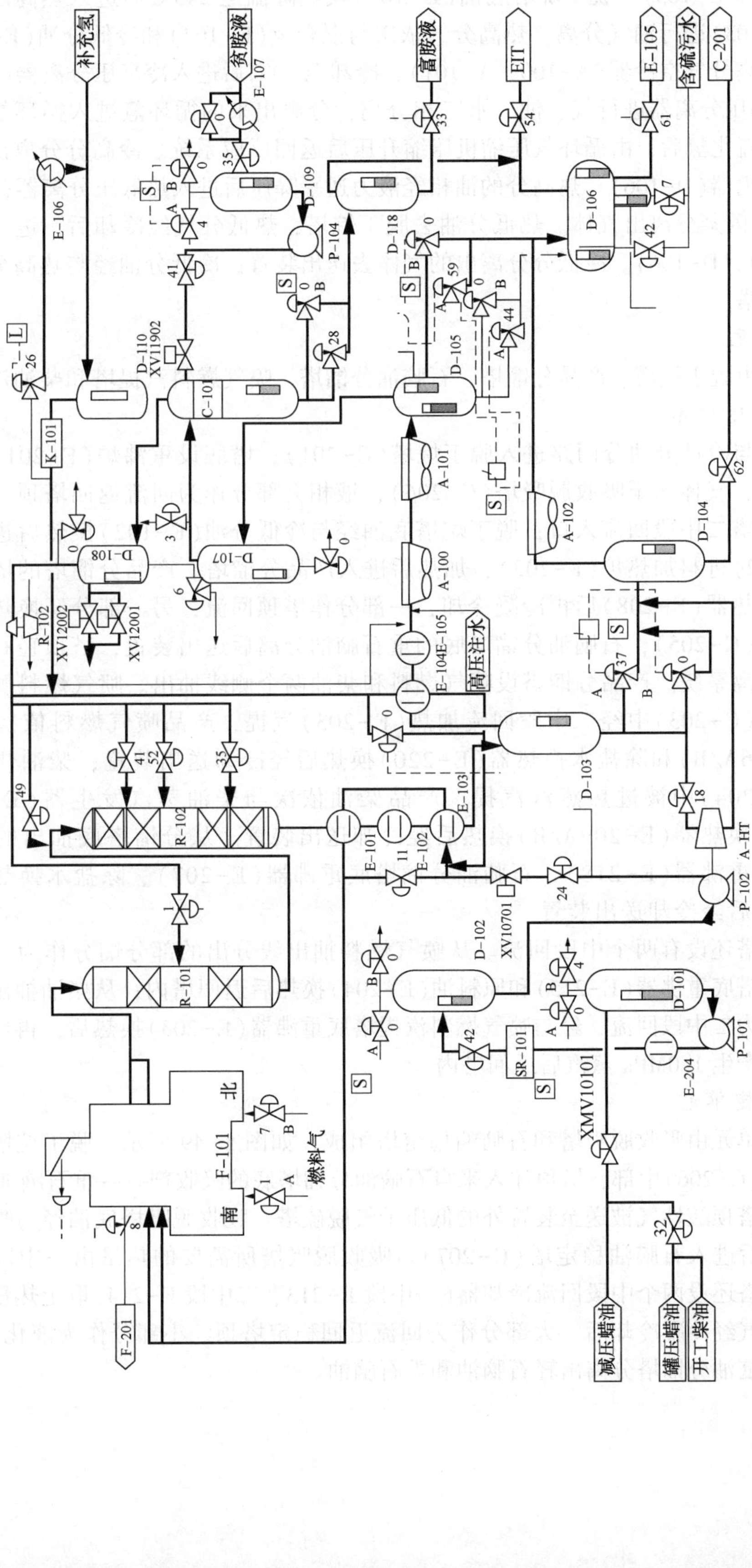

图5-47　加氢裂化反应系统工艺流程图

混氢油(E-101、E-103)、脱丁烷塔底油(E-102)换热降温至245℃后进入热高压分离器(热高分，D-103)进行油气分离。热高分气依次与混合氢(E-104)和冷低分油(E-105)换热后，进入热高分气空冷器(A-100、A-101)，冷却至50℃后进入冷高压分离器(冷高分，D-105)。冷高压分离器进行气、油、水三相分离，分离出来的循环氢进入循环氢脱硫塔(C-101)脱除硫化氢后，由循环氢压缩机压缩升压后返回反应系统。冷高分分离出的油相进入冷低压分离器(D-106)。热高分的油相经液力透平降压后进入热低压分离器(热低分，D-104)再进行闪蒸分离出气体。热低分油去脱丁烷塔；热低分气经冷却后，进入冷低压分离器(冷低分，D-106)。冷低分分离出的气体去送出装置；冷低分油经与热高分气换热后进入脱丁烷塔。

2. 分馏单元

分馏部分由脱丁烷塔、产品分馏塔、石脑油分馏塔、喷气燃料汽提塔和柴油汽提塔等组成，如图5-48所示。

热低分油与冷低分油分两路进入脱丁烷塔(C-201)，塔底设重沸炉(F-201)，塔顶油气经冷却后，气体送至吸收脱吸塔(C-206)，液相大部分作为回流返回塔顶，小部分送至吸收脱吸塔二中段回流入口；脱丁烷塔底油经与冷低分油(E-102)换热后进入产品分馏塔(C-202)进料加热炉(F-202)，加热后进入产品分馏塔。产品分馏塔的塔顶油气与除盐水经换热器(E-208)后再冷凝冷却，一部分作塔顶回流，另一部分经换热后送至石脑油分馏塔(C-205)，石脑油分馏塔底的重石脑油分离后送出装置，塔顶轻石脑油送至轻石脑油分离系统。产品分馏塔设喷气燃料和柴油两个侧线抽出。喷气燃料侧线在喷气燃料汽提塔(C-203)中经二中段回流加热(E-203)汽提，产品喷气燃料依次与稳定塔进料(E-216A/B)和除盐水换热器(E-220)换热后经冷却送出装置；柴油侧线在柴油汽提塔(C-204)中被过热蒸汽汽提，产品柴油依次与柴油蒸汽发生器(E-224)、柴油与脱氧水换热器(E-209A/B)换热后经冷却送出装置。从分馏塔底抽出的尾油依次经稳定塔底重沸器(E-218)、石脑油分馏塔底重沸器(E-207)、除盐水换热器(E-210A/B)换热后经冷却送出装置。

产品分馏塔还设有两个中段回流。从喷气燃料抽出线分出的部分馏分作为一中段回流，经与吸收塔底重沸器(E-215)和原料油(E-204)换热后返回塔内；从柴油抽出线分出的部分馏分作为二中段回流，经与喷气燃料汽提塔底重沸器(E-203)换热后，再经蒸汽发生器(D-501)产生1.0MPa蒸汽后返回塔内。

3. 吸收稳定单元

吸收稳定单元由吸收脱吸塔和石脑油稳定塔组成，如图5-49所示。脱丁烷塔顶气进入吸收脱吸塔(C-206)中部，塔顶注入来自石脑油分馏塔底的吸收剂——重石脑油。

吸收脱吸塔顶酸性气被送至装置外的低压干气脱硫塔。吸收脱吸塔底油经与喷气燃料(E-216)换热后进入石脑油稳定塔(C-207)。吸收脱吸塔所需要的热量由一中段回流提供。吸收脱吸塔还设两个中段回流冷却器(一中段E-213、二中段E-214)取走热量。石脑油稳定塔顶油气经冷凝冷却后，大部分作为回流返回稳定塔顶，小部分作为液化气送出；塔底油返回石脑油分馏塔分离出轻石脑油和重石脑油。

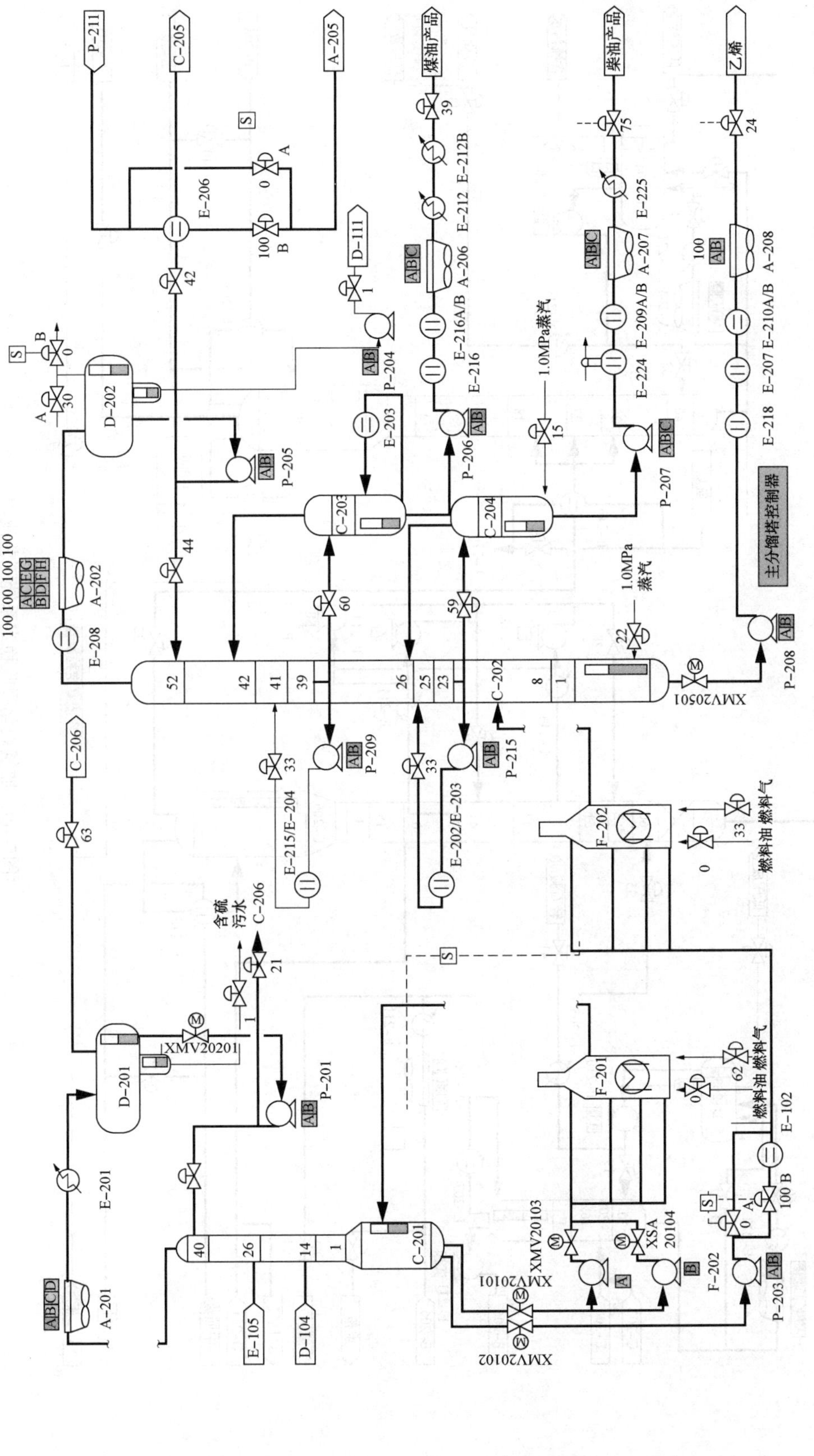

图5-48　加氢裂化分馏系统工艺流程

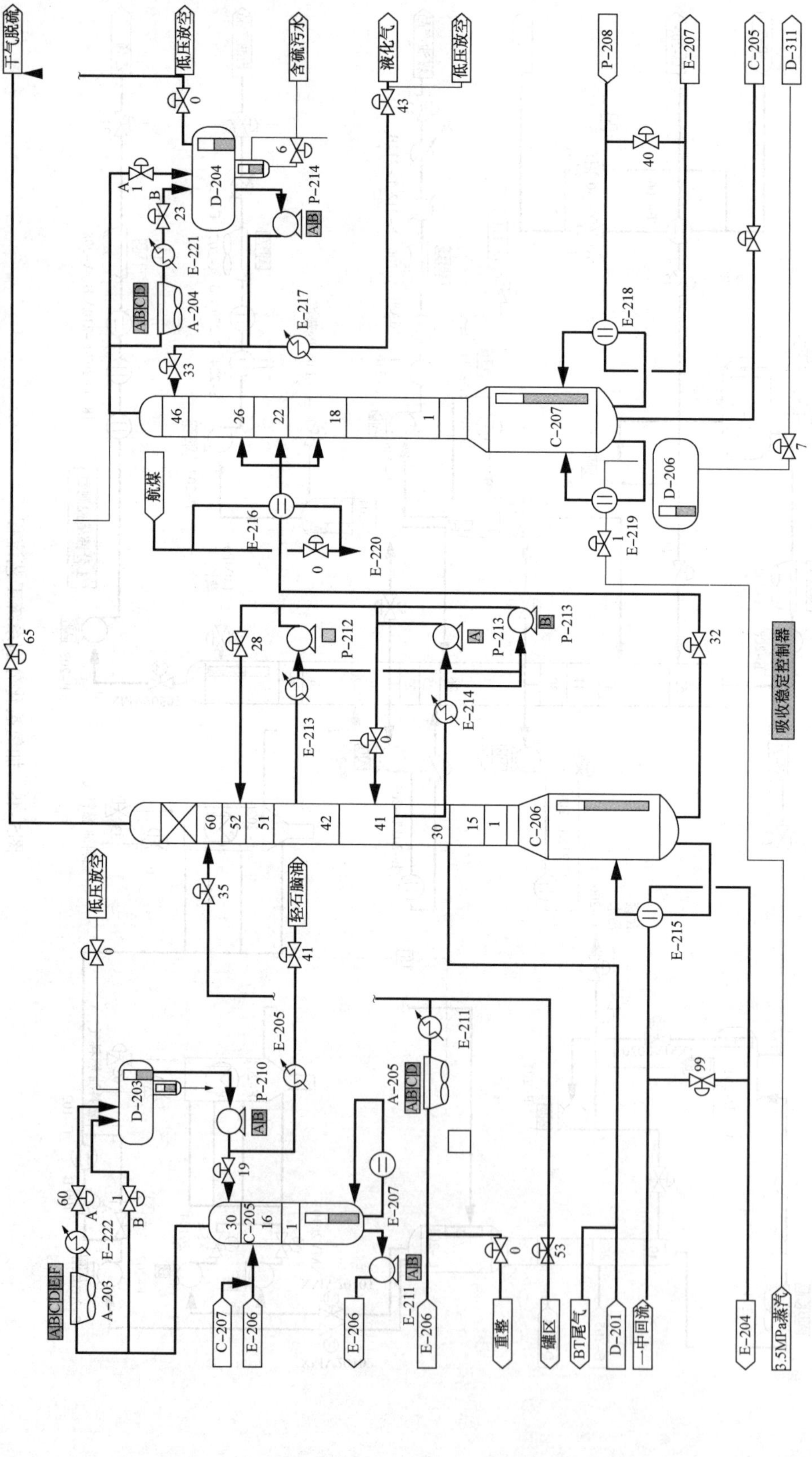

图5-49 加氢裂化吸收稳定系统工艺流程

二、评价条件

表5-67~表5-70列出了该加氢裂化装置物料平衡、原料性质、氢气组成和产品性质。

表5-67　加氢裂化装置物料平衡

原料	流量/(t/h)	产品	流量/(t/h)
VGO	213.38	轻石脑油	10.50
H_2	10.32	重石脑油	43.92
膜分离尾气	3.17	喷气燃料	50.67
合计	226.87	柴油	27.50
产品	流量/(t/h)	尾油	70.58
低分气	4.22	损失	4.86
干气	7.25	反冲洗油	0.58
液态烃	6.79	合计	226.87

注：其中膜分离尾气进入吸收稳定单元。

表5-68　加氢裂化装置原料性质

序号	分析项目	数值	序号	分析项目	数值
1	密度d_4^{20}/(kg/m^3)	906.1	6	70%/℃	435
2	初馏点/℃	225	7	90%/℃	467.5
3	10%/℃	340	8	98%/℃	496
4	30%/℃	374	9	S含量/%	2.323
5	50%/℃	404.5	10	N含量/%	0.0507

表5-69　加氢裂化装置新氢、膜分离尾气组成　　%(体)

组分	新氢	膜分离尾气	组分	新氢	膜分离尾气
H_2	96.07	33.51	异丁烷	0.08	0
甲烷	1.66	29.04	正丁烷	0.17	6.61
乙烷	1.23	15.72	C_5及以上	0.02	3.71
丙烷	0.77	11.42	合计	100.00	100.01

表 5-70　加氢裂化装置产品性质

序号	项目	轻石脑油	重石脑油	喷气燃料	柴油	尾油	D202 石脑油
1	密度 d_4^{20}/(kg/m³)	629.7	748.7	808.8	822.3	830.1	727.2
2	初馏点/℃	23	88	157	215	202	42.0
3	10%/℃	28	98	180	247	272	70.0
4	30%/℃	33	103	189.32	275	354	94.0
5	50%/℃	39	118	207	290	381	110.0
6	70%/℃	47	128	218.03	303	405	146.0
7	90%/℃	58	148	241	317	424	166.0
8	98%/℃			253	324	452	97.0
9	干点	68	169	268	330	490	
10	S 含量/%	0.00163	0.000053	0.001	0.001	0.001	
11	N 含量/%	0.0033	0.0055	0.0100	0.0031	0.0061	

三、碳足迹评价

1. 反应单元

加氢裂化装置反应单元包括原料换热加压、反应、循环氢分离等过程，可分别进行碳足迹评价，其流程如图 5-50 所示。

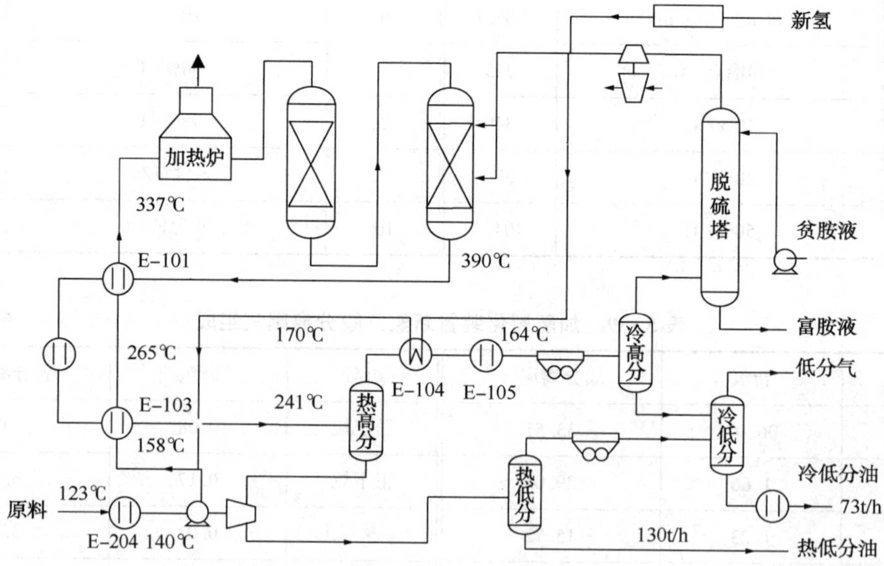

图 5-50　加氢裂化反应系统流程图

（1）进料过程碳足迹

加氢裂化装置的原料油流量为 213.4t/h，进装置温度为 123℃，原料油进入装置后经与产品喷气燃料换热后温度升高至140℃，再经原料泵升压至16.6MPa后与循环氢混合，循环氢体积流量为236874.8Nm^3/h，其组成见表5-71。

表5-71 脱硫后循环氢组成

组分	H_2	H_2S	甲烷	乙烷	丙烷	异丁烷	正丁烷	C_5	合计
脱硫后循环氢/%	84.28	0.01	10.93	2.39	0.88	0.83	0.38	0.3	100

由表可计算循环氢密度为0.241kg/m^3，比热容为6.33kJ/(kg·℃)，由此可知循环氢质量=236874.8×0.241≈57.09t/h。

混氢油分别与反应产物进行两次换热，温度分别提升至264℃和324℃，之后进入反应加热炉(F-101)加热至341℃后进入精制反应器，其换热流程如图5-51所示。

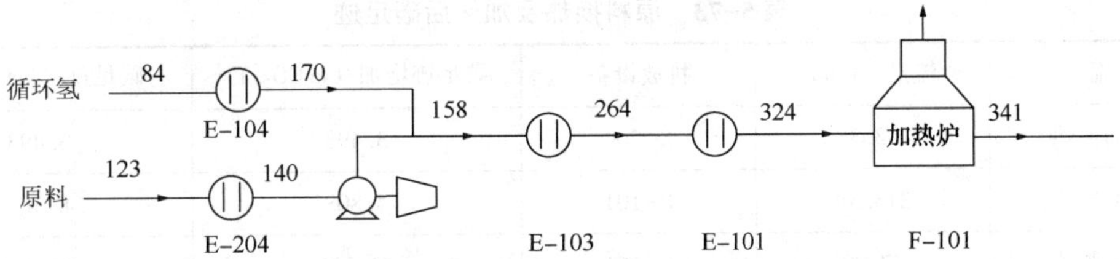

图5-51 加氢裂化原料换热流程图(单位:℃)

由加氢裂化原料物性和循环氢组成数据，可计算原料换热及加热过程热负荷。反应进料加热炉消耗燃料气570m^3/h，其碳排放=570×0.78×2.75≈1222.7$kgCO_2/h$，加热炉有效热负荷15.771GJ/h，因此，单位热值碳排放量=1222.7÷15.771=77.528$kgCO_2/GJ$。由原料流量和换热温度计算换热及加热过程热负荷和相应碳足迹增加值，结果见表5-72。

表5-72 原料换热加热过程热负荷及碳足迹

物流	流量/(t/h)	起始温度/℃	终止温度/℃	热负荷/(MJ/h)	换热器	碳足迹增加/($kgCO_2/t$)
原料	213.38	123	140	9613	E-204	3.493
循环氢	57.09	84	170	31079	E-104	42.203
混氢原料1	270.47	158	264	98245	E-103	28.160
混氢原料2	270.47	264	324	55663	E-101	15.955
加热过程	270.47	324	341	15771	F-101	4.520

原料进入原料泵的入口压力为0.3MPa，出口压力为19.0MPa，原料泵电耗1800kW，原料升压过程碳足迹增加=1800×0.570÷213.38≈4.808$kgCO_2/t$。则原料在混合氢气前碳足迹=4.808+3.493=8.301$kgCO_2/t$。

循环氢在反应系统需经过增压及脱硫等处理，因此，需要计入其碳排放足迹。循环氢压缩机入口压力为14.74MPa，出口压力为16.51MPa，循环氢压缩机采用背压透平驱动，蒸汽压力为3.5MPa(425℃)背压至0.5MPa(170℃)，蒸汽消耗量为38t/h，蒸汽入口焓值为3.29GJ/t，背压出口焓值为2.79GJ/t，则循环氢压缩机消耗蒸汽折算碳排放=38×

$(3.29-2.79)\times 0.11=2.09tCO_2/h$，则循环氢压缩过程碳足迹增加值$=2.09\div 57.09\approx 36.609kgCO_2/t$。

循环氢脱硫部分的碳足迹可由贫胺液消耗量及贫胺液碳足迹计算。加氢裂化装置所需要的贫胺液主要由溶剂再生装置处理后得到，其碳足迹可由溶剂再生装置能源消耗计算。该企业一系列溶剂再生装置的富胺液处理量平均为402.17t/h，再生塔底再沸器蒸汽消耗量为33.30t/h，蒸汽比为0.083，二系列富胺液处理量平均386.27t/h，再生塔底再沸器蒸汽消耗量为38.08t/h，由此可计算贫胺液碳足迹$=(33.30+38.08)\times 2.6\times 110\div(402.17+386.27)\approx 25.892kgCO_2/t$。循环氢脱硫过程消耗贫胺液量为163t/h，则脱硫过程碳足迹增加$=25.892\times 163\div 57.09\approx 73.925kgCO_2/t$。

汇总上述计算过程可得原料换热及加热后碳足迹，见表5-73。

表5-73　原料换热及加热后碳足迹

物流	流量/(t/h)	排放设备	碳足迹增加/($kgCO_2/t$)	碳足迹/($kgCO_2/t$)
原料油换热	213.38	E-204	3.493	3.493
原料油增压	213.38	P-101	4.808	8.301
循环氢脱硫	57.09	C-101	73.925	73.925
循环氢压缩	57.09	K-102	36.609	110.534
循环氢换热	57.09	E-104	42.203	152.737
混合过程	270.47		0	38.788
混氢原料1	270.47	E-103	28.160	66.948
混氢原料2	270.47	E-101	15.955	82.903
加热过程	270.47	F-101	4.520	87.423

循环氢与原料油混合过程碳足迹$=(213.38\times 8.301+57.09\times 152.737)\div 270.47\approx 38.788kgCO_2/t$。由此可知原料换热及加热后碳足迹结果，如图5-52所示。

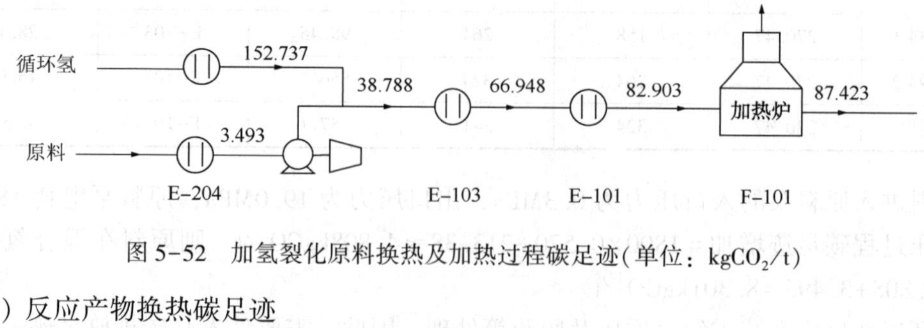

图5-52　加氢裂化原料换热及加热过程碳足迹(单位：$kgCO_2/t$)

(2) 反应产物换热碳足迹

由装置工艺流程可知，裂化反应器冷氢注入量为$116000m^3/h$，裂化反应产物流出反应器的温度为391℃，经与原料和分馏塔进料换热后温度降低为241℃，之后进入热高分罐，其流程如图5-53所示。

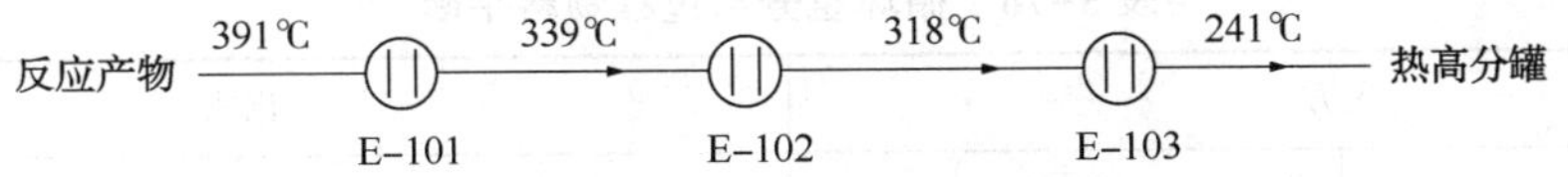

图 5-53 加氢裂化反应产物换热流程图

冷氢与循环氢均是由系统外来的氢气经新氢压缩机升压后，与脱硫塔(C-101)出口氢气混合构成，为简化计算，冷氢按照新氢组成计算，见表 5-74。

表 5-74 新氢组成表

项目	氢气	甲烷	乙烷	丙烷	正丁烷	异丁烷	C_{6+}	合计
含量/%	95.91	2.01	0.93	0.75	0.08	0.27	0.05	100

由新氢组成可计算新氢密度为 0.137kg/m³，则冷氢量 = 116000×0.137 = 15.992t/h。由反应产物换热负荷可计算产物经过各换热器的碳足迹降低值，结果见表 5-75。

表 5-75 产物换热过程碳足迹降低值

物流	流量/(t/h)	热负荷/(MJ/h)	换热设备	碳足迹降低值/($kgCO_2$/t)
反应产物 1	286.40	55663	E-101	15.067
反应产物 2	286.40	24637	E-102	6.669
反应产物 3	286.40	98245	E-103	26.594

由表 5-75 中结果，可计算产物换热过程的碳足迹，结果如图 5-54 所示。

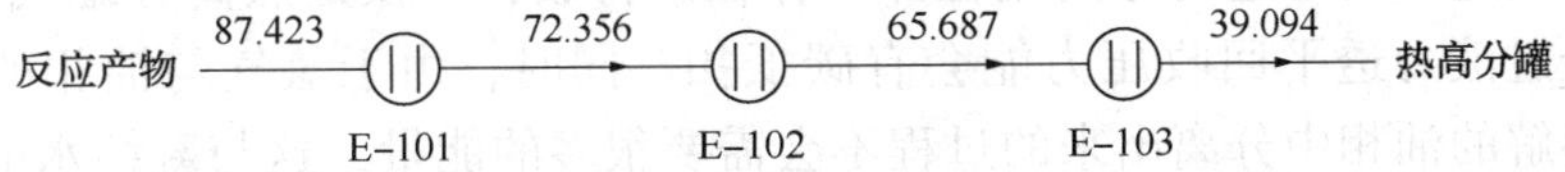

图 5-54 反应产物换热过程碳足迹结果(单位：$kgCO_2$/t)

加氢裂化反应过程会消耗一定量氢气，氢气生产过程的碳排放应计入各产品的碳足迹当中，由于不同产品的氢碳比不同，因此，需要依据各产品的耗氢量分别计算氢气消耗产生的碳足迹。如果依据装置的工艺流程，在完成反应器内物流碳足迹计算后即需要进行产品耗氢量及碳足迹计算，这会导致后续流程中的碳足迹结果是包括多个产品的数据，实际各产品在未分离之前，经历的加工过程是相同的，其碳足迹结果相差不大，因此，为了简化计算，首先可以依据装置流程计算物料(实际包括多个产品)碳足迹，然后依据各个产品的氢碳比和耗氢量修正氢气碳排放对碳足迹的影响。

(3) 循环氢分离过程碳足迹

反应产物冷却至 241℃后进入热高压分离罐(简称热高分)进行气液分离，热高分罐的操作压力为 15.2MPa，热高分罐的气相(热高分气)分别加热循环氢和冷低分油，换热后温度分别降低至 201℃和 164℃，之后经冷却进入冷高分罐；热高分罐的液相经液力透平压力降低至 2.4MPa 后进入热低分罐，热低分罐气相和冷高分罐液相一起进入冷低分罐。冷高分罐气相为含有硫化氢的循环氢，进入循环氢脱硫塔(C-101)利用贫胺液脱除其中的 H_2S，循环氢分离过程的物料平衡见表 5-76，相关操作数据见表 5-77。

表 5-76 循环氢分离过程物料平衡

t/h

入方		出方	
项目	流量	项目	流量
进料	286.41	循环氢	57.09
		H_2S	4.86
		低分气	4.22
		热低分油	140.6
		冷低分油	79.64
合计	286.41	合计	286.41

表 5-77 循环氢分离过程操作数据

序号	分离罐	进料量/(t/h)	温度/℃	压力/MPa	罐顶气/(t/h)	罐底油/(t/h)
1	热高分罐	286.41	241	15.2	141.90	144.51
2	冷高分罐	141.9	50	15.1	61.95	79.95
3	热低分罐	144.51	200	2.4	3.91	140.6
4	冷低分罐	83.86	47	2.3	4.22	79.64

注：表中冷高分罐气相为 61.95t/h，包括循环氢 57.09t/h 和硫化氢 4.86t/h。

循环氢分离过程所经过的分离流程并不存在碳排放，仅仅是热高分罐气相经过换热、冷却及液相经过液力透平回收压力能会有碳抵扣。同时，由于氢气与油相的物性差异较大，氢气从溶解的油相中分离出来的过程不会需要很多的能量，这与凝结水的闪蒸过程中闪蒸蒸汽会带走大量潜热的情形不同，因此各分离过程的碳足迹可按照不变处理，仅仅需要考虑换热和压力能回收所抵扣的碳排放。

热高分气和热低分气流出分离罐后经冷却进入下游，其流程如图 5-55 所示。

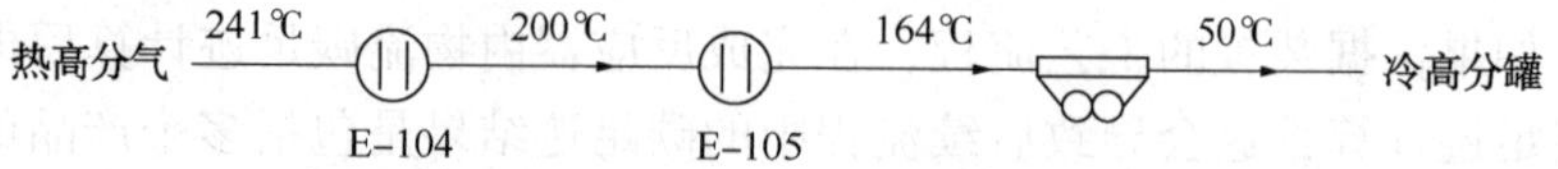

图 5-55 热高分气换热流程图

其碳足迹可由换热负荷计算。热高分气相经 E-104 与循环氢换热负荷为 31079MJ/h，其碳足迹减少值 = 31079×77.525÷141.9 = 16.980kgCO_2/t，同理可计算 E-105 换热后碳足迹，结果如图 5-56 所示。

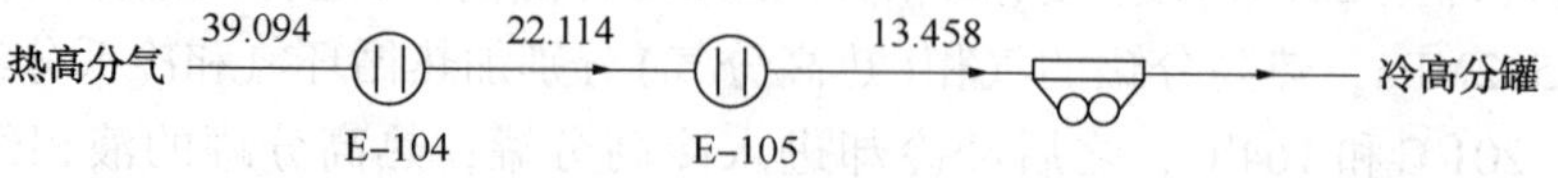

图 5-56 热高分气碳足迹(单位：kgCO_2/t)

热高分罐液相经液力透平 P102-MT 回收压力能，可降低原料泵 P-102 的电力消耗，共回收电能 506.0kW，由此可计算热低分进料碳足迹 = 39.094 − 506.0 × 0.57 ÷ 144.51 ≈ 37.098$kgCO_2$/t。

冷高分罐气相和液相碳足迹可由各股进料量及其碳足迹计算：(13.458 × 79.95 + 37.098 × 3.91) ÷ (79.95 + 3.91) ≈ 14.560$kgCO_2$/t。

同时考虑冷低分油换热过程的碳足迹变化，最终计算的循环氢分离过程碳足迹结果如图 5-57 所示。

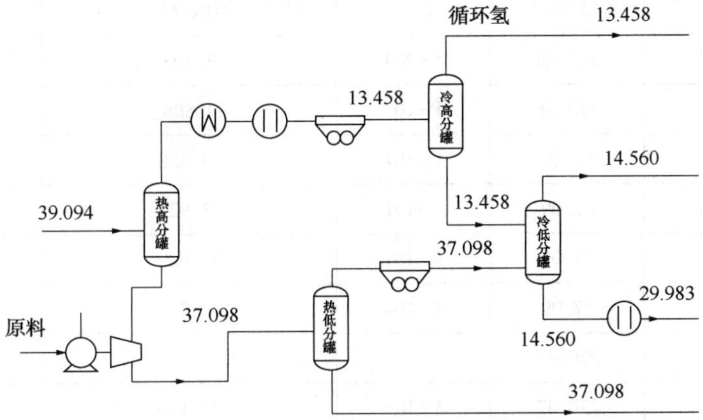

图 5-57　循环氢分离过程碳足迹结果(单位：$kgCO_2$/t)

由上述过程可以汇总计算得到加氢裂化装置反应过程碳足迹的初始结果，如图 5-58 所示。

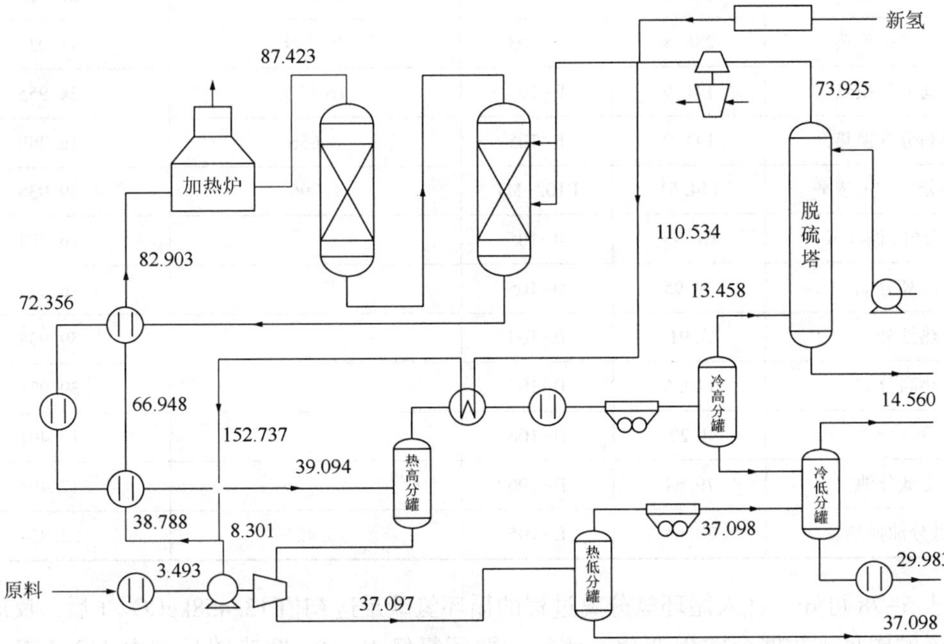

图 5-58　加氢裂化装置反应过程碳足迹初始结果(单位：$kgCO_2$/t)

(4) 过程迭代

由循环氢分离过程可知，冷高分罐分离出的循环氢碳足迹为 13.458kgCO_2/t，而在反应过程碳足迹的初始结果中并未包含此值，因此需要以此为初值重新计算原料进料过程、反应产物换热及循环氢分离过程的碳足迹数据，并进行迭代直至收敛，其第一次计算结果见表5-78。

表5-78 计入循环氢碳足迹的第一次迭代计算结果

物流过程	流量/(t/h)	设备	碳足迹增值/(kgCO_2/t)	碳足迹/(kgCO_2/t)
原料换热	213.38	E-204	3.493	3.493
原料增压	213.38	P-102	4.808	8.301
循环氢分离后	57.09	C-101	13.458	13.458
循环氢脱硫	57.09	C-101	73.925	87.383
循环氢增压	57.09	K-101	36.609	123.992
循环氢换热	57.09	E-104	42.203	166.195
混合过程	270.47			41.629
混氢原料换热	270.47	E-103	28.160	69.789
混氢原料换热	270.47	E-101	15.955	85.743
加热过程	270.47	F-201	4.520	90.264
反应产物换热	286.40	E-101	15.067	75.197
反应产物换热	286.4	E-102	6.669	68.528
反应产物换热	286.4	E-103	26.594	41.934
热高分气换热	141.9	E-104	16.979	24.955
热高分气换热	141.9	E-105	8.656	16.299
热高分油液力透平	144.51	P102-MT	1.996	39.938
冷高分气(循环氢)	61.95	D-105		16.299
冷高分油	79.95	D-105		16.299
热低分气	3.91	D-104		39.938
热高分油	140.6	D-103		39.938
冷低分气	4.22	D-106		17.401
冷低分油	79.64	D-106		17.401
冷低分油换热后	79.64	E-105	15.423	32.824

由表5-78可知，计入循环氢分离过程的循环氢碳足迹初值13.458kgCO_2/t后，反应过程许多物流的碳足迹数据会发生变化，例如，循环氢经E-104换热碳足迹由152.737kgCO_2/t变为166.195kgCO_2/t，冷高分气即循环氢的碳足迹数据变为16.299kgCO_2/t，与前一次的

迭代值 13.458kgCO_2/t 不同，因此，需要以 16.299kgCO_2/t 重新计算，直至两次计算结果相同，最终收敛后的结果如表 5-79 和图 5-59 所示。

表 5-79 加氢裂化装置反应部分碳足迹收敛结果

物流过程	流量/(t/h)	设备	碳足迹增值/(kgCO_2/t)	碳足迹/(kgCO_2/t)
原料换热	213.38	E-204	3.493	3.493
原料增压	213.38	P-102	4.808	8.301
循环氢分离后	57.09	C-101	17.059	17.059
循环氢脱硫	57.09	C-101	73.925	90.984
循环氢增压	57.09	K-101	36.609	127.593
循环氢换热	57.09	E-104	42.203	169.796
混合过程	270.47			42.389
混氢原料换热	270.47	E-103	28.160	70.549
混氢原料换热	270.47	E-101	15.955	86.503
加热过程	270.47	F-201	4.520	91.024
反应产物换热	286.40	E-101	-15.067	75.957
反应产物换热	286.4	E-102	-6.669	69.288
反应产物换热	286.4	E-103	-26.594	42.694
热高分气换热	141.9	E-104	-16.979	25.715
热高分气换热	141.9	E-105	-8.656	17.059
热高分油液力透平	144.51	P102-MT	-1.996	40.698
冷高分气(循环氢)	61.95	D-105		17.059
冷高分油	79.95	D-105		17.059
热低分气	3.91	D-104		40.698
热高分油	140.6	D-103		40.698
冷低分气	4.22	D-106		18.161
冷低分油	79.64	D-106		18.161
冷低分油换热后	79.64	E-105	15.423	33.584

图 5-59 中，循环氢分离过程计算的循环氢碳足迹为 17.059kgCO_2/t，由此值沿工艺流程计算最终的结果仍为 17.059kgCO_2/t，说明上述流程的结果是收敛的。

2. 分馏系统

分馏系统包括脱丁烷塔、产品分馏塔、石脑油分离塔等，在碳足迹评价中，可以将吸收稳定单元与分馏单元一起进行核算，其流程如图 5-60 所示。

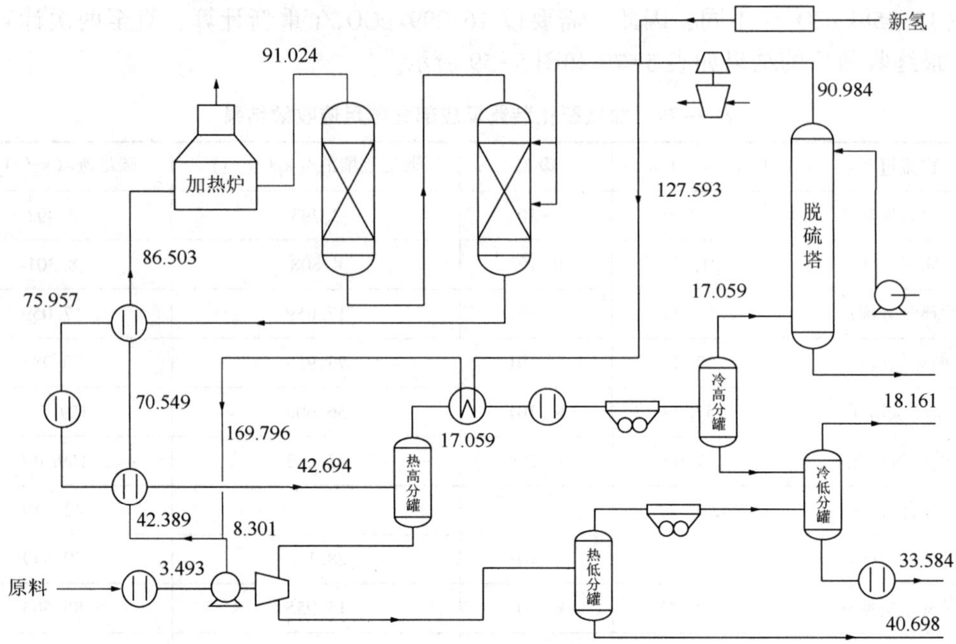

图 5-59　加氢裂化装置反应过程碳足迹收敛结果（单位：$kgCO_2/t$）

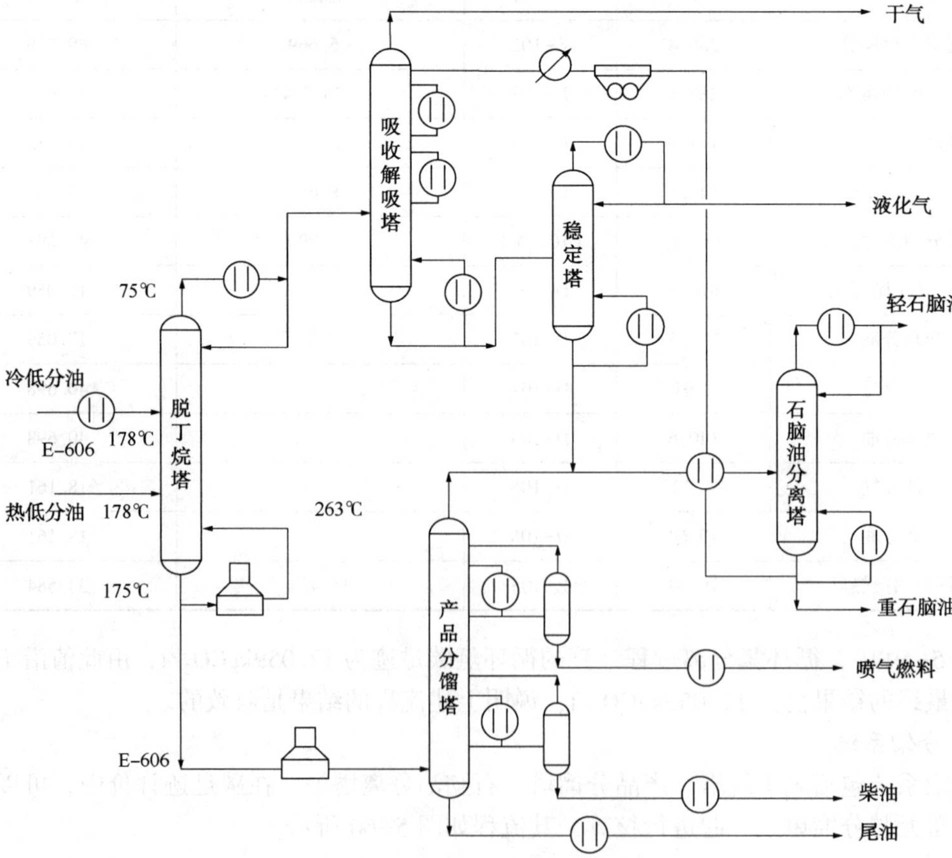

图 5-60　分馏系统流程示意图

（1）脱丁烷塔

脱丁烷塔是将反应系统来的冷低分油和热低分油进行分离的装置，其物料平衡见表5-80。

表 5-80　脱丁烷塔物料平衡　　t/h

入方		出方	
热进料量	140.6	塔顶油（去C-206）	3.3
冷进料量	79.64	塔顶气体	2.98
		塔底油流量	214.0
合计	220.24	合计	220.28

由表5-80可知，脱丁烷塔顶产品与塔底产品相差较大，因此可采用质量法分配碳排放，其塔底再沸炉消耗燃料气1068Nm³/h，则其碳排放量=1068×0.78=2937kgCO_2/h。若忽略塔顶空冷和水冷能耗产生的碳排放，则脱丁烷分馏过程碳足迹增加=2937÷220.24=13.335kgCO_2/t。脱丁烷原料碳足迹可由循环氢分离部分冷低分油和热低分油加权计算，即（33.584×79.64+40.698×140.6）÷（79.64+140.6）=38.125kgCO_2/t。所以脱丁烷塔产品碳足迹为38.125+13.335=51.460kgCO_2/t。

（2）产品分馏塔

产品分馏塔将脱丁烷塔底油分离成石脑油、喷气燃料、柴油和尾油，其物料平衡见表5-81。

表 5-81　产品分馏塔物料平衡　　t/h

入方		出方	
进料量	214.0	喷气燃料	44.3
合计	214.0	柴油	36.9
出方		尾油	74.3
石脑油	58.6	合计	214.1

由表5-81可知，产品分馏塔的4个产品流量相差较小，因此不能采用质量法分配，应根据该塔热量平衡计算产品碳足迹。产品分馏塔的主要操作条件见表5-82。

表 5-82　产品分馏塔（C-202）操作条件

序号	操作参数	单位	产品分馏塔（C-202）
1	塔顶回流量	t/h	72
2	一中回流量	t/h	188
3	二中回流量	t/h	77
4	喷气燃料侧线抽出温度	℃	208
5	一中返回温度	℃	175
6	柴油侧线抽出温度	℃	263

续表

序号	操作参数	单位	产品分馏塔(C-202)
7	二中返回温度	℃	190
8	F-202 入口温度	℃	295
9	F-202 出口温度	℃	317
10	塔顶温度	℃	140.5
11	塔顶回流温度	℃	51
12	塔顶压力	MPa	0.089
13	塔底温度	℃	286

脱丁烷塔底油出塔后经 E-102 与反应产物换热，该过程会增加碳足迹，由于脱丁烷塔底油会经过加热炉(F-202)加热，因此换热过程的碳足迹增加＝24637×77.525÷214.0≈8.925$kgCO_2/t$。

进料加热炉消耗燃料气 1167t/h，其碳排放量＝1167×2.75＝3209.25$kgCO_2$，则进料经加热炉后碳足迹增加＝3209.25÷214＝14.996$kgCO_2/t$。由此可知产品分馏塔进料碳足迹＝51.460+8.925+14.996＝75.381$kgCO_2/t$。

按照产品分馏塔各馏分的质量热容 2.5MJ/(t·℃)，石脑油汽化潜热 300MJ/t，喷气燃料汽化潜热为 210MJ/t，柴油汽化潜热为 168MJ/t，以塔顶温度 51℃ 为基准计算全塔能量平衡。

物质的汽化热是随其温度、压力的变化而变化的，当温度和压力升高时，其汽化热逐渐减小。如不特殊说明，通常所说的汽化热是指在常压沸点下的汽化热。

由表 5-83 可见，烃类的汽化热比水小得多，在 300MJ/t 左右，其数值随相对分子质量的增大而减小。其主要原因在于：相对分子质量越大，单位质量烃类的摩尔数越小，分子间作用一定情况下，分子摩尔数量越多，汽化过程拉开分子间作用力所需要能量越大，因此需要更大的汽化热。同时芳烃分子由于 π 键导致电子密度较大，分子间作用力较大，因此其汽化热相较同碳数的烷烃、环烷烃要大。

表 5-83　烃类质量热容和汽化热

化合物		液相质量热容(25℃)/[kJ/(kg·℃)]	汽化热(常压沸点下)/(MJ/t)
正构烷烃	n-C_6	2.37	334.8
	n-C_7	2.25	316.3
	n-C_8	2.22	301.3
	n-C_9	2.22	287.8
环烷烃		1.86	356.0

续表

化合物		液相质量热容(25℃)/[kJ/(kg·℃)]	汽化热(常压沸点下)/(MJ/t)
环烷烃	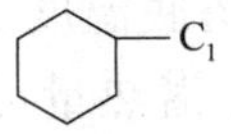	1.88	317.0
	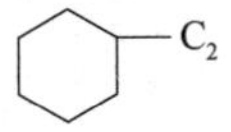	1.89	305.7
	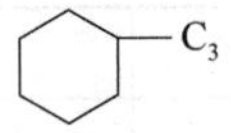	1.92	285.7
芳香烃		1.74	393.8
	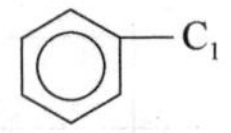	1.71	360.0
	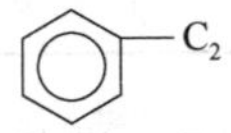	1.75	335.0
	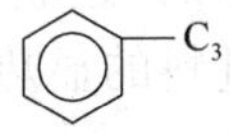	1.79	318.2

此外，石油馏分的常压汽化热还可根据其中平均沸点、平均相对分子质量和相对密度三个参数中的两个由图5-61中查得。根据其他温度、压力条件下的汽化热温度和对比压力，查取其校正因子。

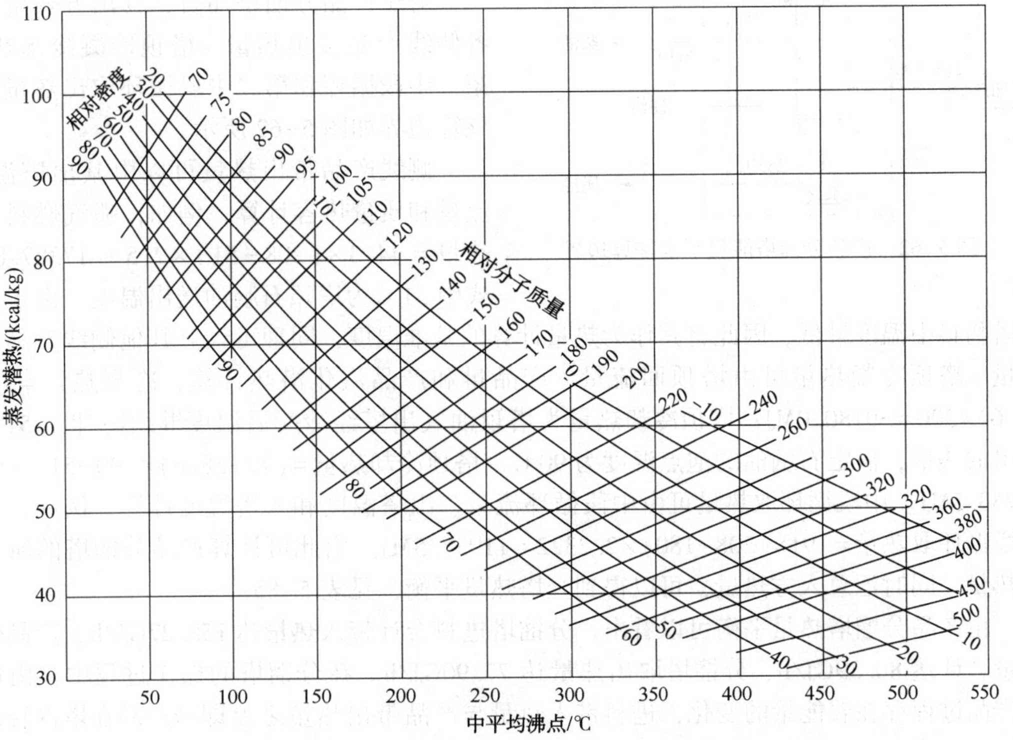

图5-61　石油馏分常压汽化热图

产品分馏塔进料进入分馏塔汽化段后，进料中石脑油、喷气燃料、柴油组分会汽化，假定过汽化油量忽略不计，则汽化物料量合计 139.7t/h。由于上述物料汽化过程会吸收热量，导致进料在汽化段的温度下降，可认为下降后的温度即为塔底温度 285℃，由此可计算进料在汽化段的热量，包括汽化物料的潜热量和显热量，其中潜热量可由汽化量与汽化热计算，结果见表 5-84。

表 5-84　进料在汽化段的潜热量

物料	流量/(t/h)	单位汽化潜热/(MJ/t)	汽化潜热/MJ
石脑油	58.6	300	17565
喷气燃料	44.3	210	9303
柴油	36.9	168	6199
尾油	74.3	—	0
合计			33067

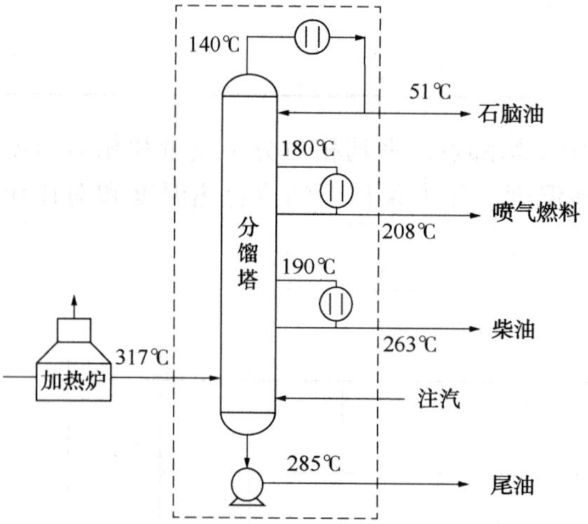

图 5-62　产品分馏塔能量平衡核算边界

由表 5-84 可知，进料汽化的潜热量合计为 33.067GJ。进料的显热量可由流量和质量热容计算：214 × (285 − 51) × 2.5 = 125190MJ/h，由此可计算进料所携带能量为 33068 + 125190 = 158258MJ/h，单位热量为 739.6MJ/t。

对于产品分馏塔而言，其出方热量包括各侧线产品带出热量、塔顶冷凝冷却热量、第一中段循环和第二中段循环取出热量，其核算边界如图 5-62 所示。

侧线产品带出热量可以由其出塔温度、流量和质量热容计算，例如，喷气燃料带出热量 = 44.3×(208−51)×2.5 ≈ 17387.8MJ，式中 51℃为塔顶石脑油送出温度，由于其在全塔物料中温度最低，因此将其作为热量计算的基准温度，同理可计算其他侧线产品带出热量。塔顶冷凝热量可由塔顶回流量、产品量和产品汽化潜热计算，冷凝热量 = (72 + 58.6)×300 = 39180.0MJ；塔顶冷却热量为塔顶油气出塔经冷凝后温度继续冷却至 51℃所放出的热量，假定石脑油的泡点温度为 90℃，塔顶冷却热量 = (72+58.6)×(90−51)×2.5 = 12733.5MJ。中段循环取热量可由中段循环流量、出塔温度和入塔温度计算，例如，第一中段循环取热量 = 191×(208−180)×2.2322 = 11937.5MJ。由此可计算产品分馏塔的所有出方热量，同时汇总入方热量，可以得到全塔热量平衡，见表 5-85。

由产品分馏塔热量平衡可以看出，分馏塔进料合计带入热量达 158.27GJ/h，产品带走热量合计达 80.39GJ/h，分馏塔取出热量达 77.90GJ/h。在分馏塔的操作过程中，由原料到产品过程存在着能量的变化，进料带入热量与产品带出热量之差即为产品在塔内释放的热量，例如喷气燃料产品在塔内释放热量=(158271.1÷214)×44.3−17387.8=15375.8MJ/h，同理可计算其他产品在塔内释放热量，见表5−86。

表5−85　产品分馏塔热量平衡

热量项目		流量/(t/h)	抽出/返回温度/℃	热量/(MJ/h)
出方	石脑油	58.6	51	0.0
	喷气燃料	44.3	208	17387.8
	柴油	36.9	263	19557.0
	尾油	74.3	285	43448.9
	塔顶冷凝热	130.6	140.5	39180.0
	塔顶冷却热	130.6	90	12733.5
	第一中段循环	191.0	208/180	11937.5
	第二中段循环	77.0	263/190	14052.5
	出方合计			158297.2
入方	进料潜热量	139.8		33067.6
	进料显热量	214.0	285	125203.5
	进料合计			158271.1

表5−86　产品在分馏塔内的放热量

侧线产品	流量/(t/h)	放热量/(MJ/h)	单位放热量/(MJ/t)
石脑油	58.6	43303.7	739.58
喷气燃料	44.3	15375.8	347.08
柴油	36.9	7733.7	209.58
尾油	74.3	11481.3	154.58

由表5−86可知，不同产品所释放的热量不同，这主要是由于不同产品所对应的冷凝温度不同导致，柴油侧线的冷凝温度为263℃，其在塔内释放的热量包括两部分：一是进料在汽化段中的柴油气相组分在塔内逐板上升时，温度降低所释放的显热，二是柴油气相组分在抽出板位置冷凝的潜热，柴油气相释放的显热量为温度由285℃降至263℃的热量。由于该塔的取热已被装置内的冷物料换热所利用，因此可以降低装置的热公用工程消耗，直接体现为加热炉燃料消耗量的降低，并减少了碳排放。单位热值碳排放量取77.525kgCO_2/GJ，则可计算产品放热抵扣碳排放后的碳足迹，例如柴油碳足迹=75.382−209.58×77.525÷1000≈59.134kgCO_2/t，由此可汇总所有产品碳足迹，见表5−87。

喷气燃料、柴油和尾油产品出塔后，分别经换热后送出装置，其换热过程回收热量需抵扣碳排放，喷气燃料经E−216与吸收解吸塔进料换热后温度降低至170℃，经E−220与除盐水换热后温度降低至118℃，之后进入空冷A−206和水冷E−212，因此其有效回收的

热量 = 44.3×(215−118)×2.5≈10742.8MJ/h，由此可计算喷气燃料出装置的碳足迹 = 48.474−10742.8×77.525÷1000÷44.3≈29.674kgCO_2/t，同理可计算柴油、尾油出装置的碳足迹，见表 5−88。

表 5−87 分馏塔产品出塔后的碳足迹

侧线产品	流量/(t/h)	抵扣碳足迹/(kgCO_2/t)	碳足迹/(kgCO_2/t)
石脑油	58.6	57.336	18.046
喷气燃料	44.3	26.908	48.474
柴油	36.9	16.248	59.134
尾油	74.3	11.984	63.398

表 5−88 喷气燃料、柴油、尾油产品出装置的碳足迹

侧线产品	回收热量/(MJ/h)	碳足迹/(kgCO_2/t)	备注
喷气燃料	10742.8	29.674	分别经 E−216、E−220 与石脑油、除盐水换热至 118℃
柴油	9963.0	38.202	分别经 E−224、E−209 发蒸汽及除氧水换热至 155℃
尾油	37135.8	24.635	分别经 E−218、E−207、E−210 作稳定塔、石脑油分离塔底再沸器和除氧水换热至 85℃

(3) 吸收稳定单元

吸收稳定单元由吸收解吸塔、稳定塔和石脑油分馏塔构成，各个塔的物料平衡见表 5−89。

表 5−89 吸收稳定单元各塔的物料平衡 t/h

项目	吸收解吸塔		稳定塔		石脑油分馏塔	
入方	脱丁烷塔顶气	3.3	进料量	46.4	产品分馏塔顶油	56.39
	脱丁烷塔顶油	2.98			稳定塔底油	39.61
	膜分离尾气	5.62				
	塔顶吸收剂	41.75				
	合计	53.65	合计	46.4	合计	96.0
出方	塔顶干气	7.25	塔顶液化气	6.79	塔顶轻石脑油	10.33
	塔底抽出量	46.4	塔底抽出	39.61	重石脑油	43.92
					塔底吸收剂	41.75
	合计	53.65	合计	46.4	合计	96.0

吸收稳定单元各塔的塔顶产品与塔底产品量相差较大，因此，可以按照质量法分配碳排放。在吸收稳定单元内，存在吸收解吸塔进料吸收剂−塔底抽出油−稳定塔底油−石脑油分馏塔进料−石脑油分馏塔底油的物料循环过程，因此需要迭代求解各塔产品的碳足迹。

吸收稳定单元中，石脑油分馏塔底再沸器(E-207)以产品分馏塔底尾油为热源，热负荷为12069.1MJ/h，吸收解吸塔底再沸器(E-215)以第一中段循环为热源，热负荷为10505.0MJ/h，稳定塔底再沸器(E-218)以尾油为热源，热负荷为10398.0MJ/h。由此可计算各塔塔底再沸器碳排放，见表5-90。

表5-90　吸收稳定单元各塔塔底再沸器碳排放

分离塔	再沸器热负荷/(MJ/h)	再沸器碳排放/$kgCO_2$
石脑油分馏塔	12069.1	935.7
吸收解吸塔	10505.0	814.4
稳定塔	10398.0	806.1

假定吸收解吸塔进料中吸收剂碳足迹与脱丁烷塔顶油气碳足迹相同，均为51.460$kgCO_2$/t，则吸收解吸塔产品碳足迹=(53.65×51.460+814.4)÷53.65=66.640$kgCO_2$/t。

稳定塔产品碳足迹=(46.4×66.640+806.1)÷46.4=81.013$kgCO_2$/t。

石脑油分馏塔产品碳足迹=(39.61×81.013+56.39×18.046+935.7)÷96.0=53.773$kgCO_2$/t，即塔底吸收剂碳足迹为53.773$kgCO_2$/t，该数据与吸收解吸塔进料中吸收剂碳足迹假定不同，因此需要以此数据进行迭代计算，直至结果收敛，收敛后的结果见表5-91。

表5-91　吸收稳定单元产品碳足迹计算结果　　$kgCO_2$/t

吸收解吸塔		稳定塔		石脑油分馏塔	
塔顶干气	66.232	塔顶液化气	83.605	塔顶轻石脑油	54.843
塔底抽出	66.232	塔底抽出	83.605	重石脑油	54.843
				塔底吸收剂	54.843

由上述过程可以得到加氢裂化装置产品碳足迹，结果如图5-63所示。产品分馏塔进料碳足迹为51.460$kgCO_2$/t，但其产品由于热量回收低碳排放，其碳足迹均小于该值，说明进料携带的能量较高。

3. 氢气的碳足迹

加氢裂化过程与重整预加氢过程有所不同，产品相对于加氢裂化原料的氢碳比提高，因此需要消耗一定量氢气供化学反应，即化学耗氢，且氢气消耗量较高。主要是因为原料烃类的C—C键断裂后，化学耗氢主要作为原料烃类的C—C键断裂后补入的空缺位置，是裂化类反应的辅助材料，碳足迹评价中需要依据产品的耗氢量及制氢过程碳排放计算碳足迹。

(1) 原料及产品的氢碳比

化学耗氢量可由原料和产品的氢碳比计算。

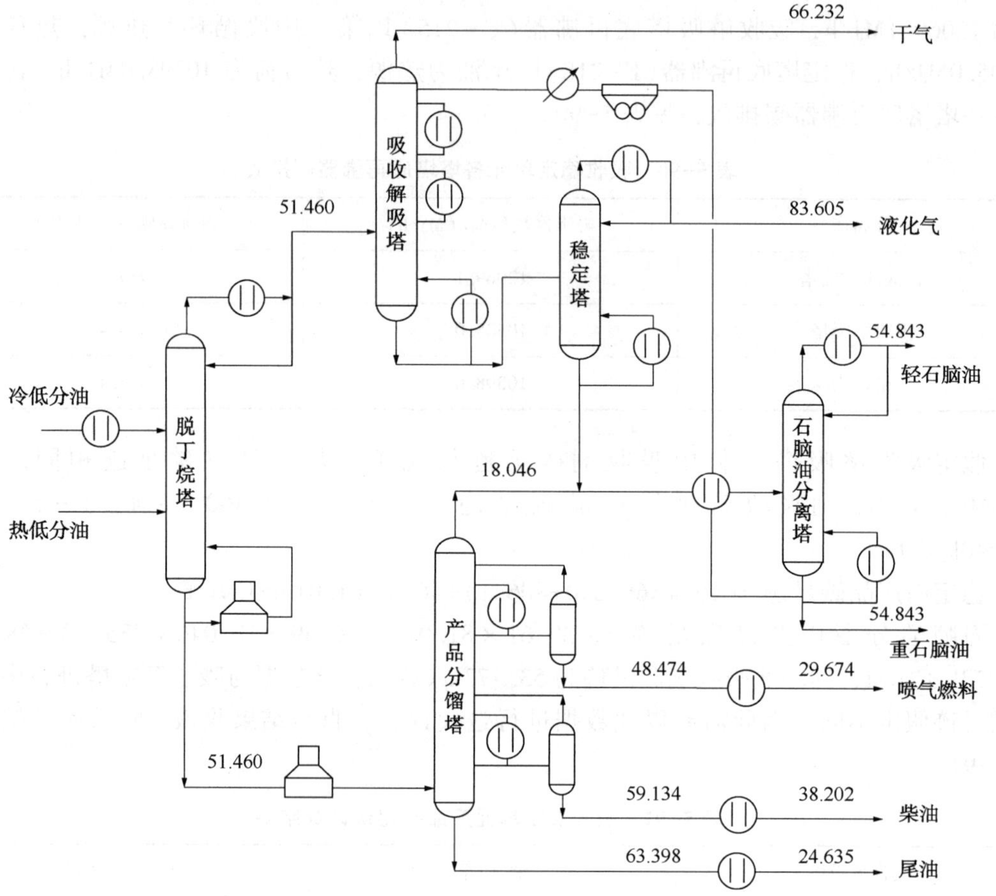

图 5-63　分馏系统碳足迹结果图(单位：$kgCO_2/t$)

对于平均相对分子质量为 70~300、中平均沸点为 300~616K 的石油馏分，其碳氢比可由下式计算：

$$CH=3.4707\exp(1.485\times10^{-2}\cdot T_{me}+16.94\cdot d_{15.6}^{15.6}-1.2492\times10^{-2}\cdot T_{me}\cdot d_{15.6}^{15.6})\cdot T_{me}^{-2.725}\cdot(d_{15.6}^{15.6})^{-6.796} \tag{5-8}$$

式中　CH——碳氢比；

T_{me}——石油馏分中平均沸点，K；

$d_{15.6}^{15.6}$——国际标准相对密度。

对于平均相对分子质量为 300~600、中平均沸点为 616~811K 的石油馏分，其碳氢比可由下式计算：

$$CH=2.1471\times10^{-22}\exp(8.4312\times10^{-3}\cdot T_{me}+1.0312\times10^{2}\cdot I-2.736\times10^{-2}\cdot T_{me}\cdot I)\cdot T_{me}^{-0.786}\cdot I^{-21.567} \tag{5-9}$$

式中　I——石油馏分的黄氏特性因子。

$$I=1.8429\times10^{-2}\exp(1.1635\times10^{-3}\cdot T_{me}+5.144\cdot d_{15.6}^{15.6}-5.9202\times10^{-4}\cdot T_{me}\cdot d_{15.6}^{15.6})\cdot T_{me}^{-0.407}\cdot(d_{15.6}^{15.6})^{-3.333} \tag{5-10}$$

平均相对分子质量关联式为：

$$M=0.654494\times10^{-4}\cdot T_{me}^{2.3489}\cdot(d_4^{20})^{-1.07276} \tag{5-11}$$

式中　d_4^{20}——20℃标准相对密度。

加氢裂化装置工艺计算中通常采用相对密度，即物质密度与规定温度下水的密度之比，我国规定20℃的馏分油密度与4℃水的密度之比为标准相对密度，用d_4^{20}表示；北美石油工业协会规定的15.6℃的馏分油密度与15.6℃水的密度之比为标准相对密度，后演化成国际标准，用$d_{15.6}^{15.6}$表示，两者可采用如下公式换算：

$$d_{15.6}^{15.6}=0.994267\cdot d_4^{20}+0.009142$$

物质的沸点是液相和气相平衡共存时的温度，对加氢裂化装置的原料油和产品而言，其典型的沸点有体积平均沸点(t_V)、质量平均沸点(t_w)、立方平均沸点(t_{ca})、实分子平均沸点(t_m)和中平均沸点(t_{me})。在平均沸点计算中，仅有体积平均沸点可由石油馏分的馏程测定数据直接计算，其他平均沸点需要借助体积平均沸点与蒸馏曲线斜率查图表或计算得到。

体积平均沸点(t_V)由恩氏蒸馏的馏出体积10%、30%、50%、70%、90%时的气相温度计算，公式如下：

$$t_V=\frac{t_{10}+t_{30}+t_{50}+t_{70}+t_{90}}{5} \tag{5-12}$$

式中　t_V——体积平均沸点,℃；

t_{10}、t_{30}、t_{50}、t_{70}、t_{90}——馏出体积10%、30%、50%、70%、90%时的气相温度,℃。

当缺少石油馏分的恩氏蒸馏部分馏出体积的温度时，可依据蒸馏曲线的如下关联式计算：

$$t=t_0+a\cdot\left[-\ln\left(1-\frac{V}{101}\right)\right]^b \tag{5-13}$$

式中　t——馏出体积V时的蒸馏温度,℃；

t_0——初馏点温度,℃；

V——馏出体积,%；

a，b——模型参数。

由体积平均沸点(t_V)可以依据蒸馏曲线斜率(S)计算中平均沸点矫正值(Δme)，其中恩氏蒸馏曲线斜率公式为：

$$S=\frac{t_{90}-t_{10}}{80} \tag{5-14}$$

式中　S——恩氏蒸馏曲线斜率,℃/%。

对于中平均沸点可用体积平均沸点(t_V)和中平均沸点矫正值(Δme)计算，如下式：

$$t_{me}=t_V-\Delta me$$

其中，Δme 可由式(5-15)计算：

$$\Delta me=\exp(-0.236097-0.012557\times t_V^{0.6667}+3.794295\times S-1.99733\times S^2+0.581655\times S^3-0.063981\times S^4) \quad (5-15)$$

式中　Δme——中平均沸点校正值,℃。

以该装置轻石脑油为例计算其氢含量，性质数据见表 5-70，由恩氏蒸馏数据可知：

体积平均沸点$t_V=\frac{28+33+39+47+58}{5}=41.0℃$

恩氏蒸馏曲线斜率 $S=\frac{58-28}{80}=0.375℃/\%$

$\Delta me=\exp(-0.236097-0.012557\times 41^{0.6667}+3.794295\times 0.375-1.99733\times 0.375^2+0.581655\times 0.375^3-0.063981\times 0.375^4)=2.1945℃$

则中平均沸点$t_{me}=41-2.1945=38.8055℃$

$$T_{me}=t_{me}+273.15=38.8055+273.15=311.9555K$$

平均相对分子质量 $M=0.654494\times 10^{-4}\times 38.8055^{2.3489}\times 0.6297^{-1.07276}=77.5820$，介于 70~300。

轻石脑油的国际标准相对密度$d_{15.6}^{15.6}=0.994267\times 0.6297+0.009142=0.6352$

则轻石脑油的碳氢比 $CH=3.4707\exp(1.485\times 10^{-2}\times 311.9555+16.94\times 0.6352-1.2492\times 10^{-2}\times 311.9555\times 0.6352)\times 311.9555^{-2.725}\times 0.6352^{-6.796}=4.9366$

轻石脑油的 S 含量为 10mg/kg，氮含量为 0.32mg/kg，则轻石脑油的氢含量 $H=(1-10^{-4}\%-0.32\times 10^{-4}\%)\div(1+4.9366)=16.8429\%$。

对于喷气燃料馏分，其恩氏蒸馏数据缺少 30%和 70%体积沸点，可由蒸馏曲线关联式计算，已知初馏点温度为 152℃，10%馏出温度为 173℃，50%馏出温度为 203℃，求得 $a=61.042$，$b=0.472$，则 30%和 70%馏出温度依次为：

$$t_{30}=152+61.042\times\left[-\ln\left(1-\frac{30}{101}\right)\right]^{0.472}=189.32℃$$

$$t_{70}=152+61.042\times\left[-\ln\left(1-\frac{70}{101}\right)\right]^{0.472}=218.03℃$$

由上述方法可计算该装置原料油和所有产品氢含量，结果见表 5-92。

表 5-92　馏分油氢含量计算结果

项目	单位	原料油	轻石脑油	重石脑油	喷气燃料	柴油	尾油
体积平均沸点 T_V	℃	404.2	41.0	119.0	207.1	286.4	367.2
	K	677.2	314.0	392.0	480.1	559.4	640.2
蒸馏曲线斜率 S	℃/%	1.5938	0.3750	0.6250	0.7625	0.8750	1.9000
中沸点矫正值 Δme	℃	7.338	2.195	3.266	3.642	3.901	9.722
中平均沸点 T_{me}	K	669.86	311.81	388.73	476.43	555.50	630.48

续表

项目	单位	原料油	轻石脑油	重石脑油	喷气燃料	柴油	尾油
相对分子质量 M	g/mol	316.08	77.49	108.04	160.37	225.97	301.16
国际标准相对密度 $d_{15.6}^{15.6}$		0.9100	0.6352	0.7535	0.8133	0.8267	0.8345
黄氏特性因数 I		0.2928	0.2711	0.2665	0.2708	0.2713	0.2726
碳氢比 CH		7.0828	4.9383	6.0316	6.4074	6.2519	6.0244
氢含量 H	%	0.1208	0.1684	0.1422	0.1350	0.1379	0.1424

（2）理论物料平衡

由于该装置吸收稳定部分加工的膜分离尾气并未参与加氢裂化反应，其组分直接进入该装置的产品干气、液化气和轻石脑油当中；同时，该装置的新氢中也含有甲烷等非氢轻组分，该组分也不参与加氢裂化反应，但会进入产品干气当中，因此需要将产品气体中的由膜分离尾气和新氢带入的上述组分从产品中予以扣除，得到加氢裂化反应实际生成的轻组分流量。

装置实际运行中低分气体积流量 9410.7Nm^3/h，干气体积流量 9704.8Nm^3/h，液化气产量为 6.79t/h，由上述产品分析化验数据可以计算低分气、干气和液化气中各组分的质量流量，例如，低分气甲烷流量 = 9410.7×12.64÷22.4×16 = 849.6kg/h，计算其他组分并汇总后结果见表 5-93。

表 5-93 加氢裂化装置轻组分产量表

序号	项目	相对分子质量	低分气质量		干气质量		液化气	
			组成/%(体)	流量/(kg/h)	组成/%(体)	流量/(kg/h)	组成/%(体)	流量/(kg/h)
1	H_2	2	71.43	600.2	29.20	253.0		
2	H_2S	34	3.08	440.3	2.38	349.9	0.0015	
3	甲烷	16	12.64	849.7	42.55	2949.7		
4	乙烷	30	5.61	707.5	21.26	2763.3		
5	丙烷	44	3.49	644.9	4.04	770.7	35.06	1971.1
6	异丁烷	58	1.97	479.6	0.49	122.0	23.86	1768.3
7	正丁烷	58	0.93	225.9	0.04	10.6	40.86	3028.1
8	C_{5+}	86	0.84	304.8	0.04	15.7	0.22	24.2
9	合计		99.99	4253.1	100.00	7234.9	100.00	6791.7

由表 5-93 可以计算加氢裂化装置轻组分的实际产量，如甲烷组分的产量包括低分气和含硫干气中甲烷两部分。

同时，由于该装置的吸收稳定系统加工处理了外来膜分离尾气，新氢中也含有上述轻组分，因此表 5-93 中的轻组分并非完全是由装置反应得到，需要对外来膜分离尾气和新氢中的轻组分进行扣减。

其中，甲烷实际产量=849.7+2949.7-896.6-667.02=2235.95kg/h，同理可计算其他组分的实际产量，扣减后结果见表5-94。

表5-94 加氢裂化装置轻组分实际产量表 kg/h

序号	项目	低分气	干气	液化气	新氢	膜分离尾气	实际产量
1	H_2	600.2	253.0		6486.37	96.21	-5729.38
2	H_2S	440.3	349.9				790.2
3	甲烷	849.7	2949.7		896.63	667.02	2235.95
4	乙烷	707.5	2763.3		1245.69	677.02	1548.09
5	丙烷	644.9	770.7	1971.1	1143.74	721.35	1521.61
6	异丁烷	479.6	122.0	1768.3	156.64	0.00	2213.26
7	正丁烷	225.9	10.6	3028.1	332.86	550.37	2381.37
8	C_{5+}	304.8	15.7	24.2	58.06	458.03	-171.39
9	合计	4253.1	7234.9	6791.7	10319.99	3170.00	4789.71

表5-94中的实际产量即为加氢裂化反应过程产生的轻组分含量，物料平衡损失量包括了溶解在装置含硫污水、富胺液和硫化氢，对比表5-67和表5-94可得到加氢裂化装置的理论物料平衡，结果见表5-95。

表5-95 加氢裂化装置理论物料平衡表 t/h

序号	原料	流量	产品	流量
1	VGO	213.38	H_2S	5.26
2	H_2	5.73	甲烷	2.24
3			乙烷	1.55
4			丙烷	1.52
5			异丁烷	2.21
6			正丁烷	2.38
7			轻石脑油	10.33
8			重石脑油	43.92
9			喷气燃料	50.67
10			柴油	27.50
11			尾油	71.53
12	合计	219.11	合计	219.11

注：表中尾油包括反冲洗油和损失。

（3）产品化学耗氢量

加氢裂化产品的化学氢耗量需要根据产品和原料油中的碳氢比变化及反应过程中的碳元素平衡计算。

加氢裂化装置的碳元素平衡，可由原料及产品的碳氢比计算，同时依据原料碳与产品碳的总平衡进行调整，即规划产品碳，结果见表 5-96。

表 5-96 加氢裂化装置碳元素平衡表

物料		流量/(t/h)	碳氢比	碳流量/(kg/h)	调整后碳流量/(kg/h)
入方	VGO	213.38	7.0828	182637.17	182637.17
	H_2	5.73			
	合计	219.11			
出方	H_2S	5.26			
	甲烷	2.24	3	1680.00	1680.00
	乙烷	1.55	4	1240.00	1240.00
	丙烷	1.52	4.5	1243.64	1243.64
	异丁烷	2.21	4.8	1828.97	1828.97
	正丁烷	2.38	4.8	1969.66	1969.66
	轻石脑油	10.33	4.9383	8590.44	8567.21
	重石脑油	43.92	6.0316	37673.91	37572.00
	喷气燃料	50.67	6.4074	43829.54	43710.98
	柴油	27.50	6.2519	23707.89	23643.76
	尾油	71.53	6.0244	61346.92	61180.98
	合计	219.11		183110.97	182637.20

加氢裂化装置的氢平衡包括氢气泄漏、含硫污水中携带 H_2S 和 NH_3 等损失，由于氢元素的质量较小，而碳元素平衡相对准确，因此可以由碳元素平衡对产品中的氢元素量进行调整，例如重石脑油的氢流量 $=43.92\times1000-37572.0=6348.00$kg/h。

对于加氢裂化产品耗氢量，需要以原料和产品的碳元素平衡为基准，以原料碳元素上的氢流量与产品碳元素上的氢流量计算，例如对于重石脑油，其生产重石脑油的原料碳对应的氢流量 $=37572.0\div7.0828=5304.68$kg/h，因此重石脑油产品的氢耗量 $=6348.00-5304.68=1043.32$kg/h，同理可计算其他产品耗氢量，结果见表 5-97。

表 5-97 加氢裂化装置产品耗氢量

序号	产品	流量/(t/h)	原料碳上的氢/(kg/h)	产品碳上的氢/(kg/h)	耗氢量/(kg/h)
1	H_2S	5.26	0	309.41	309.41
2	甲烷	2.24	237.19	560.00	322.81
3	乙烷	1.55	175.07	310.00	134.93
4	丙烷	1.52	175.59	276.36	100.78
5	异丁烷	2.21	258.23	381.03	122.81
6	正丁烷	2.38	278.09	410.34	132.25

续表

序号	产品	流量/(t/h)	原料碳上的氢/(kg/h)	产品碳上的氢/(kg/h)	耗氢量/(kg/h)
7	轻石脑油	10.33	1209.58	1762.79	553.21
8	重石脑油	43.92	5304.68	6348.00	1043.31
9	喷气燃料	50.67	6171.43	6959.02	787.59
10	柴油	27.50	3338.19	3856.24	518.05
11	尾油	71.53	8637.97	10349.02	1711.05
	合计	219.11	25786.02	31522.21	5736.20

表 5-97 中产品耗氢量是加氢裂化原料通过加氢反应生产产品所消耗的氢气量，由该表可知：所有产品的总耗氢量与装置的需氢量是一致的。实际加氢裂化装置的氢气消耗不仅用于反应生产产品，同时还包括泄漏氢、排放氢等，该部分氢气消耗量一般较小，按照上述调整方法已经将此部分氢气分配到产品耗氢当中，因此其对最终碳足迹评价结果影响较小。

假定外购氢气碳足迹为 $10tCO_2/t$，则装置最终碳足迹需计入由上述化学耗氢计算的碳足迹，结果见表 5-98。

表 5-98 加氢裂化装置产品碳足迹结果

序号	物料名称	流量/(t/h)	碳足迹/($kgCO_2/t$)	碳排放/($kgCO_2/h$)
1	干气	7.25	1124.370	8152
2	液化气	6.79	607.670	4126
3	轻石脑油	10.50	581.710	6108
4	重石脑油	43.92	292.391	12842
5	喷气燃料	50.67	185.109	9379
6	柴油	27.50	226.584	6231
7	尾油	70.58	267.062	18849
	合计			65687

由表 5-98 可知，加氢裂化产品中，干气的碳足迹最高，达 $1124.370kgCO_2/t$，这主要与干气生产过程消耗氢气的强度最高、喷气燃料产品的碳足迹最低、氢耗最低有关。

第六章 碳足迹应用展望

基于能量平衡法的碳足迹评价结果体现了产品生产过程的能量演化过程，揭示了碳足迹研究的深刻科学意义，其应用前景也是广阔的。

一是以产品碳足迹开展不同企业之间石化生产过程碳排放效率和水平对标。由于石化生产过程复杂，不同企业之间的原料性质、加工流程、产品结构、工艺技术等方面的差别对碳排放均会产生一定影响，开展不同企业间的碳排放效率对标难度较大，目前多采用以加工能力为基准的对标办法，因此对标的结果公正性难以得到体现。欧盟碳排放权交易市场(EU ETS)采用 CWT 作为炼油厂碳排放配额分配的基准，对乙烯等产品以产量作为配额分配基准。石化产品作为工业基础原料和终端产品，下游客户和大众消费者往往更关心获取某种产品过程的碳排放量，而对具体生产过程却未必了解，因此，以石化企业的产品碳足迹作为对标更具有说服力，对石化产业生产低碳产品具有重要导向作用。

二是产品碳足迹对分析和揭示石化生产过程碳排放规律具有重要意义。石化生产过程的产品物料来源具有多样性，许多中间物料也可能成为产品出售，例如企业可以将石脑油作为乙烯裂解装置的原料投入生产，也可以直接销售石脑油产品，因此石化生产过程产品碳足迹不仅需要研究最终产品，也需要研究中间物料。石化产品(物料)碳足迹与能量状态密切相关，产品(物料)碳足迹的增加往往是对其进行压缩、加热等加工过程导致。伴随着产品(物料)能量状态的改变和碳排放，物料对外输出热量也会导致其碳足迹降低。因此，能量及其获取过程的碳排放数据决定了生产过程的产品(物料)能效和碳排放具体值，即生产过程的任意产品(物料)具有一定的组成、温度和压力状态，决定了其能量和碳足迹的具体值。

三是产品碳足迹可以为炼油行业在碳交易市场中的配额分配提供新探索。在碳交易市场中，对控排企业进行配额分配多是以企业生产产品的数量为基准，但炼油行业具有典型的提供一种投入产出多个产品的特点，对炼油行业进行配额分配往往以产能作为基准。当炼油厂使用同种原料生产不同结构产品时，其碳排放会产生变化，但对于以产能为基准的分配方法，其配额量是相同的，无法体现产品结构差异导致的排放不同。而以炼油产品为基准的分配方法则可以避免该问题，但其关键和核心是将炼油生产过程的碳排放科学合理地分配到各个产品当中，而产品(物料)碳足迹可以为解决该问题提供新思路。

最后，石化产品(物料)碳足迹不仅体现了能源-能量转化过程的碳排放，而且包括石化生产过程的工艺碳排放。前者需要开展石化企业的能效提升与节能，后者的碳排放浓度较高，开展碳利用的价值和潜力较大。

第一节　能效提升与节能

石化企业的能量系统优化技术在一定的物料流程基础上，追随系统的能量演化过程，以流程模拟和优化技术为基础，紧密结合生产工艺用能特点，最大限度优化现有工艺条件，通过总流程调整、工艺参数优化、局部流程调整、工艺管理以及全局系统优化，在单元设备、局部子系统和系统全局 3 个层次上协调优化，达到全局用能最优的改进效果。

一、总体思路

石化企业的能量系统优化技术主要研究以热加工为主的炼油过程用能规律及特点，以工艺装置用能改进为核心，同时对企业全局的总体用能过程、装置间热集成系统、低温热综合利用系统、公用工程系统等进行集成调优。

石化生产的用能过程复杂，全局系统更是涉及多个工艺装置和公用工程系统，能量系统优化在进行工艺装置和全局系统优化过程中要涉及数量庞大的过程变量和约束关系，需要采用科学的分解调优策略，避免或降低变量与约束关系间的相互干扰，保证能量全局优化的系统性和可行性。

工艺装置是全厂能量利用的核心，工艺装置用能优化是能量系统优化的关键过程，同时也是全厂多个系统调优的前提和先决条件，工艺装置用能优化后确定的燃料气产/用量、蒸汽产/用量、低温热产/用数量、热出料条件、热量富余情况、公用工程参数等条件是全局系统优化的初始边界。同时系统优化结果也会反馈影响到工艺装置用能，各个全局系统在优化前后也会相互关联，例如热集成系统优化结果会影响全局低温热的资源量，进而对低温热利用系统产生影响。

根据石化生产过程的用能特点及规律，能量系统优化的相关工作内容、层次及工作步骤包括：Ⅰ.企业总体用能改进、Ⅱ.工艺装置能量优化、Ⅲ.装置间热集成、Ⅳ.低温热综合利用优化和Ⅴ.公用工程系统优化 5 个相互联系的任务过程，开展的策略如图 6-1 所示。

二、企业总体用能改进

企业总体用能改进是从炼油企业全厂的总体角度出发，整体优化改进用能过程。在原料、产品数量确定的条件下，优化从原料到产品的工艺路线；合理确定和优化全厂的总加工流程，例如循环比、回炼比；避免重复分离-混合、重复加氢等过程。总体用能改进是在满足全厂加工任务前提下，结合总流程优化降低能源消耗，其结果是确定最优的装置运行边界条件，为工艺装置优化提供依据。

三、工艺装置能量优化

工艺装置是炼油过程能量利用的核心环节，工艺装置既消耗能源，又产出蒸汽、电、热等形式的能量，工艺装置用能状况的改进会决定和影响后续热集成、低温热回收利用以及蒸汽动力系统的运行改进等。

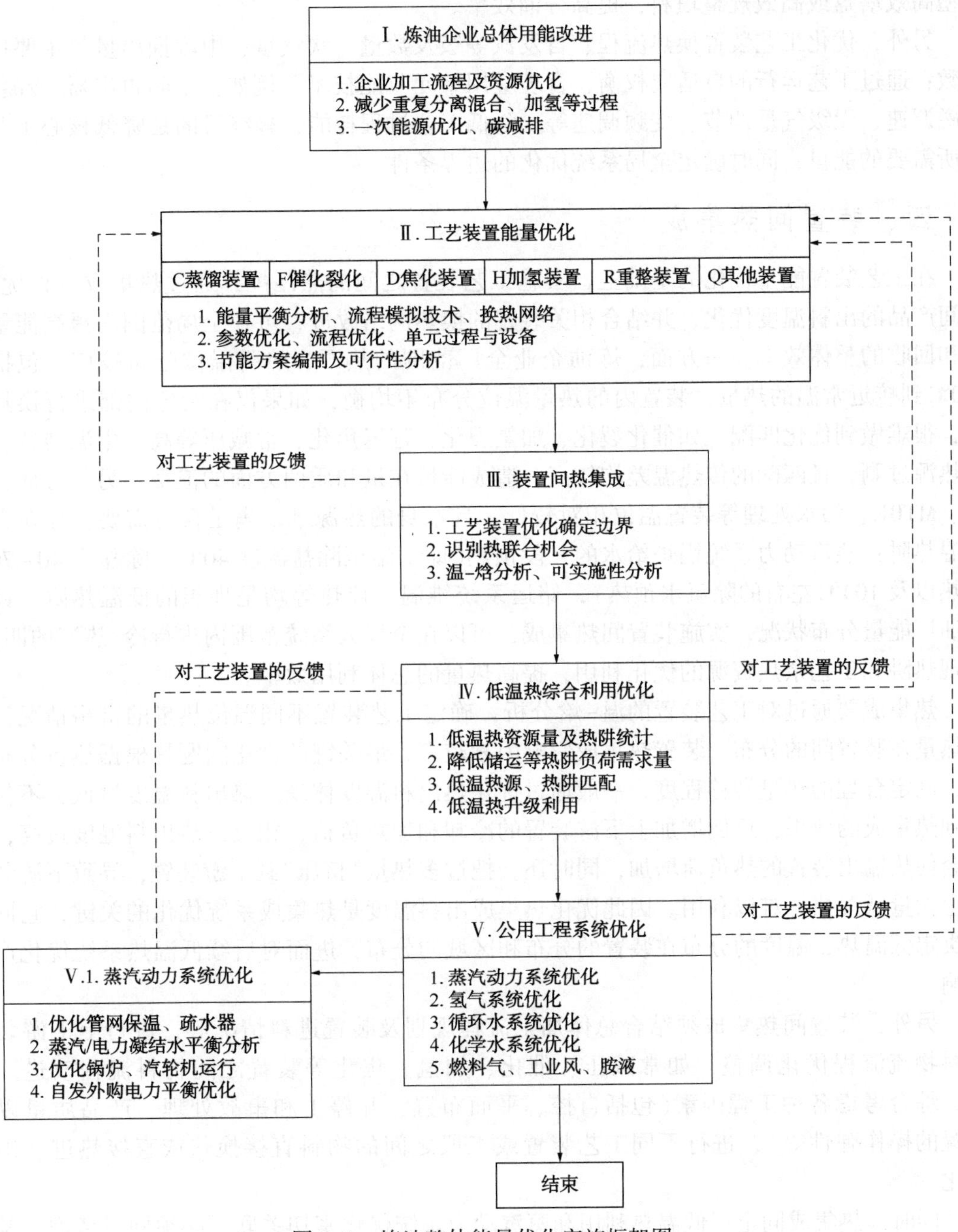

图 6-1 炼油整体能量优化实施框架图

工艺装置的能量优化首先需要对装置的反应和分离过程进行用能改进，降低工艺总用能与过程㶲损耗。对于反应过程，进行必要的工艺路线优选、工艺参数优化以及反应过程与设备强化，例如优化制氢过程水碳比、加氢过程氢油比、催化过程剂油比等；对于分馏过程，在物料和能量同时优化的前提下，通过塔板数-回流比-分离精度之间的权衡，优化中段取热分配和各塔段内回流，优化塔底汽提蒸汽量，并考虑在部分用能“瓶颈”塔段采用新型高效塔盘或高效规整填料，提高分馏效率。

另外，优化工艺装置换热流程、自发汽等级及数量、吹汽量、中段抽出量等主要操作参数；通过工艺运行的自适应权衡，合理应用单元节能技术，例如：中间再沸器/冷凝器、永磁调速、无级气量调节、变频调速等。降低工艺过程耗能，最终目的是降低核心工艺装置所需要的能量，同时确定全局系统优化的边界条件。

四、装置间热集成

在工艺装置能量优化的基础上，实施工艺装置之间的热匹配，通过热集成流程优化、中间产品的出料温度优化，并结合相关装置的换热网络改进，可在全局范围内提高能量利用和回收的整体效率。一方面，炼油企业全厂范围的热源、热阱温位分布较广，包括从500℃到接近常温的热量，装置内的热量温位分布不均衡，如果仅在装置内部进行换热回收，很难做到优化匹配。如催化裂化、加氢裂化、延迟焦化、常减压等高、中温装置，不仅热源过剩，且匹配的传热温差均较高，造成能量在量和质两方面的浪费。另一方面，气分、MTBE、污水处理等装置温位相对较低，且本身的热源难以满足自身需要，存在大量低温热阱；蒸汽动力系统锅炉给水的三段预热(即常温至除盐温度40℃，除盐水40~70℃预热以及104℃左右的除氧水预热)，储运系统维温、伴热等均是理想的低温热阱。针对炼油厂能量分布状况，实施装置间热集成，可以在全局大系统范围内进行冷/热流的匹配，实现热阱和工艺余热资源的优化利用，提高热量的总体利用效率。

热集成要通过对工艺装置的温-焓分析，确定工艺装置不同温位热量的富裕情况，优化热量在装置间的分布。装置热集成影响因素较多，最关键的优化问题是根据热量分布关系，确定合理的热量转移程度，一般通过优化热出料温度体现。热出料温度过低，不仅起不到热集成的效果，反倒增加上下游装置的冷却和加热负荷；相反，热出料温度过高，不仅会使热输出装置的热负荷增加，同时还会把过多热量“挤压”到下游装置，导致下游装置产生大量低温热，难以利用。因此优化热集成出料温度是热集成系统优化的关键，它同时会决定低温热，温度的分布在装置的分布和区域的分布，进而对后续低温热系统优化产生影响。

另外，装置间热集成须结合总体加工流程规划及装置进料情况等，进行上下游装置进料物流流程优化调整，如常减压、催化、加氢、焦化等装置之间物料流程改进。同时，综合考虑各种工程因素(包括自控、平面布置、开停工和事故处理、产品质量以及装置的操作弹性等)，进行不同工艺装置或工段之间的物料直接换热或直接热进、出料优化。

同时，热集成同全厂低温热利用和蒸汽动力系统优化密切关联，必须同时考虑。是否采用热集成取决于在多种原料、多个产品方案下热联合流程的弹性、可操作性和可控制性，最后通过经济权衡来决定。

五、低温热综合利用优化

炼油过程的低温热是指在能源投入和使用过程中，因降级产生难以利用的低品位能量。能量的合理利用应尽可能减少能量的无谓降级，因此优化炼油过程的能量系统，应采取各种手段避免低温热的产生。工艺装置能量优化和装置间热集成的实施可以大幅降低企业全厂的低温热量，为大范围系统的低温热综合利用提供了优化条件。低温热综合利用是在采用避免低温热产生的各种措施基础上，对仍然存在的低温热进行大系统的全局优化利用。

低温热综合利用的首要步骤是对优化工艺装置后剩余的低温热进行统计和可利用评价。其次，在全厂范围充分深入挖掘低温热阱，优化低温热阱的能量利用。如油品储运系统的维温、管线伴热、生活用热等，降低热阱的能量需求。在优化低温热阱基础上，对低温热源、热阱的利用匹配进行优化，包括：①温位匹配，高温余热用于高温热阱，低温余热用于低温热阱；②顺序利用，优先考虑长期、稳定利用，先工业后生活，先厂内后厂外；③保证工艺装置操作安全、平稳，在热阱变化及生产方案切换时不受影响；④装置平面布局允许。同时，在充分考虑全局范围内热源、热阱的数量、温位及平面布局等条件下，通过优化设计循环热媒水流程，实现热量回收和利用最大化。最后对仍然有剩余的低温热进行升级利用。

储运系统作为重要的低温热阱，可以通过优化降低能量需求，优化内容包括以下几项。①油品储运工艺参数优化，包括：油品允许储存温度、进储罐温度、储存时间等；②部分中间产品由冷储罐改为热储罐，如常减压装置蜡油、减压渣油等侧线热出料，实现催化裂化、延迟焦化、加氢等装置热进料；③维温、伴热方式改进：部分油罐维温和管线伴热改用热水，减少热量损失，并尽量利用常减压、催化裂化等工艺装置低温余热作为热源；④按罐区维温要求，划分为90~70℃、60~40℃、40~20℃等不同维温段，实现低温热源的多级利用，提高能量利用效率；⑤设置换热站并优化调整运行，包括生活热水、生活区冬季采暖用蒸汽改用热水等；⑥蒸汽加热维温、伴热系统改进：部分采用1.0MPa的维温要求较高用户，需配套进行疏水系统改造，采用高效疏水设备，减少蒸汽消耗；⑦油罐、输油管线保温优化改造，减少热损失。

六、公用工程系统优化

公用工程系统是指在企业全厂范围内为工艺装置提供蒸汽、电力、氢气、燃料气、循环水等能耗工质的生产系统。

1. 蒸汽动力系统优化

蒸汽动力系统优化是能量系统优化节能效益和经济效益的最重要体现者，工艺装置减少的蒸汽、电力需求，最终通过蒸汽动力系统反映在企业减少了煤、瓦斯、石油焦等消耗。在工艺装置用能优化、装置间热集成和低温热综合利用基础上，全厂蒸汽产、耗将形成新的平衡格局，能量系统优化必须在新的蒸汽平衡格局下，优化改进蒸汽动力系统，降低企业外部供入燃料的消耗，提高机组效率和蒸汽动力系统的经济效益。蒸汽动力系统优化内容主要涉及：①配合全厂蒸汽替代工艺加热炉，优化改进联产系统（CFB锅炉，抽、凝机组）。②配合全厂用能改进的蒸汽产/用平衡和柔性改进，工艺过程节汽及发汽优化，低温热回收替代蒸汽。③蒸汽动力系统运行负荷优化，优化蒸汽动力锅炉、汽轮机启停、抽汽、运行负荷等参数；蒸汽管网改进，如管网布局、保温、压力等级、疏水方式等。④结合蒸汽平衡的动力驱动源优化，新的蒸汽系统格局下的凝结水回收。⑤结合能源价格确定企业合理的汽电比、外购电比例等，降低蒸汽动力系统一次能源投入。以全厂蒸汽平衡作为协调手段，通过能量需求-燃料结构-转换设备优化三者的协调权衡，提升全厂蒸汽、动力的利用效率，有效消除各种减温减压等能源浪费，提高能源利用效率。

2. 氢气系统优化

针对炼油厂日益增加的氢气需求和成本，企业氢气系统优化需要全面考虑。炼油厂的氢气系统包括用氢装置、制氢装置、回收装置、压缩机、氢气管网等，优化氢气系统既是氢气网络系统优化的重要组成部分和先决条件，又受到工艺生产过程的影响。氢气系统优化内容包括：①优化用氢装置、降低氢源需求的品质与数量。②提高副产氢量，降低制氢成本。③在优化管网级数的基础上，按氢气纯度合理匹配氢源和氢阱。④选择合适的方式回收利用含氢气体中的氢气资源。⑤优化制氢过程工艺和原料。⑥提高关键设备效率等。同时应完善制氢、供氢系统的先进控制，实时监控耗氢、产氢装置的动态变化，加强氢气系统管理。氢气系统优化的最终目的是降低炼油过程的制氢能耗和成本。

3. 循环水系统优化

循环冷却水系统是炼油过程的重要公用工程系统，对循环水系统进行系统优化，是炼油企业能量系统优化的重要内容。包括：①降低循环水量。②降低循环水系统供水。③降低循环水管道阻力降。④提高循环水系统设备效率。⑤富余压头的回收利用。⑥循环水回水余热的利用。

同时，作为公用工程系统的氮气、空气、化学水、污水处理、瓦斯系统等也消耗大量能源，也应作为炼油能量系统优化的内容。

第二节 碳减排技术

石化产品生产过程的碳排放包括能源消耗排放、工艺排放、逸散排放等，部分工艺排放的 CO_2 浓度较高，例如煤制氢、乙二醇生产、丙烯腈生产、甲醇生产等过程。高浓度 CO_2 排放源不仅是一种污染排放源，更是一种资源浪费，体现在石化生产过程消耗了大量能量将 CO_2 提纯，例如低温甲醇洗过程的制冷能耗，煤气化过程由空气中分离纯氧的能耗，乙二醇生产过程碳吸收塔溶剂再生能耗等。因此，高浓度 CO_2 富集过程存在能量浪费，具有较高的潜在回收价值。石化企业开展 CO_2 资源化利用不仅可以充分发挥其高浓度 CO_2 排放的资源优势，还可以发挥其化学品生产的技术优势。

一、资源化利用技术

二氧化碳在化工领域是一种宝贵的资源，以二氧化碳为原料的产品，涉及无机、有机和高分子化学等广阔领域。迄今为止，已经实现将 CO_2 作为工业原料利用的化工生产过程包括尿素、碳酸酯、聚碳酸酯、甲醇、氨基甲酸酯和水杨酸等产品；每年大约有 1.8 亿 t 的二氧化碳用于化工产品的合成。因此，回收利用二氧化碳，是进行二氧化碳资源化利用研究，减少大气污染，“变废为宝”的一种有效途径。

1. 市场销售

在二氧化碳产业中，尽管生产企业数量众多，但生产能力较大、技术先进的装置主要集中在法国液化空气公司、林德集团和梅塞尔集团等为数不多的大型集团公司。

我国二氧化碳(含气液固)总产量约为7025.8万t，其中气体二氧化碳产量为6480.8万t，约占总产量的92%；液/固二氧化碳产量约为545万t，约占总产量的8%(我国液态二氧化碳生产企业约有270家，2015年总产能约为960万t)。

我国二氧化碳总消费量约为7022.6万t，其中气体二氧化碳消费量约为6480万t，主要用于化工生产。用于尿素、碳酸钠和碳酸氢铵生产的气体二氧化碳分别约为3812万t(约占59%)、1051万t(约占16%)、1051万t(约占16%)，用于沉淀碳酸钙及其他下游领域生产的CO_2约占9%。

我国液态二氧化碳消费量约为507万t，主要用于焊接与切割、碳酸饮料、食品行业、香烟、石油和天然气开采、橡胶和塑料制造行业以及消防等领域。液态二氧化碳的第一大应用领域是在焊接与切割行业作为保护气体，消耗液体二氧化碳约为181万t，约占36%。液态二氧化碳的第二大应用领域是饮料行业，主要用于碳酸饮料、起泡葡萄酒和啤酒等，消耗101万t，约占20%。在食品工业中，液态二氧化碳广泛用于冷却、冷冻、包装以及运输新鲜的肉类和蔬菜等，消耗63.5万t。

我国固体二氧化碳消费量约为35.1万t，主要用于运输制冷及其他。

随着CO_2应用领域的不断扩大，CO_2的工业需求和食品需求将会大幅度提高，市场前景十分广阔。开发食品级CO_2兼产工业级CO_2，是降低生产成本、增加企业效益的一种有效途径。食品级液体CO_2生产方法一般分为高压法(8.0MPa)、中压法(4.0MPa)和低压法(1.6~2.5MPa)。CO_2液化温度随压力的降低而降低，不同压力下液化温度如表6-1所示。

表6-1　不同压力下CO_2的液化温度

压力/MPa	8.0	4.0	2.5	1.6
液化温度/℃	37	5	-12	-25

目前，国外普遍采用低压法生产液体CO_2，这是因为食品级CO_2和工业级CO_2的纯度要求较高，很多用户要求纯度在99.9%以上，用高压法和中压法生产很难满足纯度要求。另外，随着CO_2的用量日趋增大，使用钢瓶贮运，容量小、运费高，很不经济，现在广泛采用槽车运输，而槽车的工作压力和温度可与低压法生产CO_2贮槽相匹配。

食品级液体CO_2的生产过程包括净化和液化。净化的目的是除去气体中的杂质，液化的目的是便于产品精馏、贮存和运输。净化过程是生产食品级液体CO_2的关键，主要包括预脱硫、吸附、水解、精脱硫、脱烃和干燥等阶段，其工艺流程见图6-2。

国内液体CO_2生产装置过去多采用高压法，低压法只能用于啤酒厂回收CO_2，一般规模较小，生产技术和设备依赖进口。现在低压法已实现全部国产化，最大规模已达到2t/h。采用低压法生产工艺，CO_2纯度高达99.9%以上，除达到国内食品级CO_2标准外，还能满足饮料行业对CO_2的质量要求。

2. 合成甲醇

甲醇是现代化工和能源产业中的重要原料，其最大的用途在于合成领域，全球大约

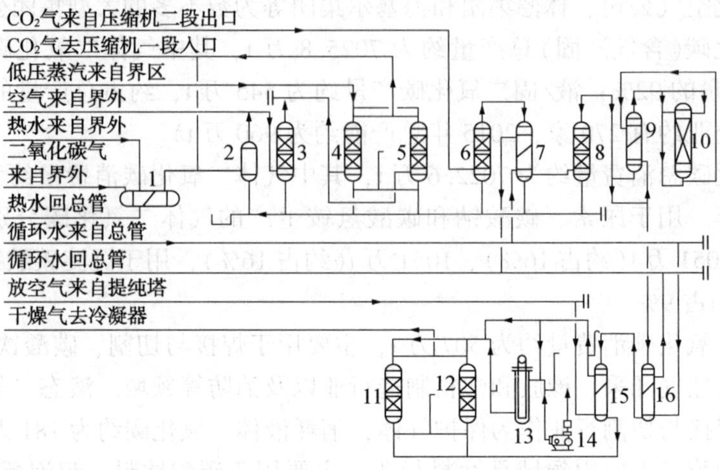

图 6-2　食品级液体 CO_2 装置净化工艺流程

1—原料气加热器；2—缓冲罐；3—预脱硫塔；4—吸附塔 A；5—吸附塔 B；6—水解塔；7—脱硫冷却塔；8—精脱硫塔；9—净化预热器；10—净化塔；11—干燥塔 A；12—干燥塔 B；13—电加热器；14—再生风机；15—再冷器；16—水冷器

40%的甲醇被用于合成甲醛，进而再用于生产生塑料、燃料、炸药以及化纤产品等，除此之外甲醇还可用于合成燃料，如汽油和二甲醚等。

CO_2 直接催化加氢制甲醇是一个较经济的反应过程，1945 年，首次报道了在 Cu-Al 基催化剂上 CO_2 和 H_2 合成甲醇的研究：在 5.15MPa 和 275℃下，以 Cu-Zn-Al_2O_3 为催化剂进行 CO_2 和 H_2 合成反应，CO_2 的转化率为 16%，甲醇的选择性为 28%。

目前，工业化的甲醇生产是在 Cu-Zn 基催化剂上进行 CO 的加氢反应，该过程也是合成气的重要应用途径之一，反应式如下：

$$CO+2H_2 \longrightarrow CH_3OH$$

合成气制甲醇所需 H_2/CO 摩尔比为 2，而商业化的天然气-水蒸气重整过程所制得的合成气 H_2/CO 摩尔比为 3。因此，在甲醇制备过程中，往往会向合成气中加入一定量的 CO_2，反应方程式如下：

$$CO_2+3H_2 \longrightarrow CH_3OH+H_2O$$

除了平衡 H_2/CO 摩尔比外，适量 CO_2 的加入还能够有效地提高甲醇的产率。然而，单纯的 CO_2 加氢合成甲醇的过程则较难进行，由于 CO_2 难以活化，因此高效催化剂的研发是实现 CO_2 加氢制甲醇过程的研究重点。目前，发展了多种负载金属催化剂用于 CO_2 直接加氢制甲醇反应，例如 Cu/ZnO/Al_2O_3、Cu/ZrO_2 和 Pd/ZnO 等多相催化剂。其中 Cu/ZnO/Al_2O_3 显示出优异的反应性能，但是这类催化剂上发生逆水煤气变换反应导致甲醇选择性较低，同时反应生成水使得催化剂快速失活，进而加速 Cu 活性位的积炭失活。

3. 作气化剂

煤焦 CO_2 气化符合煤清洁利用的理念，亟需被倡导与开发。首先，CO_2 作为碳源引入，可以节省煤炭资源；其次，可实现二氧化碳转化利用；另外，可得到纯净的 CO，解决 CO 的生产问题。CO 是最重要的碳基合成有机化工产品原料，可合成多种高附加值产品。但是，煤焦 CO_2 气化反应活性低，CO_2 气化反应速率比其与蒸气气化反应速率慢很多，反应活性低是面临的主要问题，制约煤焦 CO_2 气化的工业化应用。

国内外已经有 CO_2 混合水蒸气或氧气作气化剂的研究和报道。BEYER 公司 CO 气化炉生产工艺，用纯氧和 CO_2 的混合气与焦炭进行气化。在煤炭气化过程中添加部分 CO_2 可调节产品组成、提高煤气产率，尤其是固定床碎煤加压气化，将粗煤气中含有的部分 CO_2 作为气化剂返回气化炉，在还原层中的碳再次参与气化反应，可节省部分水蒸气、减少废水生成量，有利于后续废水的处理。

此外，在粉煤气流床气化中 CO_2 可代替氮气作为气力输送的介质。以 CO_2 作为载体的煤气化技术是荷兰壳牌公司为适应中国煤制甲醇产业市场而开发的最新专利技术。该技术是在煤气化装置中用 CO_2 作为气化剂，在生产过程中输送煤粉。

4. 干重整制备合成气

CH_4-CO_2 重整反应是利用天然气中 CH_4 与 CO_2 反应，生产用于费托合成和甲醇合成的合成气($H_2/CO=2$)，该反应不仅能消耗 CO_2，而且能生产合成气，合理利用碳资源。

合成气(H_2/CO)作为一种重要的化工原料，被誉为“合成工业的基石”，目前合成气主要通过煤气化或天然气水蒸气重整的方法制备。

$$CH_4+H_2O \longrightarrow CO+3H_2$$

该过程在世界各地均得到了广泛的应用，但目前存在能耗高、催化剂积炭严重等问题，同时，制得的合成气 H_2/CO 摩尔比需要调变，并不能完全将合成气进行转化。

CH_4-CO_2 重整反应不仅具有环境效益，在经济上也有吸引力，该技术自 1928 年首次被报道以来，受到广泛关注。同时，该技术可以将两种温室气体(CH_4 和 CO_2)转化为氢碳比接近 1 的合成气，通过费托合成等技术进一步生产液体燃料。

CH_4-CO_2 重整制备合成气过程是一个复杂的反应体系，主要包括以下反应：

$$CH_4+CO_2 \longrightarrow 2CO+2H_2 \qquad \Delta H^{\ominus}298K=247kJ/mol \tag{1}$$

$$CO_2+H_2 \longrightarrow CO+H_2O \qquad \Delta H^{\ominus}298K=41kJ/mol \tag{2}$$

$$H_2O+C \longrightarrow H_2+CO \qquad \Delta H^{\ominus}298K=131kJ/mol \tag{3}$$

$$CH_4 \longrightarrow C+2H_2 \qquad \Delta H^{\ominus}298K=75kJ/mol \tag{4}$$

$$2CO \longrightarrow C+CO_2 \qquad \Delta H^{\ominus}298K=-172kJ/mol \tag{5}$$

其中，反应(1)为主反应，是强吸热过程，需要在较高温度下进行，通常为 700～900℃，才可获得理想的转化率。反应(2)为主要副反应，该反应为水煤气变换反应的逆过程，该反应的存在使得合成气中的 H_2/CO 略小于 1，且 CO_2 转化率略大于 CH_4 转化率。

同时，反应(2)产生的水蒸气会和催化剂表面的积炭反应(3)，实现消碳过程。此外，在不同的反应条件下，还可能发生引发催化剂表面积炭的 CH_4 裂解反应(4)和 CO 歧化反应(5)。另外，反应(5)的逆反应可以实现催化剂表面积炭的消除，确保反应平稳进行。

CH_4-CO_2 重整反应的催化剂活性组分主要是 Ni、Co 等过渡金属和 Pd、Pt、Rh、Ru 等贵金属，载体主要是耐高温的 Al_2O_3、ZrO_2、TiO_2、SiO_2 等氧化物，助剂主要是碱金属和碱土金属氧化物。

由于 CH_4-CO_2 重整反应是一个强吸热反应，能耗较高，因此可将 CH_4-CO_2 重整反应与甲烷氧化及部分氧化反应、甲烷水蒸气重整反应进行耦合，利用甲烷氧化放出的热量支

持 CH_4-CO_2 重整反应，通过控制 CH_4、CO_2、O_2 的比例，实现 CO_2 的低能耗或零能耗转化，有关反应式如下：

甲烷氧化主反应：

$$CH_4+2O_2 \longrightarrow CO_2+2H_2O(g) \quad \Delta H^{\ominus}298K=-802.3kJ/mol$$

甲烷蒸汽重整主反应：

$$CH_4+H_2O \longrightarrow CO+3H_2 \quad \Delta H^{\ominus}298K=+206.1kJ/mol$$

甲烷部分氧化主反应：

$$CH_4+1/2O_2 \longrightarrow CO+2H_2 \quad \Delta H^{\ominus}298K=-35.7kJ/mol$$

目前，国内多所研究机构开展了 CH_4-CO_2 重整制合成气催化材料及工艺研究，开发高性能催化剂以及二氧化碳转化的催化反应工艺，在解决反应工艺中能量耦合等技术难点方面取得一定进展。

5. 合成烃类和汽油

CO_2 甲烷化技术最早由法国化学家 Paul Sabatier 提出，被认为是解决全球资源短缺的有效途径之一。该技术相对比较成熟，此类催化剂的开发是近几年的一个热点。2009 年，德国开发了利用太阳能和风能电解水产生氢气，再用氢气与 CO_2 转化，生成 CH_4，即“电能-天然气”技术，并于 2012 年 11 月建成规模为 $300m^3/d$ 甲烷气示范装置。

在适当的催化剂存在下，CO_2 与 CH_4 反应可制得 C_4H_{10}，CO_2 与 CH_4 催化重整技术在工业上面临的主要挑战是开发出成功的催化剂，美国碳科学公司(CSI)于 2010 年 12 月宣布开发出利用 CO_2，使 CH_4 与 CO_2 进行干法重整，转化为汽油和其他易用燃料的催化剂技术。该技术可使转化率达到 92%，且无催化剂失活问题，已在小试反应器中连续运转了 2000h。中国科学院大连化物所通过设计一种全新的 Na-Fe_3O_4/HZSM-5 多功能复合催化剂，首次实现了 CO_2 直接加氢制取高辛烷值汽油。目前，该技术已顺利完成超过 1000h 的实验室稳定性测试，在接近工业应用的条件下，CO_2 转化率及汽油烃选择性始终保持稳定，其产品组成以 C_5~C_{11}的异构烷烃和芳烃为主，满足目前现行国 V 汽油标准。该工作目前已申请多项国家专利及国际 PCT 专利，形成了完全自主知识产权。

催化氢化 CO_2 还可以得到其他的低碳烃类(包括低碳烯烃)，使用该方法合成低碳烯烃，比利用甲醇制烯烃的方法更为经济。目前，以 Fe 为主要活性成分并添加 Cu、Mn、Co 等辅助元素的催化体系被广泛用于 CO_2 加氢合成低碳烃技术中。

催化氢化 CO_2 过程中需要供给大量的氢单质，制氢成本较高。到目前为止，仍没有一种能摆脱以化石能源为原料、成本低、来源合理、大规模的制氢技术，这也在一定程度上限制了催化氢化 CO_2 技术在工业上的进一步应用。因此，H_2 的廉价制备是一个重要的研究方向。另外，寻找一种合适的供氢体代替 H_2，实现 CO_2 的高效转化，不仅可以降低催化还原 CO_2 的成本，也减小高温高压下气体反应的危险系数。

6. 生产碳酸二甲酯(DMC)

将 CO_2 转化为高附加值的碳酸酯/聚碳酸酯，是 CO_2 高价值利用的重要途径。

碳酸二甲酯($CH_3—O—\overset{\overset{\large O}{\|}}{C}—O—CH_3$)，是一种低毒、环保性能优异、用途广泛的化

工原料，它是一种重要的有机合成中间体，由于其分子结构独特，性能优异，因此具有非常广泛的用途，主要用作羰基化和甲基化试剂、汽油添加剂、合成聚碳酸酯(PC)原料等。

DMC 的大规模生产就是伴随着聚碳酸酯的非光气合成工艺而发展起来的。

我国碳酸二甲酯产业的主流工艺是以 CO_2 活化转化为基础的酯交换法，在此基础上提出了高效、稳定、安全的离子液体负载催化生产 DMC 新技术，开辟了 CO_2 转化利用的新途径。

在由 CO_2 制备碳酸二甲酯途径中，最具代表性的过程是 CO_2 与甲醇反应合成碳酸二甲酯，即：

$$CO_2+2CH_3OH \longrightarrow CH_3OCOOCH_3+H_2O$$

DMC 分子中含有羰基、甲基、甲氧基等官能团，可代替光气、氯甲酸甲酯、硫酸二甲酯等作为甲基化试剂使用；同时，其毒性低，用于合成工业能够大大地提高相关过程的绿色化程度。除化学品合成外，DMC 还可以用于涂料、燃料添加剂以及表面活性剂等，其用途非常广泛。

二、技术路线对比

目前，CO_2 资源化利用技术较多，部分已工业化的 CO_2 利用技术往往都具有自身独特条件。CO_2 作为能源转化为能量过程排放的废弃物，单纯利用化石能源制氢并通过 CO_2 加氢制取能源产品的逆热力学转化过程，无益于 CO_2 减排。同时，部分 CO_2 转化技术需求的能源品质较高，例如水共电解方法，此类技术的应用需要特定条件支持。

CO_2 是由化石能源燃烧、化石能源制取合成气等过程排放，现有技术可以通过加入辅助材料将 CO_2 转化为化工品，加入 H_2、CH_4 等转化为合成气进而实现化工利用或经费托反应转化为烃类。不同技术路线都有其转化利用的特点，如图 6-3 路径①具有制备产品高附加值特点，路径②需要外来 H_2 和能源，路径③一般采用非常规化工的手段。

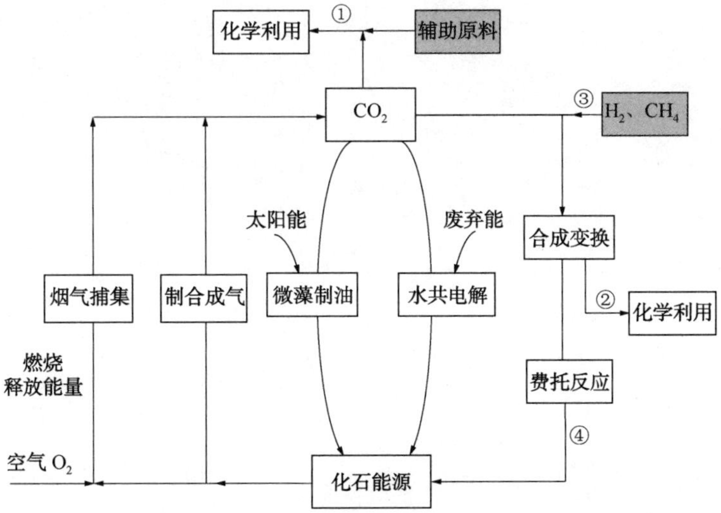

图 6-3　技术路线图

另外，化石能源燃烧释放 CO_2，CO_2 与 H_2、CH_4 制合成气并经费托反应制取烃类（化石能源），虽然完成了 CO_2 在能源-能量转化过程的闭路循环，即路线④，但是该过程的转化是逆热力学方向的，将 CO_2 通过加氢制成能源产品所消耗的能量（包括制氢过程）最小也要比使用能源产品过程释放的能量大，因此，单纯利用化石能源制氢并通过 CO_2 加氢制取能源产品的逆热力学转化过程，是无益于碳排放问题解决。CO_2 是人们将化石能源中的能量利用后产生的排放物，要实现 CO_2 在人类能源系统中的闭路循环必然要加入外来的能量，由此可以将其视为载能物质的一种低能级形态，CO_2 转化利用的关键是廉价能量来源或廉价氢的制备技术。

参 考 文 献

[1] 耿涌，董会娟，郗凤明，等．应对气候变化的碳足迹研究综述[J]．中国人口·资源与环境，2010，20(10)：6-12.

[2] 王吉凯，刘志峰，鲍宏，等．基于生命周期的家电产品碳排放计算方法研究[J]．合肥工业大学学报(自然科学版)，2012，35(8)：1043-1048.

[3] 陈莎，杨孝光，李燚佩，等．中国纸产品全生命周期 GHG 排放分析[J]．北京工业大学学报，2014，40(6)：944-949.

[4] 李兴福，徐鹤．基于 GaBi 软件的钢材生命周期评价[J]．环境保护与循环经济，2009，29(6)：15-18.

[5] 马玉莲，忻仕海．碳足迹评价方法学在 PVC 产品中的应用[J]．氯碱工业，2011，47(1)：1-6.

[6] 孙潇磊，张志智，尹泽群．沥青产品的碳足迹研究[J]．石油炼制与化工，2017，48(12)：88-92.

[7] 于涵，蒋庆哲，宋昭峥，等．CO_2-DMC 产业链碳足迹分析[J]．现代化工，2017，37(3)：9-13.

[8] 田涛，韦桃平，王北星．石化产品全生命周期碳足迹评价研究[J]．石油石化绿色低碳，2016，1(2)：12-18.

[9] 田涛，姜晔，李远．石油化工行业产品碳足迹评价研究现状及应用展望[J]．石油石化绿色低碳，2021，6(1)：66-72.

[10] Wiedmann T.，Minx J. A Definition of Carbon Footprint [J]. ISA OK Research Report，2007：1-7.

[11] 田涛．石油石化企业应对气候变化的战略探讨[J]．石油石化绿色低碳，2019，4(1)：17-21.

[12] 田涛，孙志斌，崔明慧．石化生产过程工艺温室气体排放分析及量化研究[J]．石油石化节能与减排，2015，5(4)：14-20.

[13] 张秀玲．化学工艺学[M]．北京：化学工业出版社，2012.

[14] 吴志泉．化工工艺计算[M]．上海：华东理工大学出版社，1992.

[15] 田涛，王之茵，杜永鑫．原油输送过程碳足迹核算与评价研究[J]．中外能源，2020，25(6)：83-89.

[16] 田涛，朱明璋，姜晔．石化产品碳足迹评价研究与实践[J]．油气与新能源，2022，34(5)：100-108.

[17] 张楚珂，田涛，王之茵，等．聚丙烯产品碳足迹核算及对比研究[J]．石油石化绿色低碳，2021，6(6)：17-23.

[18] 田涛，姜晔，王子健．成品油管道输送过程碳足迹核算方法[J]．油气储运，2021，40(6)：715-720.

[19] 田涛，曹东学，黄顺贤，等．石化行业不同制氢过程碳足迹核算[J]．油气与新能源，2021，5(6)：39-45.

[20] 田涛．炼化企业自备电站热力产品碳排放因子研究[J]．石油石化绿色低碳，2018，3(5)：1-5.

[21] 田涛，白凌云，杜永鑫，等．FCC 装置催化剂再生过程蒸汽 CO_2 排放因子研究[J]．石油石化绿色低碳，2020，5(2)：72-76.

[22] 田涛，任秀芳，王连超，等．常减压装置全产品碳足迹评价研究与应用[J]．石油学报(石油加工)，2023，39(2)：279-288.

[23] 谭世语，薛荣书．化工工艺学[M]．重庆：重庆大学出版社，2009.

[24] 黄宣旭，练继建，沈威．“碳中和”背景下中国“氢矿”资源分析[J]．油气与新能源，2021，33(3)：71-77.